创新型中等职业教育精品教材

PLC 基础与实训

主编 王二超

教·学
资 源

航空工业出版社

北 京

内 容 提 要

本书是作者结合职业教育的特点，根据多年的教学积累和授课经验而精心规划编写的一本项目式 PLC 基础与实训教材。书中按目前"做中学、学中做"的要求，对 PLC 基础与实训课程根据具体内容做了重新安排。

全书共有 9 个课题，分别为电动机的单向连续运行控制、三相异步电动机的正反转控制、自动送料小车、抢答器控制系统、简易汽车清洗装置、液体混合控制系统、带式运输机、十字路口交通灯控制、功能指令及应用。

其中，前 8 个课题为具体项目，每个项目的任务设计都与实际生产和生活相结合，从简单到复杂，并将理论知识融合于项目操作中，突出技能训练；最后一个课题详细介绍了 PLC 的功能指令及应用，进一步丰富了 PLC 编程的理论知识。

本书可作为中等职业学校电气类、机电类等相关专业的教学用书，也可作为社会从业人员的技术参考书和培训用书。

图书在版编目（C I P）数据

PLC 基础与实训 / 王二超主编. -- 北京 ： 航空工业出版社，2014.8（2023.9 重印）
ISBN 978-7-5165-0537-3

Ⅰ．①P… Ⅱ．①王… Ⅲ．①可编程序控制器 Ⅳ.
①TM571.6

中国版本图书馆 CIP 数据核字(2014)第 182061 号

PLC 基础与实训
PLC Jichu yu Shixun

航空工业出版社出版发行
（北京市朝阳区京顺路 5 号曙光大厦 C 座四层　100028）
发行部电话：010-85672663　　010-85672683

捷鹰印刷（天津）有限公司印刷　　　全国各地新华书店经售
2014 年 8 月第 1 版　　　　　　　　2023 年 9 月第 9 次印刷
开本：787×1092　　　1/16　　　　　字数：347 千字
印张：15　　　　　　　　　　　　　定价：45.00 元

编者的话

"PLC 基础与实训"是目前中等职业学校电气自动化、机电一体化及数控等相关专业必修的一门专业核心课程。

本书采用项目导向的编写模式，通过具体工程应用项目引出问题，引导学生思考、自学、讨论，在教师指导下逐步解决问题，使学生在近似真实的工程环境中，完成 PLC 基础与实训项目的外部电气元件安装接线、控制程序编制与调试、控制程序上机运行与仿真等全过程的所有工作。在学习知识的过程中，学生不仅可以培养设计制作等职业能力，还可以掌握解决工程实际问题的技能，实现毕业与就业"零距离"。

本书根据学生毕业后所从事职业的实际需要确定学生应具备的知识能力结构，通过理论教学与技能操作融合贯通的一体化教学模式，将理论与实际技能结合起来，按照典型工作任务、理论知识平台、项目实施、总结与练习、项目拓展的顺序，循序渐进地完成实际工程项目设计。

书中通过典型工作任务，以目前流行的三菱 FX_{2N} 系列 PLC 为依托，介绍可编程控制器的应用知识与技能，共设置了 9 个课题。其中，前 8 个课题为具体项目，包括电动机的单向连续运行控制、三相异步电动机的正反转控制、自动送料小车、抢答器控制系统、简易汽车清洗装置、液体混合控制系统、带式运输机和十字路口交通灯控制，通过逐个进行剖析，由浅入深，将 PLC 基础与实训的基本核心知识点都应用进去。最后一个课题是选学内容，详细介绍了功能指令，进一步丰富了 PLC 基础与实训的理论知识。

为学习贯彻党的二十大精神，提升课程铸魂育人效果，本书专门在扉页"教•学资源"二维码中设计了相应栏目，以引导学生践行社会主义核心价值观，涵养学生奋斗精神、敬业精神、奉献精神、创新精神、工匠精神、法制精神、绿色环保意识等。

本书由王二超担任主编，雍长军担任副主编，屈江伟、涂建峰参与编写。

作者根据多年的教学经验，精心对书中内容进行选例和安排。在编写过程中，作者参阅了多种同类优秀教材和论著文献，在此向这些编著者致以诚挚的谢意。

由于编者的学识水平和实践经验有限，书中疏漏及错误之处在所难免，敬请广大读者批评指正，以便进一步修订和完善。

另外，本书配有丰富的教学资源包，读者可以登录文旌综合教育平台"文旌课堂"（www.wenjingketang.com）下载。

目　录

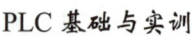

课题一 电动机的单向连续运行控制

【学习目标】

1. 了解可编程控制器的产生和特点，熟悉 PLC 的分类和发展现状。
2. 掌握 PLC 的软硬件结构及工作原理。
3. 掌握 PLC 的外部接线。
4. 了解 PLC 的 5 种编程语言，掌握梯形图的画法。
5. 熟悉 FX_{2N} 系列 PLC 的型号及接线。
6. 掌握 GX Developer 编程软件的安装与使用。
7. 掌握电动机单向连续运行控制的编程、安装、调试方法。

典型工作任务

实际生产中，如鼓风机、砂轮机（见图 1-1）等很多生产机械的运转都需要应用电动机的单向运行。

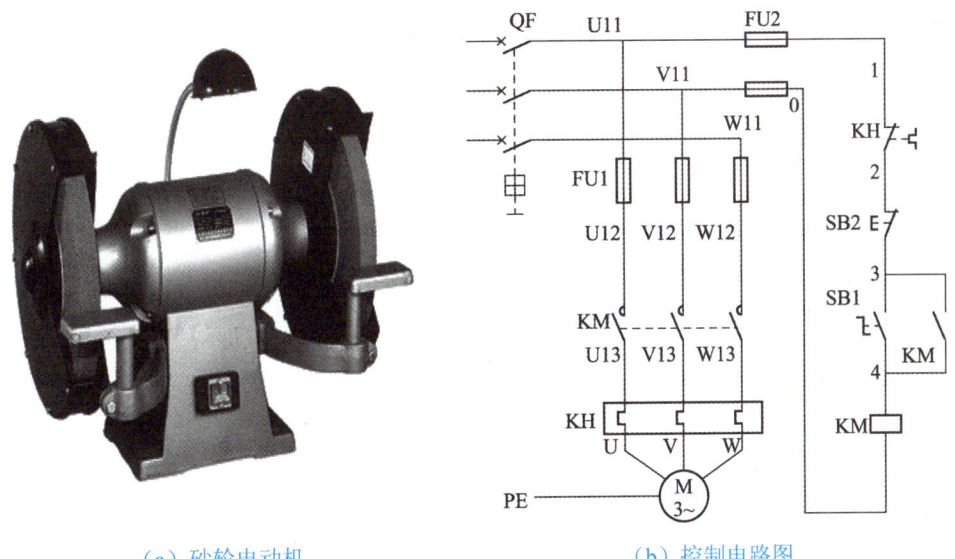

（a）砂轮电动机　　　　　　　　　　（b）控制电路图

图 1-1　砂轮电动机的单向运行

图 1-2 所示是一台三相异步电动机单方向连续运行控制的实物安装图。

 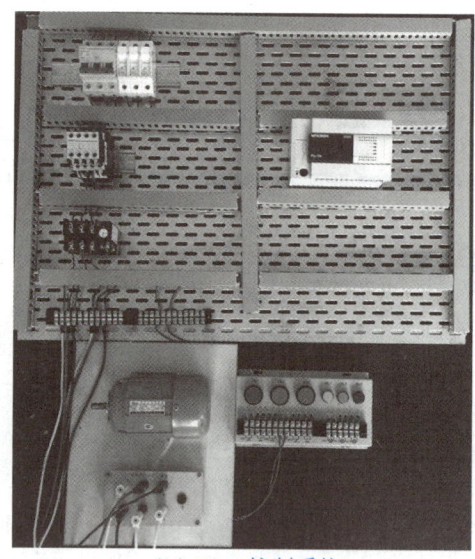

（a）接触器逻辑控制系统   （b）PLC 控制系统

图 1-2   三相异步电动机单方向连续运行控制的实物安装图

其中，图 1-2（a）所示是常见的采用继电接触器逻辑控制系统实现的三相异步电动机单方向连续运行控制实物；图 1-2（b）所示是采用 PLC 控制系统实现的三相异步电动机单方向连续运行控制实物。通过通电操作试机，可以看到当分别按下图 1-2（a）和图 1-2（b）中的绿色启动按钮 SB2 后，两台电动机都会启动并连续运行；当分别按下图 1-2（a）和图 1-2（b）中的红色停止按钮 SB1 后，两台电动机都会停止运转。

本项目的主要内容是通过比较两种控制系统对电动机的控制，学习 PLC 的基础知识。

理论知识平台

一、可编程控制器概述

1. 可编程控制器的产生

20 世纪 60 年代末期，美国汽车制造业竞争激烈，为了适应生产工艺不断更新的需要，1968 年美国通用汽车公司（GM）首先公开招标，对控制系统提出的基本要求为：

（1）编程方便，现场可修改程序；

（2）维修方便，采用插件式结构；

（3）可靠性高于继电器控制盘；

（4）体积小于继电器控制盘；

（5）数据可直接送入计算机管理；

（6）成本可与继电器控制盘竞争；

（7）输入可为市电；

（8）输出可为市电，要求 2 A 以上，可直接驱动电磁阀、接触器等；

（9）扩展时原系统变更少；

（10）用户存储器大于 4 K。

归纳后其核心为：

（1）用计算机代替继电器控制盘；

（2）用程序代替硬件连线；

（3）输入/输出电平可与外部装置直接相连；

（4）结构易于扩展。

1969 年美国数字设备公司（DEC）根据上述要求，研制出世界上第一台可编程控制器，并在 GM 公司汽车生产线上首次试用成功，实现了生产的自动控制。可编程逻辑控制器，简称 PLC（Programmable Logic Controller）或 PC（Programmable Controller），但由于 PC 容易和个人计算机（Personal Computer）混淆，故人们习惯用 PLC 作为可编程控制器的缩写。

2.　PLC 的定义

PLC 是一种数字运算操作的电子系统，专为在工业环境下应用而设计。它采用可编程的存储器，用来在其内部存储程序，执行逻辑运算、顺序控制、定时、计数和算术运算等操作指令，并通过数字式或模拟式的输入和输出，控制各种类型的机械或生产过程。PLC及其相关设备，都应按易于与工业控制系统形成一个整体、易于扩展其功能的原则设计。

3.　PLC 的特点

1）可靠性高，抗干扰能力强

可靠性是电气控制设备的关键性能。PLC 的可靠性很高，原因如下：从 PLC 的机外电路来看，使用 PLC 构成控制系统与同等规模的继电接触器系统相比，电气接线及开关接点已减少到数百甚至数千分之一，大大降低了机械故障；从 PLC 的内部系统来看，一方面在系统硬件中，PLC 带有故障自我检测功能，出现故障时可及时发出警报信号，另一方面在应用软件中，应用者可以编入外围器件的故障自诊断程序，使系统中除 PLC 以外的电路及设备也获得故障自诊断保护，大大降低了系统故障。

抗干扰能力是电气控制设备的一个重要性能。PLC 的抗干扰能力很强，原因如下：PLC 在主模块部分采用现代大规模集成电路技术；在结构上采用严格的生产工艺制造；在内部电路中采用了隔离、屏蔽、滤波、接地等抗干扰措施。

这样，整个系统具有极高的可靠性和极强的抗干扰能力也就不奇怪了。目前，各生产厂家生产的 PLC，平均无故障时间都很长。例如，三菱公司生产的 F 系列 PLC 平均无故障时间高达 30 万小时，一些使用冗余CPU 的 PLC 的平均无故障工作时间则更长。

2）功能完善，品种齐全，适用性强

PLC 中含有数量巨大的用于开关量处理的继电器类元件，可轻松地实现大规模的开关量逻辑控制。除了逻辑处理功能以外，现代 PLC 大多还具有完善的数据运算能力，可以用于各种数字控制领域。近年来 PLC 的功能单元大量涌现，使 PLC 渗透到了位置控制、温度控制、CNC 等各种工业控制中。随着 PLC 通信能力的增强及人机界面技术的发展，使用 PLC 组成各种控制系统变得非常简单。PLC 发展到今天，已经形成了大、中、小各种规模的系列化产品，品种齐全，可以用于各种规模的工业控制场合，适用性强。

3）编程方便，易学易用

PLC 作为通用工业控制计算机，是面向工矿企业的工控设备。它接口容易，编程方便。编程中采用梯形图语言或面向工业控制的简单指令。梯形图语言的图形符号与表达方式和继电器电路图相当接近，只用 PLC 的少量开关量逻辑控制指令就可以实现继电器电路的功能，为不熟悉电子电路、不懂计算机原理和汇编语言的人使用计算机从事工业控制打开了方便之门，因此深受现场工程技术人员欢迎。

4）系统的设计、建造工作量小，维护方便，容易改造

PLC 用存储逻辑代替接线逻辑，一方面大大减少了控制设备外部的接线，使控制系统设计及建造的周期大为缩短，同时使维护也变得容易起来；另一方面使同一设备通过改变程序来改变生产过程成为了可能。这很适合多品种、小批量的生产场合。

5）体积小，重量轻，能耗低

PLC 的体积和重量较小，能耗较低。例如，超小型 PLC 新近出产的品种底部尺寸小于 100 mm，重量小于 150 g，功耗仅数瓦。PLC 由于体积小，很容易装入机械内部，是实现机电一体化的理想控制设备。

4. PLC 的分类

PLC 产品种类繁多，其规格和性能也各不相同。对 PLC，通常根据其结构形式的不同、功能的差异和 I/O 点数的多少等进行大致分类。

1）按结构形式分类

根据 PLC 结构形式的不同，可将 PLC 分为整体式、模块式和叠装式三类。

（1）整体式 PLC

整体式 PLC 是将电源、CPU、I/O 接口、与 I/O 扩展单元相连的扩展口以及与编程器或 EPROM 写入器相连的接口等部件都集中装在一个机箱内，具有结构紧凑、体积小、价格低的特点。小型 PLC 一般采用这种整体式结构。整体式 PLC 由不同 I/O 点数的基本单元和扩展单元组成。基本单元又称主机，即包括装在机箱内的电源、CPU、内有 CPU、I/O 接口等元件；扩展单元内只有 I/O 接口和电源等，没有 CPU。基本单元和扩展单元之间一般用扁平电缆连接。整体式 PLC 一般还可配备特殊功能单元，如模拟量单元、位置控制单元等，使其功能得以扩展。

（2）模块式 PLC

模块式 PLC 是将 PLC 各组成部分，分别作成若干个单独的模块，如 CPU 模块、I/O 模块、电源模块（有的含在 CPU 模块中）以及各种功能模块。模块式 PLC 由框架或基板和各种模块组成，模块装在框架或基板的插座上。模块式 PLC 的特点是配置灵活，可根据需要选配不同规模的系统，而且装配方便，便于扩展和维修。大、中型 PLC 一般采用模块式结构。

（3）叠装式 PLC

还有一些 PLC 将整体式和模块式的特点结合起来，构成所谓叠装式 PLC。叠装式 PLC 的 CPU、电源、I/O 接口等也是各自独立的模块，但它们之间是靠电缆进行连接，并且各模块可以一层层地叠装。这样，不但可以灵活配置系统，还可将 PLC 的体积做得小巧。

2）按功能分类

根据 PLC 所具有功能的差异，可将 PLC 分为低档、中档、高档三类。

1）低档 PLC 具有逻辑运算、定时、计数、移位以及自诊断、监控等基本功能，还可有少量模拟量输入/输出、算术运算、数据传送和比较、通信等扩展功能，主要用于逻辑控制、顺序控制或少量模拟量控制的单机控制系统。

2）中档 PLC 除具有低档 PLC 的功能外，还具有较强的模拟量输入/输出、算术运算、数据传送和比较、数制转换、远程 I/O、子程序、通信联网等功能。有些还可增设中断控制、PID 控制等功能，适用于较复杂的控制系统。

3）高档 PLC 除具有中档 PLC 的功能外，还增加了带符号算术运算、矩阵运算、位逻辑运算、平方根运算、其他特殊功能函数的运算、制表及表格传送功能等。高档 PLC 机具有更强的通信联网功能，可用于大规模过程控制或构成分布式网络控制系统，实现工厂自动化。

3）按 I/O 点数分类

根据 PLC 的 I/O 点数的多少，可将 PLC 分为小型、中型和大型三类。

（1）小型 PLC——I/O 点数＜256 点；单 CPU，8 位或 16 位处理器，用户存储器容量 4 K 字以下。常见的小型 PLC 产品系列及其生产厂商如下：

GE-I 型——美国通用电气公司（GE）

TI100——美国德州仪器公司

F、F1、F2——日本三菱电气公司

C20、C40——日本立石公司（欧姆龙）

S7-200——德国西门子公司

EX20、EX40——日本东芝公司

SR-20/21——中外合资无锡华光电子工业有限公司

（2）中型 PLC——I/O 点数 256～2 048 点；双 CPU，用户存储器容量 2～8 K。常见的中型 PLC 产品系列及其生产厂商如下：

S7-300——德国西门子公司

SR-400——中外合资无锡华光电子工业有限公司

SU-5、SU-6——德国西门子公司

C-500——日本立石公司

GE-Ⅲ——GE 公司

（3）大型 PLC——I/O 点数>2 048 点；多 CPU，16 位、32 位处理器，用户存储器容量 8～16 K。常见的大型 PLC 产品系列及其生产厂商如下：

S7-400——德国西门子公司

GE-Ⅳ——GE 公司

C-2000——日本立石公司

K3——日本三菱公司

5. 可编程控制器的技术现状及发展

为了适应日益激烈的市场竞争，新一代的可编程控制器在技术创新方面有了长足的进步，主要体现在以下几方面：

1）执行多任务功能的出现

所谓执行多任务，就是在一个可编程控制器系统中，可同时安装几个 CPU 模块，每个 CPU 模块执行各自的任务，控制与其执行任务相关的 I/O 模块的存取。执行多任务功能的出现是 PLC 的革命性变化。

2）网络能力的强化

网络能力的强化，使可编程控制器已经突破了原有的使用范围，特别是引入现场总线、工业以太网、无线网络及 Internet 等技术后，可编程控制器的应用已今非昔比。典型的可编程控制器的网络拓扑结构包括设备控制层、过程控制层和信息管理层 3 个层次。在设备控制层中，引入了现场总线，使得工业生产过程中的现场检测仪表、变频器、MCC 控制柜等一切现场设备都可直接与可编程控制器相连；在过程控制层中，传统意义上的人机界面的功能已经焕然一新，使可编程控制器能实现跨地区的编程、监控、诊断、管理，实现整个车间及全厂范围的控制；在信息管理层，向工业以太网的扩展，使控制与信息管理融为一体。

3）高速化处理功能的实现

随着网络能力的强化，可编程控制器实现的控制功能在增强，控制范围在扩大，这就要求可编程控制器实现高速运行和实时通信功能。高速化包括运算速度的高速化、与外部设备交换数据的高速化、编程设备服务处理的高速化、外部设备响应的高速化。为了实现高速化，有些可编程控制器已在其内核中设计有通信功能，借助于无源数据总线，使系统的瓶颈得以消除，这种结构允许多个处理器、网络在一个机架中使用而没有限制，从而提供了高性能的分布式实时控制系统的解决方案。

4）集成化软件的大力发展

目前，可编程控制器生产厂商用于开发系统硬件费用的比例逐年下降，而用于开发软件、集成等费用的比例逐年上升。现在的成套软件将可编程控制器的编程、操作员界面、运动控制、程序调试、故障诊断和处理、通信等集成为一体。人-机界面及监控软件集成了所有开放的标准接口，可直接从生产中获得大量实时数据，并对这些数据进行分析和打包，然后传送到管理层，同时它能将过程优化数据和生产细节的参数迅速地反馈到控制层和现场，从而为集成 ERP 系统铺平道路。

5）微型可编程控制器异军突起

传统的微型可编程控制器一般为 8～64 点数字量 I/O，1～4 点模拟量 I/O，体积很小，可直接安装在机器内。但现在的微型可编程控制器除了具有上述功能外，在网络功能和人机接口功能上已可与大、中型的可编程控制器相比，这一类微型可编程控制器是目前发展最快的。

6）信息技术渗入可编程控制器

信息技术渗入可编程控制器是为了适应工厂控制系统和企业信息管理系统日益有机结合的发展趋势，适应在控制层面上让不同品牌的可编程控制器之间、可编程控制器与分布式控制系统之间有效交换数据的要求。实际上多任务系统的实现、网络能力的强化、软件集成的发展使得信息技术可以很容易地与可编程控制器系统融为一体。

7）安全技术的加强

随着可编程控制器应用领域的扩大，对可编程控制器系统的可靠性要求也越来越高，加强可编程控制器的安全技术也成为了一个新的发展方向。具有容错和冗余性能的故障防止型可编程控制器已经出现，它具备能在线插拔的双通道的信号模板和电源模板。内藏冗余的 CPU 系统的过程控制器也已出现，这种过程控制器利用内部测试电路检查、诊断 I/O 模板的运行状况，而不是采用冗余的 I/O 模板。

6. 我国可编程控制器发展中的问题及对策

目前我国的可编程控制器的发展主要面临着三大问题。

一是技术层面上的，在国际上可编程控制器迅速发展的形势下，我国还没有具有自主知识产权、能够参与国际竞争的可编程控制器产品，原因主要在于我国的整个基础工业与国际相比还有一定差距，如芯片制造、模具加工等方面的不成熟限制了我们的发展。

二是竞争层面上的，实际上也是一个经济竞争的问题。现在 95%的国内市场由国外的可编程控制器产品所占领，大、中型可编程控制器中，几乎全部由国外几大公司垄断。随着我国使用可编程控制器领域的不断扩大，市场越来越大，然而国外几大公司几乎每年都会针对市场推出新的产品，一旦人们使用了新的产品，他们就会逐渐提高产品的市场价格，而我国没有自己的自主知识产权的产品，在经济竞争中就只能处于被动。

三是市场秩序层面上的，随着我国改革开放的不断深入，特别是加入 WTO 后，我国巨大地市场份额极大的吸引了国外的大公司，他们开拓市场的方法都是采用大范围建立代理销售渠道，每个公司的分销商、系统集成商都会有数十家，甚至上百家之多，造成了我国的分销商、系统集成商之间的激烈竞争，而这些无序的竞争为国际大公司分而治之、获取稳定的高额利润创造了条件。

面对这些问题，我们采取了如下对策：

（1）面对如此巨大的市场，南大傲拓高举国产 PLC 大旗，集中资金和技术力量，打造自主民族品牌。汲取国际主流 PLC 的成功经验，改进其不足之处，瞄准当今 PLC 的最新发展方向，研制生产出具有自主知识产权的 NA 系列可编程控制器。随着整个民族工业的不断发展，特别是近年来芯片工业的迅速发展，我国很多公司的产品不断改革创新，一定能推出具有国际竞争力的可编程控制器。

（2）继续发挥我国可编程控制器应用技术的优势，扩大可编程控制器的应用领域。特别是我国加入 WTO 后，中国成为"世界制造工厂"的过程正在加速，我们在努力将可编程控制器应用在国民经济各个领域的同时，还要凭借技术和劳动力优势，进入可编程控制器在外商投资企业中的应用，并逐渐进入国际上可编程控制器的应用市场，让我国的应用技术优势形成真正的增值服务，从而带动我国相关成套设备和软件产业的发展。

（3）在扩大可编程控制器应用的同时，我们还在软件集成化上下功夫，开发出针对 NA-PLC 的遵循 IEC-61131 国际标准的 NAPro 软件。NAPro 软件集成 IEC 的全部五种编程语言及原创流程图语言，支持多种数据类型及自定义类型，支持多种函数功能块，全部中文界面，具有控制程序仿真软件，系统及应用诊断功能，完整的在线硬件及软件帮助，特殊功能块可以定制，多文档结构等功能。NAPro 软件可以从缩减开发成本、优化运行等多方面保证优化客户的软件投资，降低培训成本，在开发和兼容性方面有着无可匹敌的潜力。

二、PLC 的结构

可编程控制器主要由中央处理单元（CPU）、存储器、输入/输出（I/O）单元、电源、编程器等几部分组成。模拟其硬件结构如图 1-3 所示。

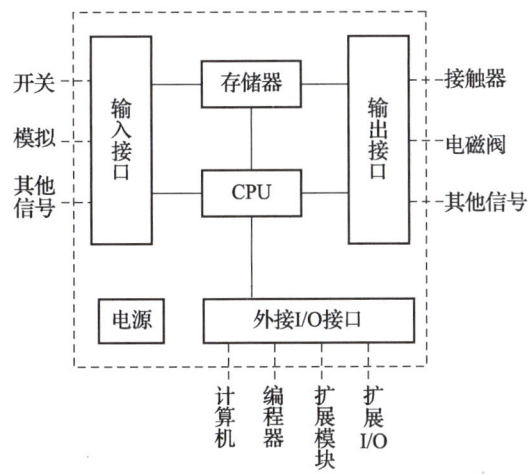

图 1-3　PLC 的硬件结构

1.　中央处理单元（CPU）

CPU 是 PLC 的核心，它按 PLC 系统程序赋予的功能指挥 PLC 有条不紊的进行工作，其主要作用有：

1）从存储器中读取指令

CPU 在地址总线上给出地址，在控制总线上给出读命令，从数据总线上读出存储单元中的指令，存入 CPU 的指令寄存器。

2）执行指令

对存放在指令寄存器中的指令进行译码，识别并执行指令规定的操作，如算术运算或逻辑运算，并将执行结果送输出相关部分。

3）顺取指令

CPU 执行完一条指令后，能自动生成下一条指令的地址，以便取出并执行下一条指令。

4）处理中断

CPU 除顺序执行程序外，还能接受内部或外部发来的中断请求，并进行中断处理，处理完返回断点，继续顺序执行程序。

2.　存储器

存储器是具有记忆功能的半导体集成电路，用来存储系统程序、用户程序、逻辑变量、系统组态等信息。

可编程控制器配有系统存储器和用户存储器。系统存储器存放系统管理程序，用户存储器存放用户设计编辑的应用程序。

常用的存储器有随机存取存储器 RAM 和只读存储器 ROM。随机存取存储器主要存放用户程序和系统参数。当可编程控制器处于编程工作状态时,用编程器或编程软件设计、编辑的程序和参数存放在 RAM 中;当切换到运行方式时,CPU 从 RAM 中读取指令并执行。程序执行过程中产生的中间结果也在 RAM 中暂时存放。

只读存储器可以用来存放系统程序,PLC 失电后再加电,系统程序内容不变且重新执行;只读存储器也可以用于固化用户程序和一些重要参数,以免因偶然操作失误而造成程序和数据的损失或破坏。按编程方式不同,只读存储器分为 ROM、EPROM 和 EEPROM。ROM 是掩膜只读存储器,也可以代表一般的只读存储器;EPROM 是紫外线擦除可编程只读存储器;EEPROM 也可以写作 E²PROM,是电可擦除可编程只读存储器。

3. 输入/输出单元

实际生产中信号电平是多样的,外部执行机构所需的电平也不同,而可编程控制器的 CPU 所处理的信号只能是其标准电平,因此,需要通过输入/输出单元实现这些信号电平的转换。可编程控制器的输入和输出单元实际上是 PLC 与被控对象之间传送信号的接口部件。

输入/输出单元有良好的电隔离和滤波作用。连接到 PLC 输入端的输入器件是各种开关、操作按钮和传感器等。通过接口电路将这些器件产生的信号转换为 CPU 能够识别和处理的信号,并送入输入映像存储器。运行时 CPU 从输入映像寄存器中读取输入信息并进行处理,将处理结果存放到输出映像寄存器中。输入/输出映像寄存器由相应的输入/输出触发器组成,输出接口将其弱电控制信号转换为控制现场所需的强电信号输出,驱动显示灯、电磁阀、继电器、接触器等各种被控设备的执行器件。下面简单介绍常见的输入接口电路和输出接口电路。

1)输入接口电路

输入接口电路为了防止各种干扰信号和高电压信号进入 PLC,一般用 RC 滤波器消除输入端的抖动和外部噪声干扰,用光电耦合电路进行隔离。光电耦合电路由发光二极管和光电三极管组成。

通常 PLC 的输入可以是直流、交流或交直流信号。输入电路电源可以由外部提供,也可以由 PLC 内部提供。采用外部电源的直流、交流和交直流输入接口电路如图 1-4 所示。

图 1-4(a)所示为直流输入电路,当输入开关闭合时,发光二极管发光,表示输入端接通。同时光电耦合器中的发光二极管使三极管导通,信号进入内部电路,此输入点对应的电平由 0 变为 1,即输入映像寄存器的对应电平由 0 变为 1。

图 1-4(b)所示为交流输入电路,电路中设有隔直电容器 C 来减小高频信号串入。

图 1-4(c)所示为交直流输入电路,它的外接电源除直流电源外,还可用 12~24 V 的交流电源,而其内部电路结构与直流输入电路基本相同。

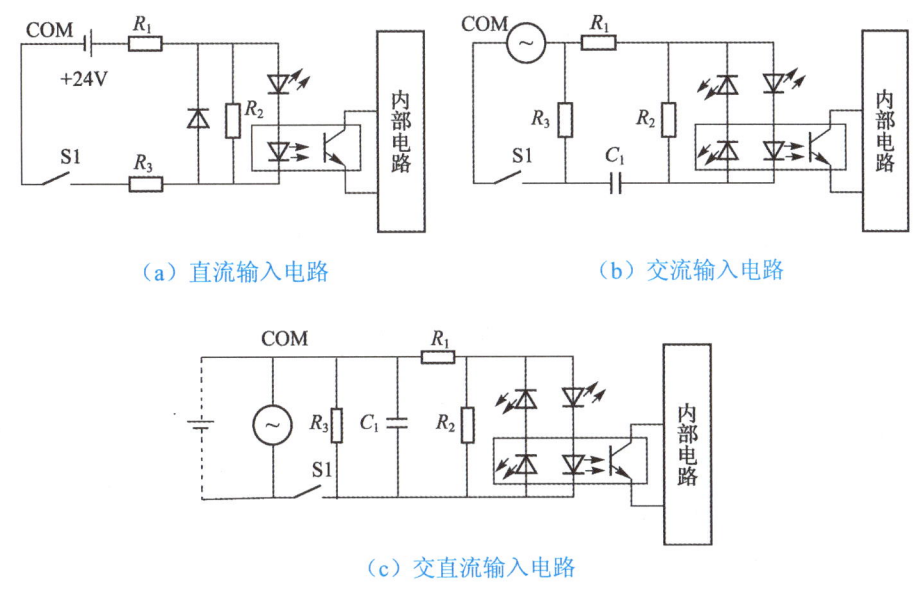

（a）直流输入电路　　　　　　　　（b）交流输入电路

（c）交直流输入电路

图 1-4　输入接口电路

2）输出接口电路

输出接口电路有三种输出形式：继电器输出、晶体管输出和晶闸管输出。图 1-5 所示是 PLC 的输出电路图。每种输出都采用了电气隔离技术，电源由外部供给，输出电流一般为 0.5～2 A，输出电流的额定值与负载的性质有关。

继电器输出最常用。当 CPU 有输出时，根据输出映像区对应的电平状态，接通或断开输出电路中的继电器线圈，使继电器的触点闭合或断开，通过该触点来控制外部负载电路的通断。继电器输出利用继电器的线圈和触点实现了 PLC 的内部电路与外部负载的电气隔离，如图 1-5（a）所示。

晶体管输出是通过光电耦合器使晶体管饱和或截止以控制外部负载电路的通断，同时利用光电耦合原理实现 PLC 与外部电路的电气隔离，如图 1-5（b）所示。

晶闸管输出采用了光触发型双向晶闸管，并通过它实现 PLC 内部电路与其驱动的外电路电气隔离，如图 1-5（c）所示。为了避免 PLC 受到瞬间大电流的作用而损坏，必须采取保护措施：一是在输入、输出的公共端接熔断器；二是采用保护电路，对直流感性负载用续流二极管回路，对交流感性负载用阻容吸收回路。

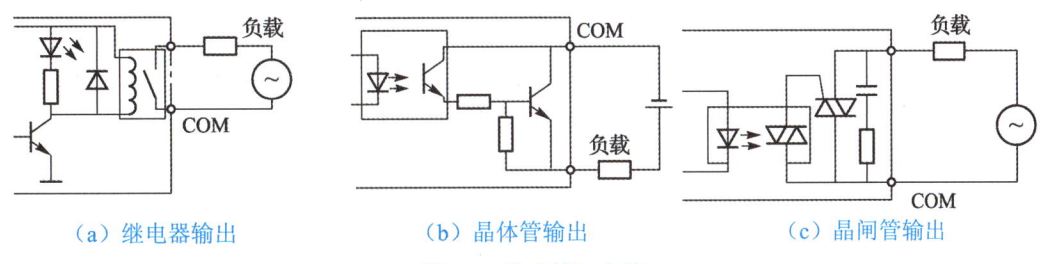

（a）继电器输出　　　　　　（b）晶体管输出　　　　　　（c）晶闸管输出

图 1-5　输出接口电路

由于 PLC 的输入和输出端采用光电耦合，在电气上是完全隔离的，输出信号不会反馈到输入端，也不会产生地线干扰和其他串扰，因此 PLC 具有很高的可靠性和极强的抗干扰能力。

4. 电源

PLC 的电源一般采用交流 220 V 市电，电源部件将交流电转换为供 PLC 工作所需的直流电，使 PLC 正常工作。小型 PLC 电源和 CPU 单元整合为一体，大、中型 PLC 有专用的电源模块。部分 PLC 电源部件可提供直流 24 V 输出，用于对外部传感器供电，最大输出电流为 500 mA。

5. 编程器

编程器是 PLC 最重要的外部设备。利用编程器可以将用户程序输入 PLC 存储器，可以检查、检修、调试程序，还可以监视程序的运行及 PLC 的工作状态。小型 PLC 常用简易型便携式或手持式编程器，这两种编程器只能联机编程，不能直接输入和编辑梯形图程序。计算机添加适当的硬件接口电缆和编程软件，也可以对 PLC 进行编程。计算机编程器也叫智能型编程器，可以直接显示梯形图、读出程序、写入程序、监控程序运行等。

三、PLC 的工作原理

可编程控制器属于工业控制计算机，它的工作原理是建立在计算机工作原理基础上的，通过执行反映控制要求的用户程序来实现。执行用户程序时需要各种现场信息，如果这些现场信息（例如按钮 SB 接通或断开状态）已送到 PLC 的输入端口，PLC 将采集所有输入信号并存放到输入映象寄存器中，执行用户程序时所需输入状态均在输入映象寄存器中取用。

同样，PLC 对外部的输出控制也是先把 CPU 执行用户程序后的输出结果存放在输出映象寄存器中，等执行完用户程序后，输出映像寄存器将所有输出结果一次性向输出端口或输出模块输出，使输出设备的部件动作。

PLC 的工作过程是一个不断循环扫描的过程。CPU 从第一条指令开始，按顺序逐条地执行用户程序直到用户程序结束，然后返回第一条指令开始新的一轮扫描。当 PLC 处于正常运行时，PLC 会不断循环扫描地工作下去，其工作过程示意图如图 1-6 所示。每一次扫描过程有输入采样、程序执行和输出刷新 3 个阶段。

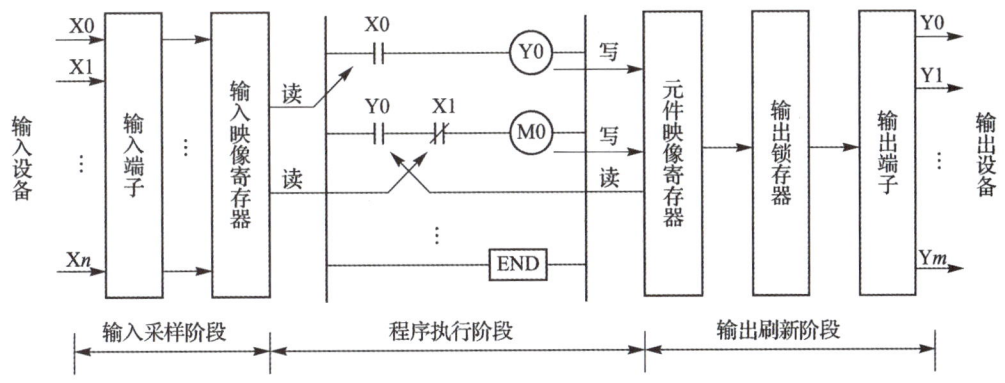

图 1-6 PLC 工作过程示意图

1）输入采样阶段 PLC

在输入采样阶段，首先扫描所有输入端子，并将各输入状态存入对应的输入映象寄存器中。当输入映象寄存器被刷新后，进入程序执行阶段，在程序执行阶段和输出刷新阶段。因输入锁存器的存在，无论输入信号如何变化，输入映像寄存器的内容都保持不变，直到下一个扫描周期的输入采样阶段开始，才重新向输入端写入新内容。

2）程序执行阶段

PLC 在程序执行阶段，按从上到下、从左到右的顺序逐句扫描程序。当指令中涉及输入、输出状态时，PLC 就从输入映象寄存器"读入"上一阶段采入的对应输入端子的状态，从元件映象寄存器"读入"对应元件（"软继电器"）的当前状态。然后进行相应的运算，并将运算结果存入元件映象寄存器中。对元件映象寄存器来说，每一个元件（"软继电器"）的状态都会随着程序执行过程而变化。

3）输出刷新阶段

在输出刷新阶段，当用户程序执行结束后，PLC 将元件映象寄存器中所有输出继电器的状态转存到输出锁存器中，并通过一定方式输出，驱动外部负载。

每一次扫描所用的时间称为一个扫描周期。

四、PLC 的编程语言

PLC 使用的编程语言共有 5 种，即梯形图、指令语句表、步进顺控图、逻辑符号图、高级编程语言。

1. 梯形图

梯形图是最直观、最简单的一种编程语言，它类似继电接触器控制电路的形式，逻辑关系明显，是在继电接触器控制逻辑基础上使用简化的符号演变而来的，具有形象、直观、实用等优点，容易被电气技术人员接受，是目前使用较多的一种 PLC 编程语言。

继电接触器控制线路图和 PLC 梯形图有对应关系，如图 1-7 所示。由图可见，两种控制图逻辑含义是一样的，但具体表示方法有本质区别。梯形图中的继电器、定时器、计数器不是实物，而是 PLC 存储器中的存储位，因此称为软元件。若继电器线圈相应的状态位为"1"，表示该继电器线圈通电，常开触点闭合，常闭触点断开。

梯形图左右两端的母线是不接任何电源的。梯形图中流过的并不是真实的电流，而是假想电流（概念电流）。假想电流只能从左到右、从上到下流动，是执行用户程序时满足输出执行条件而作出的假设。

梯形图由多个梯级组成，每个梯级由一个或多个支路和输出元件构成。右边的输出元件是必须的。例如，图 1-7（b）所示的梯形图是由三个梯级构成的，梯级一有 4 个编程元件 X0、Y0、X1 和 Y1，Y0 和 Y1 是输出元件。同一个梯形图中的编程元件，不同的厂家会有所不同，但它们表示的逻辑控制功能是一致的。

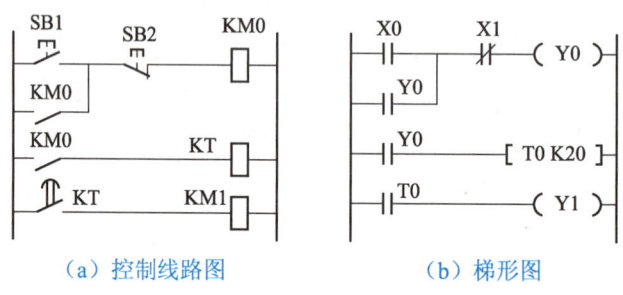

（a）控制线路图　　　　　　　　（b）梯形图

图 1-7　继电接触器控制线路图和 PLC 梯形图

2. 指令语句表

指令语句表是一种与计算机汇编语言类似的助记符编程语言，简称指令表，它用一系列操作指令组成的语句描述控制过程，并通过编程器传输到 PLC 中。不同厂家的指令语句表使用的助记符可能不同，因此，一个功能相同的梯形图，书写的指令语句表可能并不相同。表 1-1 是用三菱 FX 系列 PLC 指令语句表完成图 1-7（b）控制功能编写的程序。

表 1-1　FX 系列 PLC 指令语句表

序号	指令操作码（助记符）	操作数（参数）	说明
1	LD	X0	输入 X0 常开触点，逻辑行开始
2	OR	Y0	并联 Y0 自保触点
3	AND	X1	串联 X1 常闭触点
4	OUT	Y0	输出 Y0，逻辑行结束
5	LD	Y0	输入 Y0 常开触点，逻辑行开始

序号	指令操作码（助记符）	操作数（参数）	说明
6	OUT	T0	输出驱动定时器 T0
7		K20	设定定时器参数 K20，逻辑行结束
8	LD	T0	输入 T0 常开触点，逻辑行开始
9	OUT	Y1	输出 Y1，逻辑行结束

指令语句表编程语言是由若干条语句组成的程序，语句是程序中的最小独立单元。每个操作功能由一条语句来表示。PLC 的语句由指令操作码和操作数两部分组成。操作码由助记符表示，用来说明操作的功能，告诉 CPU 做什么。例如，逻辑运算的与、或、非等，算术运算的加、减、乘、除等。操作数一般由标志符和参数组成。标志符表示操作数类别，例如输入继电器、定时器、计数器等。

参数表示操作数地址或预定值。

3. 步进顺控图

步进顺控图，简称步进图，又叫状态流程图或状态转移图，是使用"状态"来描述控制任务或过程的流程图，是一种专用于工业顺序控制的程序设计语言。它能完整地描述控制系统的工作过程、功能和特性，是分析、设计电气控制系统控制程序的重要工具。步进顺控图的例子，如图 1-8 所示。

4. 逻辑符号图

逻辑符号图与数字电路的逻辑图极为相似，模块有输入端、输出端，逻辑符号图使用与、或、非、异或等逻辑符号描述输出端和输入端的函数关系，模块间的连接方式与电路连接方式基本相同。逻辑符号图编程语言直观易懂，容易掌握。图 1-9 所示是一个先"或"操作后"与"操作的逻辑符号图。

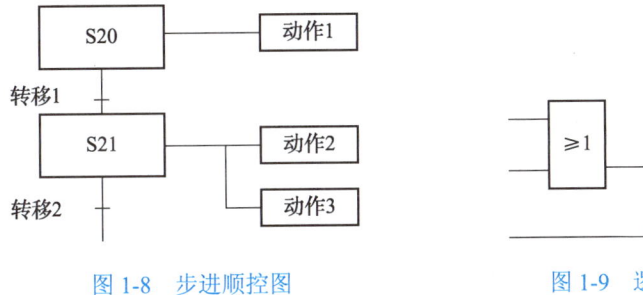

图 1-8　步进顺控图　　　　　　　　图 1-9　逻辑符号图

5. 高级编程语言

在大型 PLC 中，为了完成具有数据处理、PID 调节、定位控制、图形操作终端等较为复杂的控制，往往使用高级计算机编程语言，使 PLC 具有更强的功能。

五、PLC 控制系统与继电接触器逻辑控制系统的比较

下面以"三相异步电动机单方向连续运行控制"为例，将 PLC 控制系统与继电接触器逻辑控制系统进行比较，可以知道它们的不同点主要表现在以下几个方面：

1. 组成的器件不同

继电接触器逻辑控制系统是由许多硬件继电器和接触器组成的，而 PLC 则是由许多"软继电器"组成的。传统的继电接触器控制系统由于使用了大量的机械触点，使系统可靠性大大降低。例如，在本项目中继电接触器逻辑控制系统实现电动机的单方向连续运行，就是通过接触器 KM 的一辅助常开触点实现自保的，一旦触点接触不良，将会影响电动机的正常运行。PLC 则采用无机械触点的逻辑运算微电子技术，复杂的控制由 PLC 内部运算器来完成，故寿命长、可靠性高。

2. 触点的数量不同

继电器和接触器的触点数较少，一般只有 4～8 对，而 PLC 内部的"软继电器"可供编程的触点数是无限的。

3. 控制方式不同

继电接触器逻辑控制系统是通过元件之间的硬件接线来实现控制功能的，而 PLC 控制系统是通过软件编程来实现控制功能的，即它通过输入端子接收外部输入信号，然后将输入端子接内部输入继电器；输出继电器的触点接到 PLC 的输出端子上，由事先编好的程序（梯形图）驱动，通过输出继电器触点的通断，实现对负载的功能控制。

如图 1-10 所示是电动机单方向连续运行控制的 PLC 等效控制系统框图。从图中可以看出，按下启动按钮 SB2 后，内部输入继电器 X1 的等效线圈接通（ON），在程序（梯形图）中的 X1 的常开触点接通（ON），驱动内部输出继电器 Y0 工作，与输出端子相连的 Y0 常开触点接通（ON），使与输出端子相连的接触器 KM 得电动作，与此同时在程序（梯形图）中的 Y0 常开触点接通（ON）。当松开启动按钮 SB2 后，内部输入继电器 X1 的等效线圈失电（OFF），内部输出继电器 Y0 通过自己的常开触点保持得电，保证接触器 KM 线圈继续保持得电，起到类似接触器自锁的作用。

需要停止时，按下停止按钮 SB1，内部输入继电器 X0 的等效线圈接通（ON），在程序（梯形图）中的 X0 的常闭触点断开（ON），驱动内部输出继电器 Y0 停止工作，与输出端子相连的 Y0 常开触点断开（OFF），使与输出端子相连的接触器 KM 失电；与此同时在程序（梯形图）中的 Y0 常开触点断开（OFF）。当松开停止按钮 SB1 后，内部输入继电器 X0 的等效线圈失电（OFF），X0 的常闭触点复位（OFF）。

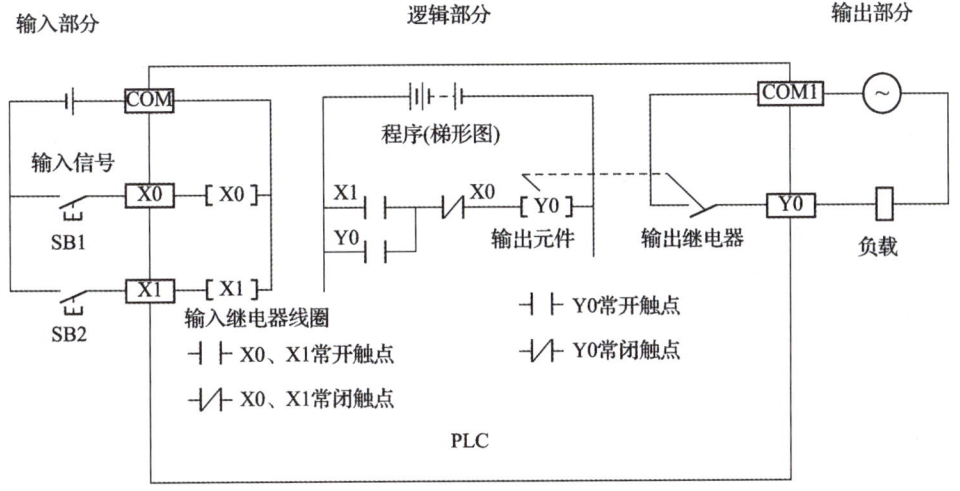

图 1-10　电动机单方向连续运行控制的 PLC 控制系统框图

从上述控制过程中可以看到，PLC 控制系统实现电动机单方向连续运行，主要是通过 PLC 的程序（梯形图）来驱动，如想将本线路的控制功能改成断续（点动）控制，只需修改原来程序就可实现，不用改变外部接线。因此，PLC 控制系统具有只要改变控制程序，即可灵活改变控制功能的特点。

4. 工作方式不同

在继电接触器逻辑控制系统中，当电源接通时，线路中各继电器都处于受制约状态。在 PLC 中，各"软继电器"都处于周期性循环扫描接通中，每个"软继电器"受制约接通的时间是极其短暂的。

六、FX$_{2N}$ 系列 PLC 的型号

FX$_{2N}$ 系列 PLC 的基本单元、扩展单元和扩展模块的型号规格分别见表 1-2、表 1-3 和表 1-4。

表 1-2 基本单元一览表

输入输出总点数	输入点数	输出点数	FX₂N 系列		
			AC 电源 DC 输入		
			继电器输出	三端双向晶闸管开关元件	晶体管输出
16	8	8	FX₂N-16MR-001	—	FX₂N-16MT-001
32	16	16	FX₂N-32MR-001	FX₂N-32MS-001	FX₂N-32MT-001
48	24	24	FX₂N-48MR-001	FX₂N-48MS-001	FX₂N-48MT-001
64	32	32	FX₂N-64MR-001	FX₂N-64MS-001	FX₂N-64MT-001
80	40	40	FX₂N-80MR-001	FX₂N-80MS-001	FX₂N-80MT-001
128	64	64	FX₂N-128MR-001	—	FX₂N-128MT-001
32	16	16	FX₂N-32MR-D		FX₂N-32MT-D
48	24	24	FX₂N-48MR-D		FX₂N-48MT-D
64	32	32	FX₂N-64MR-D		FX₂N-64MT-D
80	40	40	FX₂N-80MR-D		FX₂N-80MT-D

表 1-3 扩展单元一览表

输入输出总点数	输入点数	输出点数	AC 电源 DC 输入		
			继电器输出	三端双向晶闸管开关元件	晶体管输出
32	16	16	FX₂N-32-ER	—	FX₂N-32ET
48	24	24	FX₂N-48-ER	—	FX₂N-48ET

表 1-4 扩展模块一览表

输入输出总点数	输入点数	输出点数	输入	晶体管输出	三端双向晶闸管开关元件	输入信号电压	连接形式
8（16）	4（8）	FX₀N-8ER	—	—		DC24V	横端子台
8	8	—	FX₀N-8EX	—		DC24V	横端子台
8	0	FX₀N-8EYR	—	FX₀N-8EYT		—	横端子台
16	16	—	FX₀N-16EX	—		DC24V	横端子台
16	0	FX₀N-16EYR	—	FX₀N-16EYT		—	横端子台
16	16	—	FX₂N-16EX	—		DC24V	纵端子台
16	0	FX₀N-16EYR	—	FX₂N-16EYT	FX₂N-16EYS	—	纵端子台

FX₂N 系列可编程控制器型号的格式如图 1-11 所示。

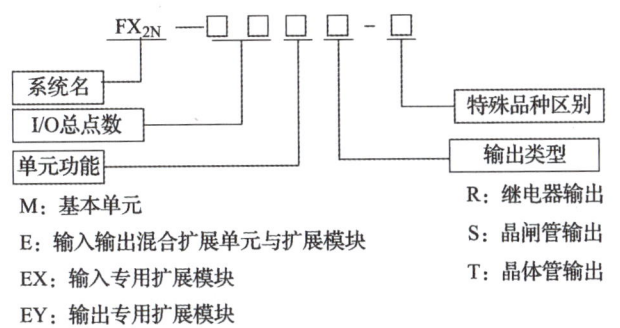

图 1-11　FX$_{2N}$ 系列可编程控制器的型号格式

七、PLC 的接线

PLC 控制系统可由可编程控制器和电源、主令器件、传感器设备以及驱动执行机构相连接而构成。

1. 电源部分

PLC 的电源接在图 1-12 所示的 L 端子和 N 端子之间，接线时要注意：

（1）电源电压不能超过电压的允许范围 AC 85～264 V。

（2）为避免发生无法补救的重大事故，应有急停电路。

（3）为防止发生短路故障，应选用 250 V，1 A 的熔断器。

（4）为防止过大的电源电压波动或过强的噪声干扰引起整个控制系统瘫痪，可采取使用隔离变压器等有效措施。

（5）不能将外部电源线接到内部提供 24 V 直流电源的端子上。

（6）PLC 的接地线应为专用接地线，进行单独接地。

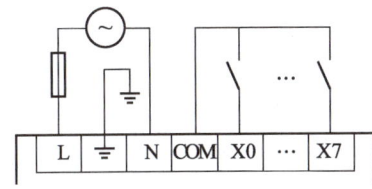

图 1-12　PLC 电源接线示意图

2. 输入部件和输出部件

输入部件是可编程控制器控制系统的信号输入部分，主要由按钮、行程开关、光电开关等主令电器构成，用于发送控制指令。

可编程控制器输出接口电路带负载的能力是有限的，它是通过执行装置，即接触器或

继电器、执行器和气动与液动电磁阀，来带动生产机械工作的，这些执行装置就是 PLC 的输出部件。

PLC 常用输入、输出部件的实物图如图 1-13 所示。

在 PLC 的本体上还可以连接多种功能扩展单元，例如数字量输入输出模块、模拟量输入输出模块、通信模块、高速计数模块等。

输入部件和输出部件接线时要注意：

（1）输入部件导线尽可能远离输出部件导线、高压线及电动机等干扰源。

（2）不能将输入部件和输出部件接到带"·"的端子上。

（3）PLC 的各"COM"端均为独立的，当各负载使用不同电压时，可采用独立输出方式；当各个负载使用相同电压时，可采用公共输出方式，这时应使用型号为 AFP1803 的短路片将它们的"COM"端短接起来。

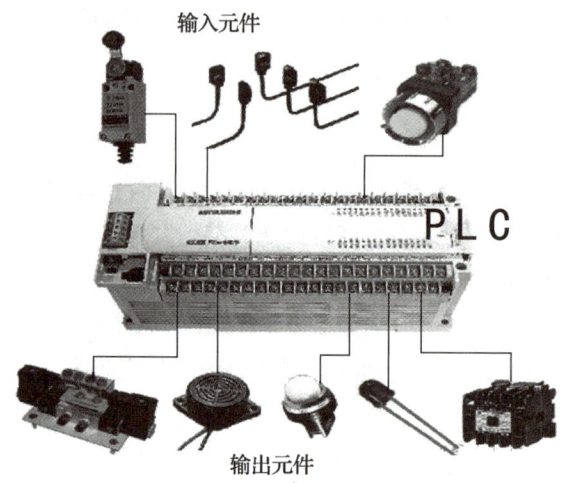

图 1-13　PLC 常用输入、输出部件的实物图

（4）若输出端接感性负载时，需根据负载的不同情况接入相应的保护电路，即在交流感性负载两端并接 RC 串联电路；在直流感性负载两端并接二极管保护电路；在带低电流负载的输出端并接一个泄放电阻以避免漏电流的干扰。

（5）在 PLC 内部输出接口电路中若没有熔断器，为防止因负载短路而造成输出短路，应在外部输出电路中安装熔断器。

3. PLC 接线图

1）输入器件的接线

FX_{1s} 系列 PLC 的输入回路采用直流输入，且在 PLC 内部，无源的开关类输入不用单独提供电源。接近开关指本身需要电源驱动，输出有一定电压和电流的开关量传感器。根据其信号线可以分为 3 类：两线式、三线式、四线式，如图 1-14 所示。PLC 输入端接线

原理图如图 1-15 所示。

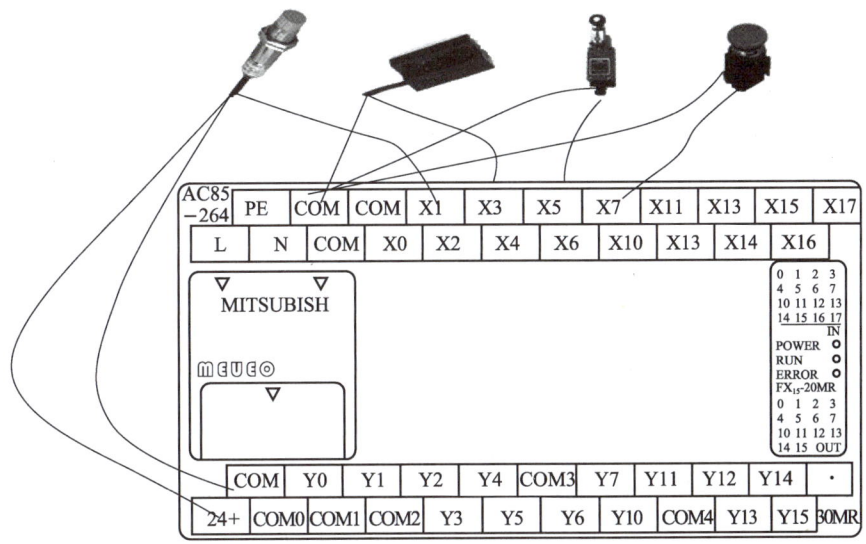

图 1-14　PLC 输入端接线实物图

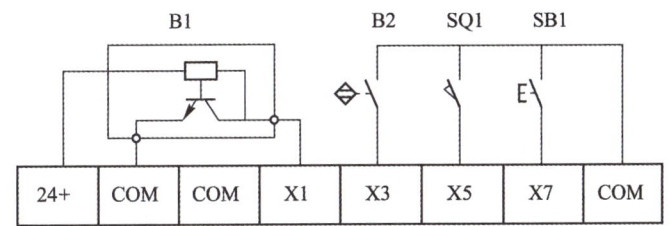

图 1-15　PLC 输入端接线原理图

2）输出器件的接线

PLC 有 3 类输出：继电器输出、晶体管输出、晶闸管输出，如图 1-16 所示。晶闸管输出只可接交流负载，晶体管输出只可接直流负载，继电器输出既可接交流负载也可接直流负载。PLC 输出端接线实物示意图如图 1-17 所示。PLC 输出端接线原理图如图 1-18 所示。

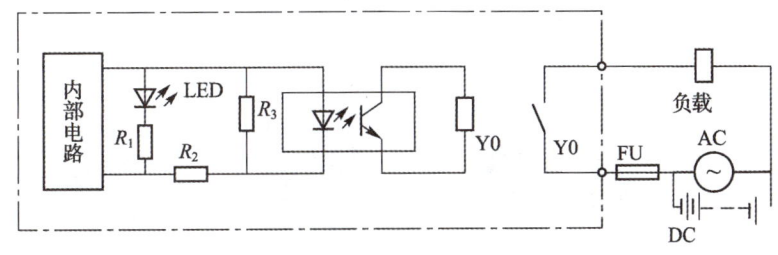

（a）继电器输出

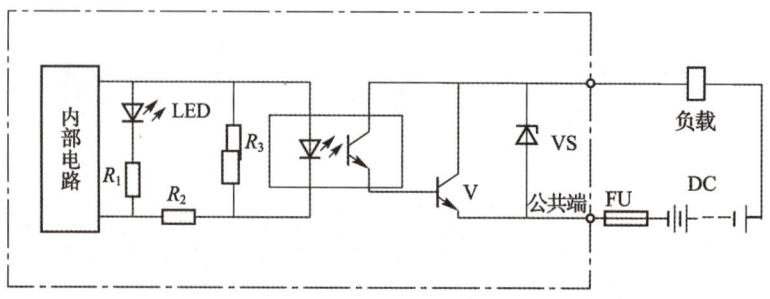

（b）晶体管输出

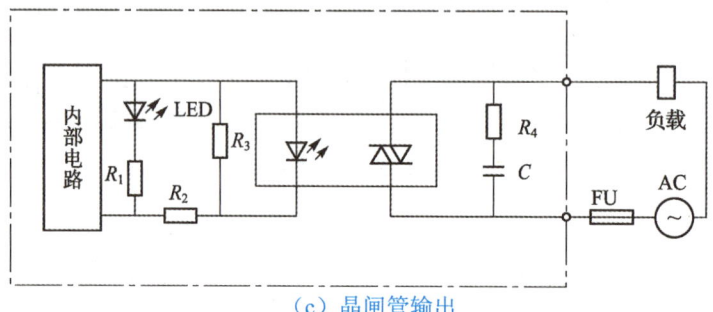

（c）晶闸管输出

图 1-16　继电器、晶体管、晶闸管输出接负载电路图

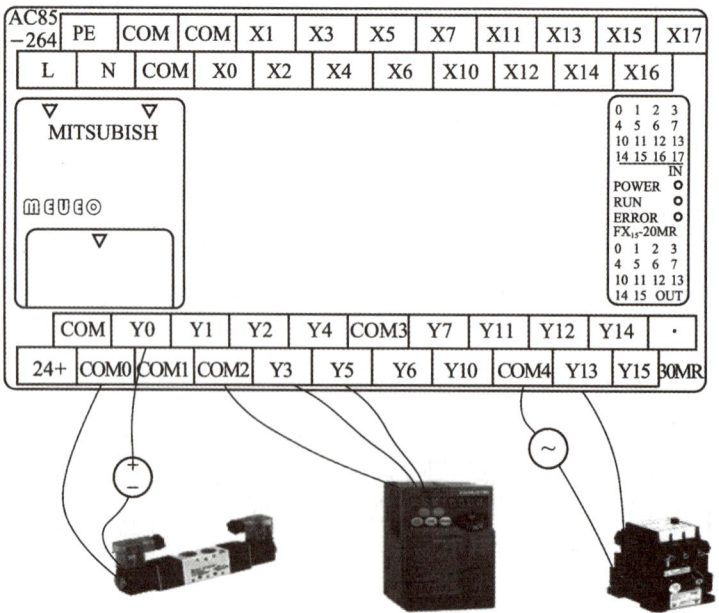

图 1-17　PLC 输出端接线示意图

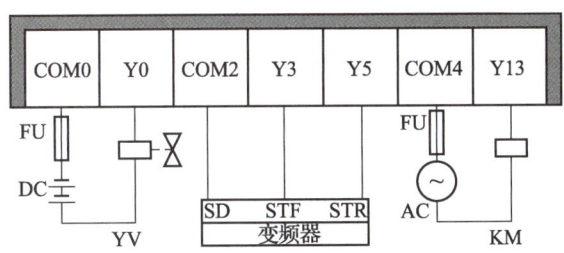

图 1-18　PLC 输出端接线原理图

项目实施

一、程序运行与仿真

1. 通过分析控制要求，分配输入点和输出点，写出 I/O 通道地址分配表

根据电动机单向连续运行的控制要求，可确定 PLC 需要 2 个输入点，1 个输出点，其 I/O 通道地址分配见表 1-5。

表 1-5　I/O 通道地址分配表

输　入			输　出		
元件代号	作用	输入继电器	元件代号	作用	输出继电器
SB1	停止按钮	X0	KM	正转控制	Y0
SB2	启动按钮	X1			

2. 画出 PLC 的 I/O 接线图

PLC 接线图如图 1-19 所示。

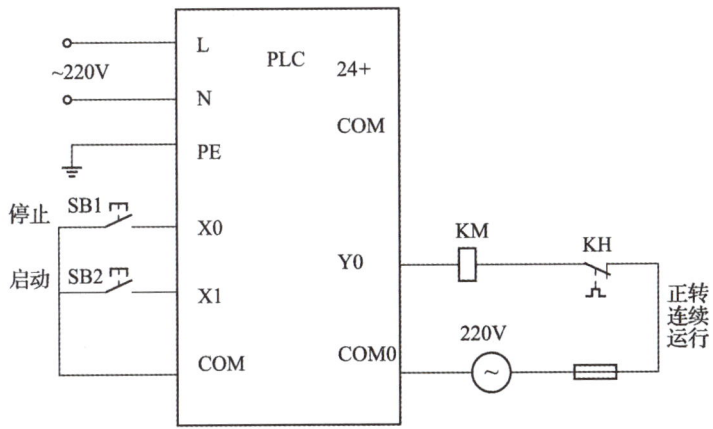

图 1-19　电动机单向连续运行 I/O 接线图

3. 程序设计

根据 I/O 通道地址分配表及对项目控制要求的分析，画出本项目控制的梯形图，并写出指令语句表。

编程思路：当按下启动按钮 SB2 时，输入继电器 X1 接通，交流接触器 KM 线圈得电，输出继电器 Y0 置 1，这时电动机连续运行。此时即使松开按钮 SB2，输出继电器 Y0 仍保持接通状态，这就是"自锁"或"自保持"功能；当按下停止按钮 SB1 时，KM 线圈失电，输出继电器 Y0 置 0，电动机停止运行。从以上分析可知，满足电动机连续运行的控制要求，由此可设计出本项目的梯形图及指令表，如图 1-20 所示。

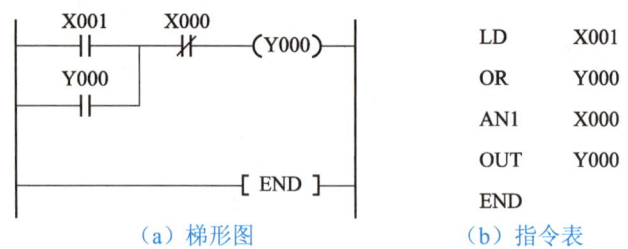

（a）梯形图　　　　　　　　（b）指令表

图 1-20　PLC 控制电动机单方向连续运行

4. 程序输入及仿真运行

三菱 GX Developer 编程软件是应用于三菱系列 PLC 的中文编程软件，可在 Windows XP 及以上操作系统中运行。

1）GX Developer 编程软件的安装

运行安装盘中的"SETUP"，按照逐级提示即可完成 GX Developer 的安装。安装结束后，将在桌面上建立一个和"GX Developer"相对应的图标，同时在桌面的"开始／程序"中建立一个"MELSOFT 应用程序/GX Developer"选项。若需增加模拟仿真功能，在上述安装结束后，运行安装盘中 LLT 文件夹下的"SETUP"文件，按照逐级提示即可完成模拟仿真功能的安装。

2）程序输入

（1）新工程的建立

双击桌面上的"GX Developer"图标，或单击"开始"＞"所有程序"＞"MELSOFT 应用程序"＞"GX Developer"，即可启动 GX Developer。程序启动几秒后即可进入程序主界面，如图 1-21 所示。

单击工具栏中的 按钮，弹出如图 1-22 所示的对话框，将 PLC 系列设置为"FXCPU"，将 PLC 类型设置为"FX2N"。

在"创建新工程"对话框中，勾选"设置工程名"复选框，输入工程名"123"，然后单击确定按钮，再在弹出的提示框中单击"是"按钮，如图 1-23 所示。

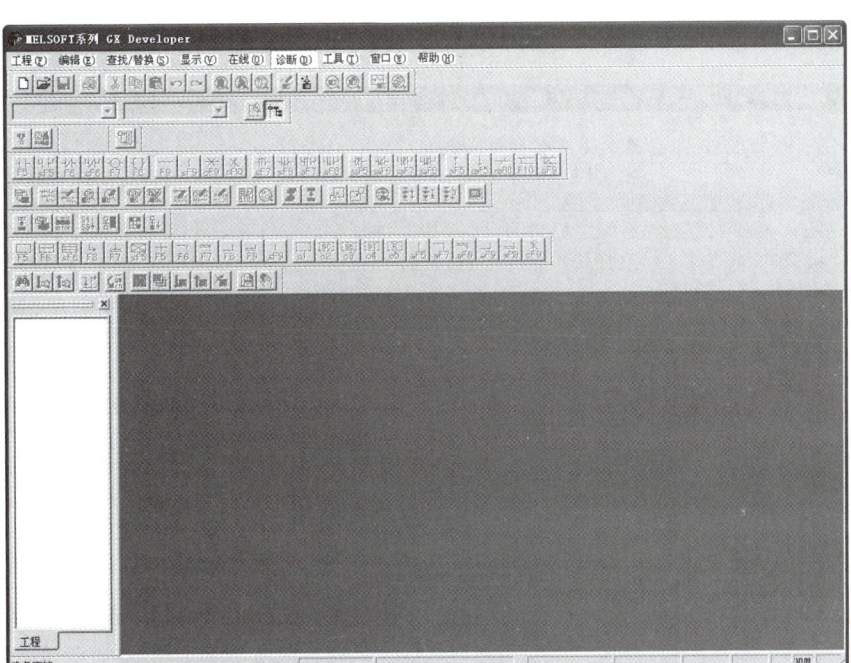

图 1-21　程序主界面

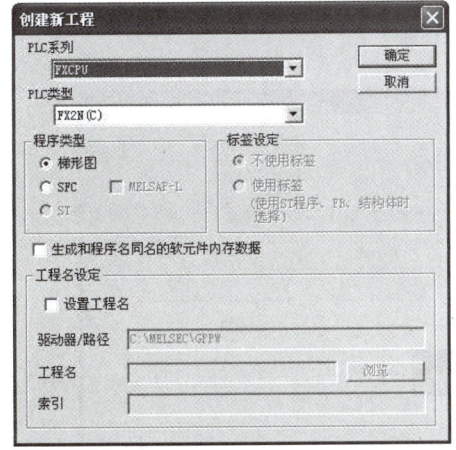

图 1-22　指定 PLC 系列和类型　　　　　图 1-23　创建新工程

工程建立完毕后即进入图 1-24 所示界面。

（2）程序输入

依次输入图 1-20 所示梯形图中的各软元件，图 1-25 所示为 ⊣⊢ 的输入方法：单击 ⊣⊢ 按钮，出现"梯形图输入"对话框，选择所要输入的元件符号，输入元件名称，最后单击"确定"按钮。其他元件的输入方法与之类似。工具栏中各元件的按钮都标注了对应的快捷键。如 ⊣⊢ 表示 ⊣⊢ 的快捷键为 F5，⊣/⊢ 表示 ⊣/⊢ 的快捷键为 F6 等。

在梯形图中新建一行的方法如图 1-26 所示：将光标移至的空白位置后，单击鼠标右

 PLC 基础与实训

键，在出现的快捷菜单中选择"行插入"（或直接单击"编辑"菜单下的"行插入"）。

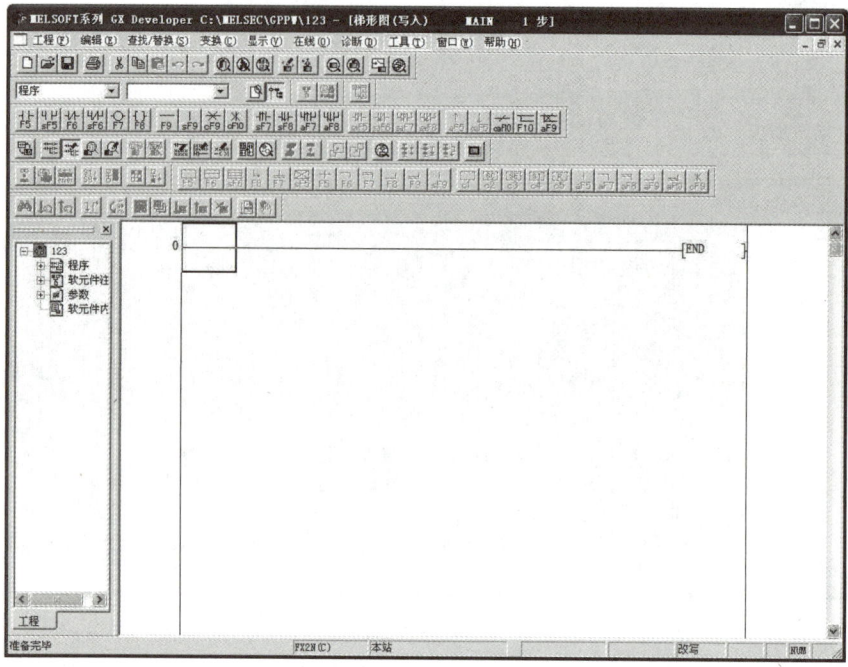

图 1-24　编程界面

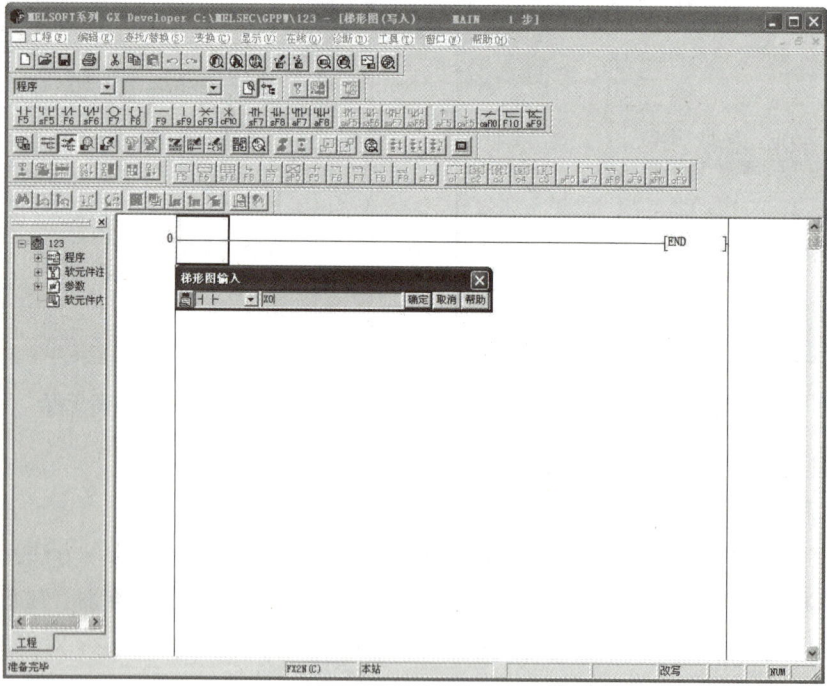

图 1-25　程序输入

 26

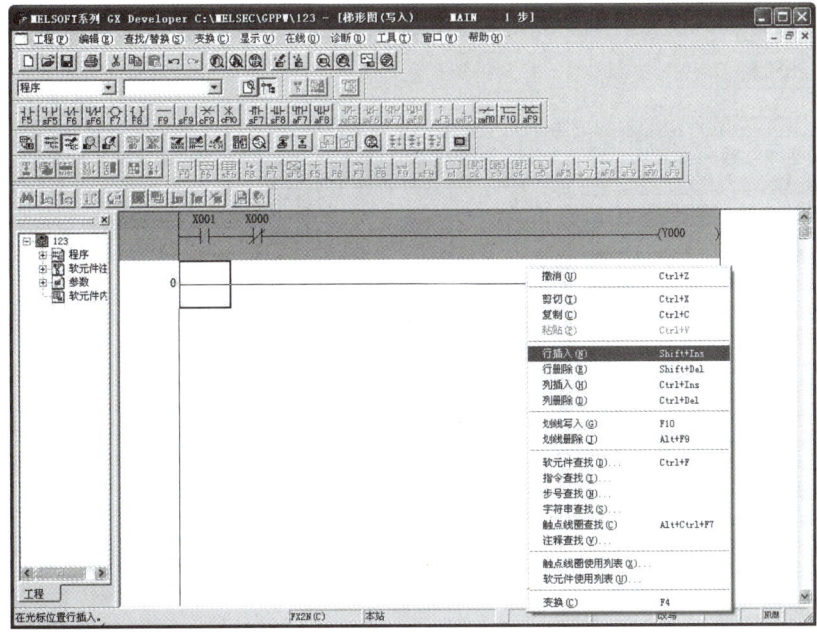

图 1-26 新建一行

程序输入完成后，单击"变换"菜单下的"变换"，对程序进行变换。

（3）程序对错检查

在程序主界面单击"工具"菜单下的"程序检查"，在弹出的对话框中设置好检查内容和检查对象，然后单击"执行"按钮，即可对程序的对错进行检查，如图1-27、图1-28所示。

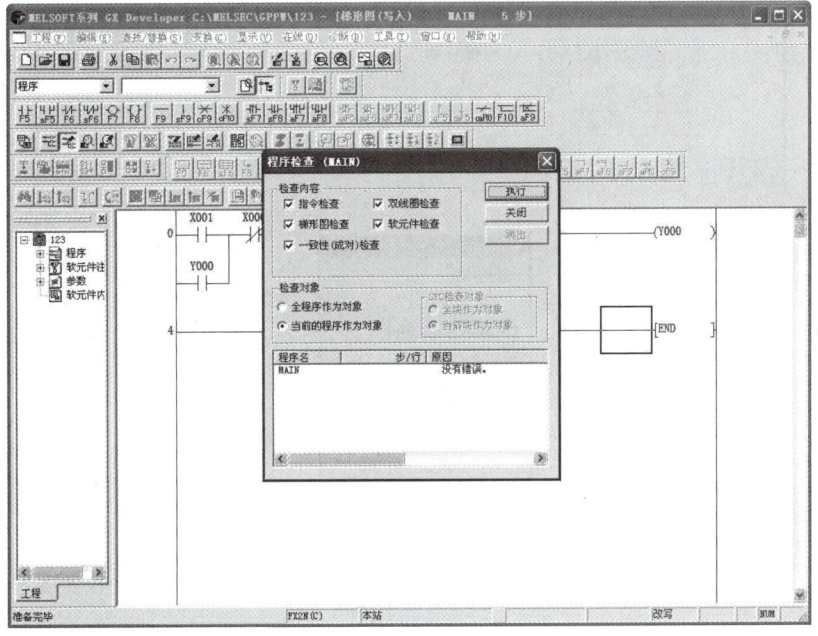

图 1-27 程序检查结果（没有错误）

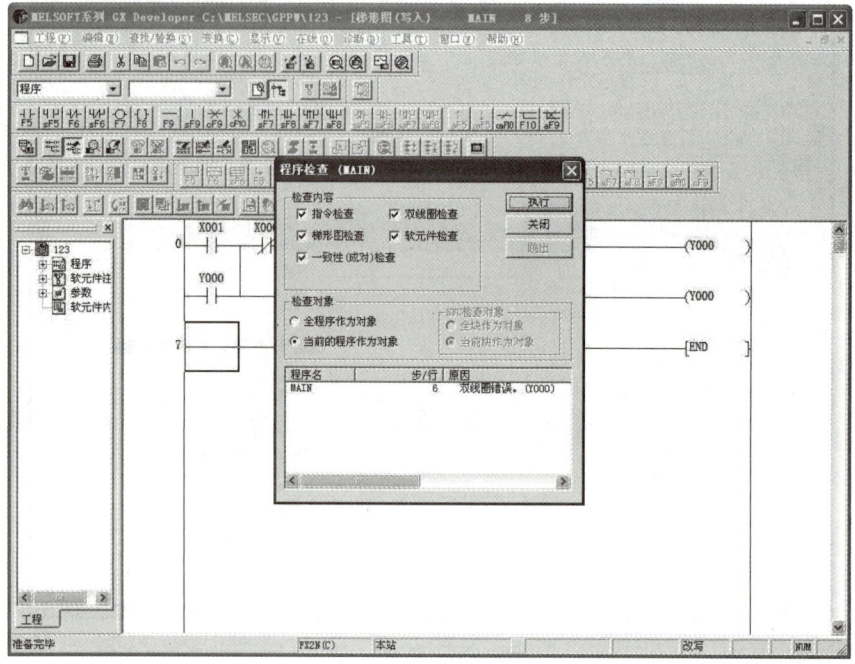

图 1-28　程序检查结果（有错误）

3）程序模拟仿真运行

单击"工具"菜单下的"梯形图逻辑测试起动"，即可开始仿真，运行界面如图 1-29（a）、（b）、（c）所示。

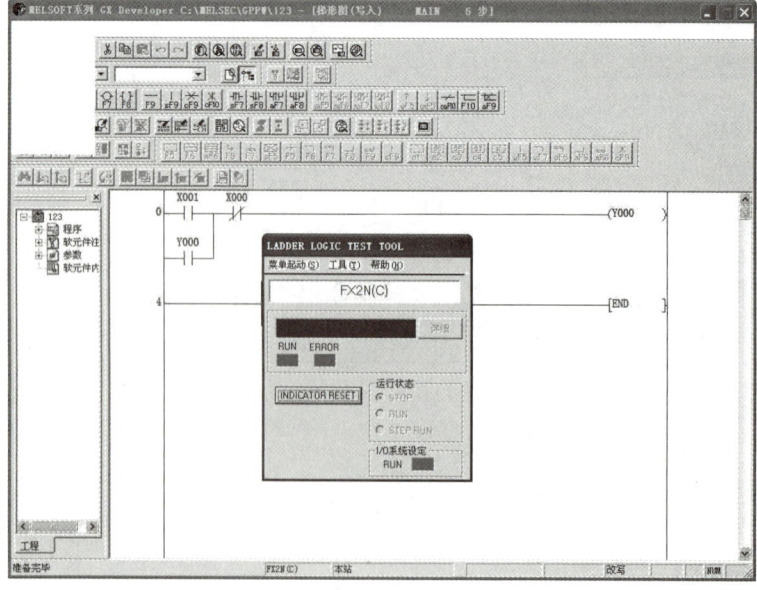

（a）

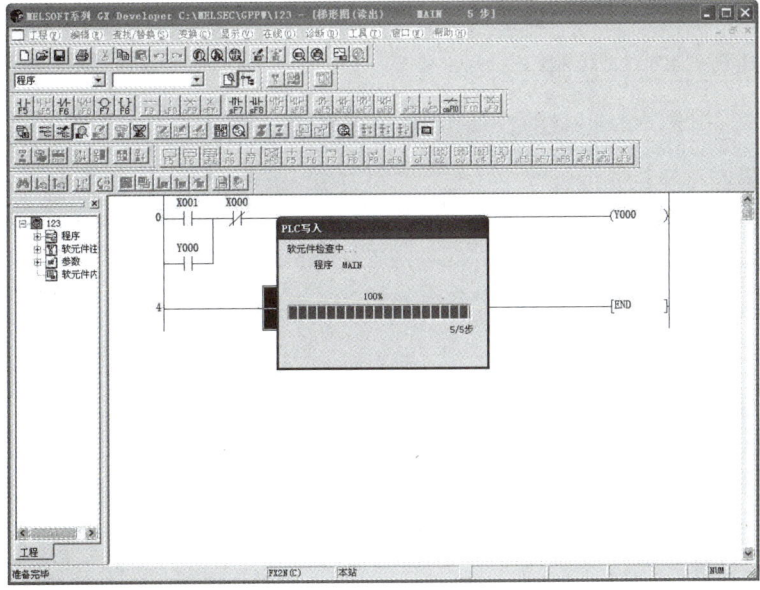

（b）

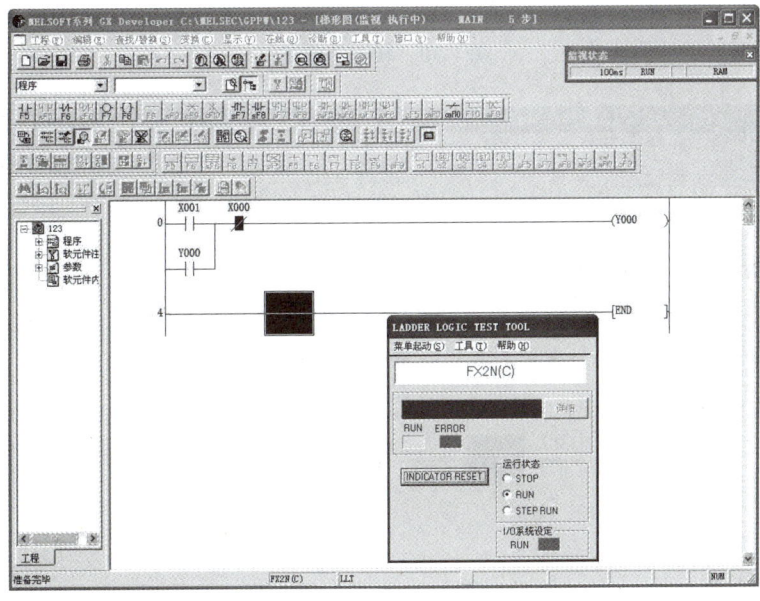

（c）

图 1-29 梯形图逻辑测试起动

若需要强制执行一些输入条件 ON，可单击菜单下的"调试"＞"软元件的测试"，打开"软元件测试"窗口，如图 1-30 所示。在"位软元件"的"软元件"编辑框中选择或输入与案件名称，单击"强制 ON"按钮即可。若强制元件 X1"ON"，则输入 X1，单击"强制 ON"按钮。测试完成后，单击"工具"菜单下的"梯形图逻辑测试结束"来结束测试，如图 1-31 所示。

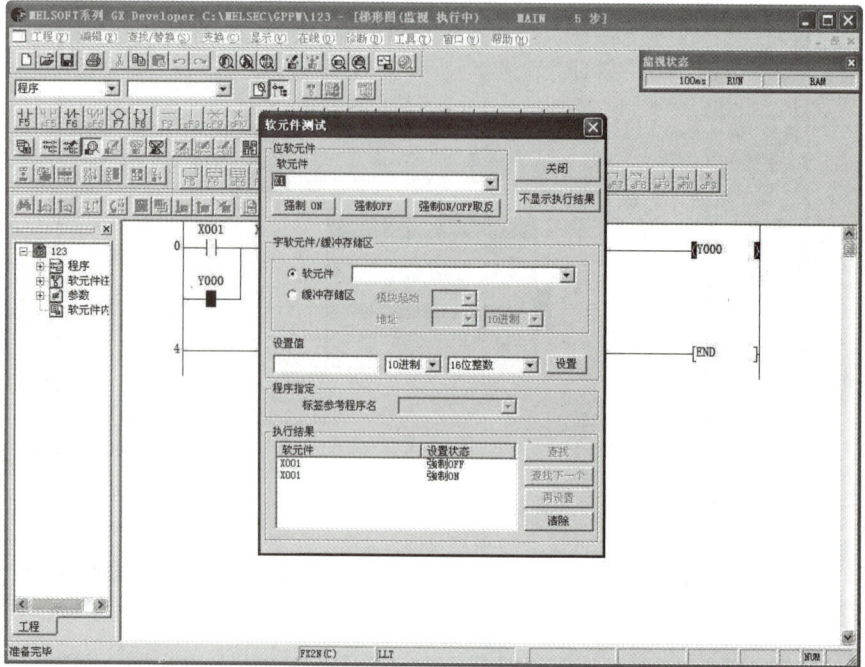

图 1-30　软元件测试

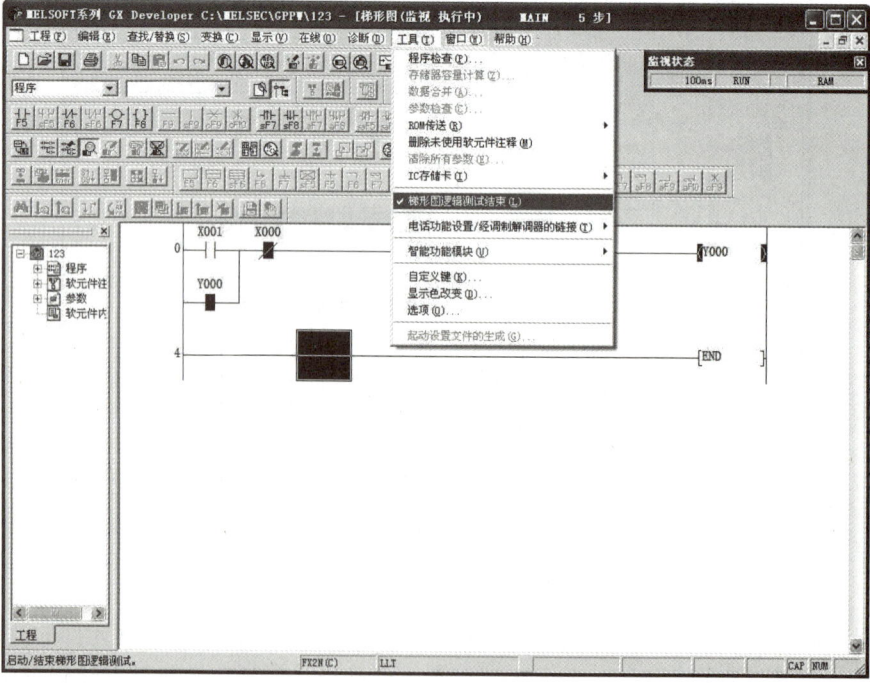

图 1-31　结束测试

4）程序保存

单击工具栏中的 按钮，或选择"工程"菜单下的"保存工程"，即可完成程序的保存，如图 1-32 所示。

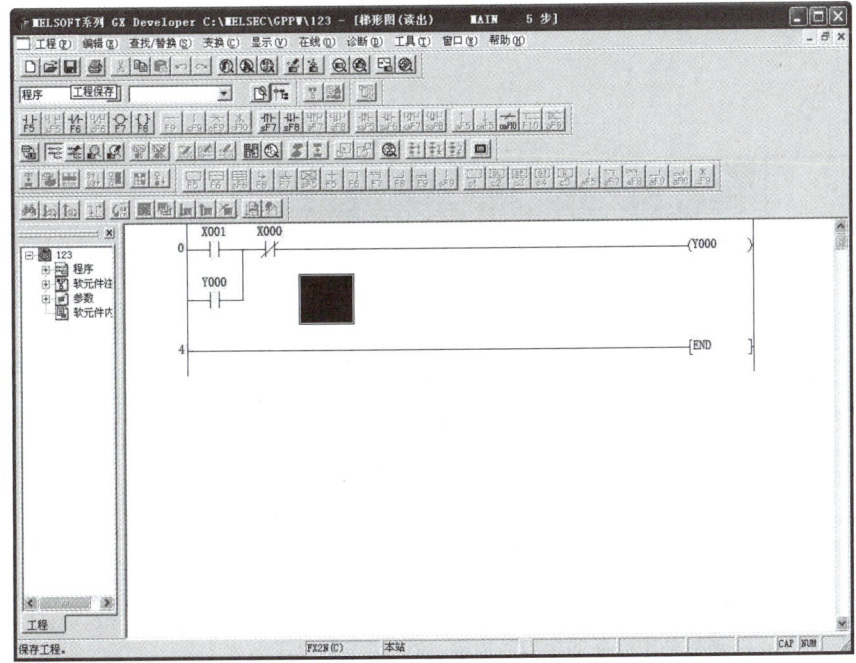

图 1-32　程序保存

5）程序下载

（1）PLC 与计算机连接

PLC 一般设有专用的通信口，通常为 RS485 口或 RS422 口，FX$_{2N}$ 型 PLC 为 RS422 口与计算机的 COM1 串口连接。

（2）程序写入

首先接通系统电源，将 PLC 的"RUN/STOP"开关拨到"STOP"的位置，然后通过单击 GX Developer 软件中"在线"菜单下的"PLC 写入"，就可以把仿真成功的程序写入 PLC 中。

二、PLC 线路安装与调试

1. PLC 安装常识

PLC 应安装在环境温度为 0～55℃，相对湿度小于 89%、大于 35%，无尘埃和油烟，无腐蚀性及可燃性气体的场合中。

PLC 的安装固定通常有两种方式：一是直接利用机箱上的安装孔，用螺钉将机箱固定在控制柜的背板或面板上；二是利用 DIN 导轨安装，这需先将 DIN 导轨固定好，再将 PLC 及各种扩展单元卡上 DIN 导轨。安装时还要注意在 PLC 周围留足散热及接线的空间。如图 1-33 所示为 FX$_{2N}$ 机及扩展设备在 DIN 导轨上的安装情况。

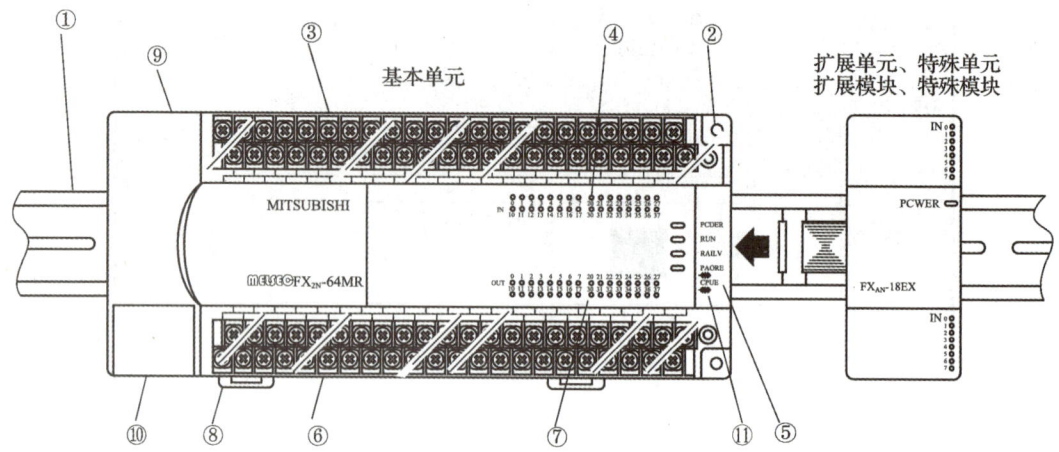

① 35 mm 宽的 DIN 导轨　② 安装孔 4 个
③ 电源、供给电源、输入信号用脱卸式（16 点形式的除外）端子排（带盖板）
④ 显示输入用的 LED　⑤ 扩展单元、扩展模块、特殊单元、特殊模块、连接接口、盖板
⑥ 输出用的脱卸式端子排　⑦ 显示输出动作的 LED　⑧ DI 导轨脱卸用卡扣
⑨ 面板盖子　⑩ 连接外围设备的接口盖板等　⑪ 动作指示灯

图 1-33　FX$_{2N}$ 机及扩展设备在 DIN 导轨上的安装

2. 安装接线板

根据 I/O 接线图，在模拟实物控制接线板上进行元件及线路安装。

（1）检查元器件

根据表 1-5 配齐元器件，检查元器件的规格是否符合要求，并用万用表检测元器件是否完好。

（2）固定元器件

固定好本项目所需元器件。

（3）配线安装

根据配线原则和工艺要求，进行配线安装。

（4）自检

对照接线图检查接线是否无误，再使用万用表检测电路的阻值是否与设计相符。

（5）通电调试

① 经自检无误后，在指导教师的指导下，方可通电调试。

② 首先接通系统电源开关 QS，将 PLC 的"RUN/STOP"开关拨到"RUN"的位置，

然后通过计算机上 GX Developer 软件中"在线"菜单下的"监视">"监视模式"来监视程序的运行情况，再按照表 1-6 进行操作，观察系统运行情况并做好记录。若出现故障，应立即切断电源，检查电路或梯形图并分析故障原因，排除故障后方可进行重新调试，直到系统功能调试成功为止。

表 1-6　程序调试步骤

操作步骤	操作内容	观察内容	观察结果	思考内容
第一步	将程序下载到 PLC 后，合上断路器 QS	"POWER"灯		理解 PLC 的工作过程
		所有的"IN"灯		
第二步	将"RUN/STOP"开关拨到"RUN"的位置	"RUN"灯		
第三步	将"RUN/STOP"开关拨到"STOP"的位置	"RUN"灯		
第四步	按下 SB2	接触器 KM		
第五步	按下 SB1			

总结与练习

1. 总结

通过对工作任务的实施和观察，你对 PLC 控制系统有哪些初步的了解？请将你的体会和认识记录下来。

2. 作业

（1）可编程控制器有哪些主要特点？

（2）可编程控制器开关量输出接口按输出开关器件的种类不同可分为几种形式？

（3）简述 PLC 的扫描工作过程。

（4）PLC 常用有哪几种编程语言？

（5）简述梯形图和继电器控制图的区别。

3. 技能拓展

（1）试编写两地控制电动机单方向连续运行控制电路的梯形图和指令表。

（2）楼上、楼下各有一只开关（SBI、SB2）共同控制一盏照明灯（1EL）。要求两只开关均可对灯的状态（亮或灭）进行控制。试用 PLC 来实现上述控制要求。

项目拓展

一、常用的 PLC 产品简介

1）美国的 PLC 产品

美国有 100 多家 PLC 厂商，规模最大的式 A-B 公司。

2）欧洲的 PLC 产品

德国西门子（SIEMENS）公司的电子产品以性能精良而久负盛名，在大、中型 PLC 产品领域与美国的 A-B 公司齐名。

3）日本的 PLC 产品

日本的 PLC 产品在小型机领域颇具盛名。日本有许多 PLC 制造商，如三菱、欧姆龙、松下、富士、日立、东芝等，在全世界小型机市场上，日本产品约占 70%的份额。

三菱公司的 PLC 是较早进入中国市场的产品。其小型机 F1/F2 系列是 F 系列的升级产品，早期在我国的销量较大。F1/F2 系列加强了指令系统，增加了特殊功能单元和通信功能，比 F 系列有了更强的控制能力。继 F1/F2 系列之后，20 世纪 80 年代末三菱公司又推出了 FX 系列，在容量、速度、特殊功能、网络功能等方面都有了全面的加强。FX_2 系列是在 20 世纪 90 年代推出的高性能整体式小型机，它配有各种通信适配器和特殊功能单元。FX_{2N} 系列是近几年推出的高性能整体式小型机，它是 FX_2 系列的换代产品。近年来三菱公司还不断推出了满足不同要求的微型机 PLC，如 FX_{0S}、FX_{1S}、FX_{0N}、FX_{1N} 等系列的产品，本书主要以 FX_{2N} 系列机型介绍 PLC 的应用技术。

欧姆龙（OMRON）公司的产品，微、小、中、大型规格齐全。微型机以 SP 系列为代表，小型机有 P 型、H 型、CPMIA、CPM2A 系列及 CPMIC、CQMI 系列等。中型机有 C200H、C200HS、C200HX、C200HG、C200HE 及 CSI 等系列。

松下公司的 PLC 产品中，FPO 为微型机，FPI 为整体式小型机，FP3 为中型机，FP5/FPIO、FPIOS、FP20 为大型机。

二、PLC 的应用领域

PLC 的应用非常广泛，其应用情况大致可归纳为以下几类：

1）开关量逻辑控制

这是 PLC 最基本、最广泛的应用领域。PLC 的用户程序取代了传统的继电接触器控制线路，实现了逻辑控制和顺序控制，既可用于单台设备的控制，又可用于多机群控及自动化流水线，如注塑机、印刷机、订书机械、组合机床、磨床、包装生产线、电镀流水线等。

2）模拟量控制

PLC 利用 PID（Proportional Integral Derivative）算法可实现闭环控制功能，例如对温度、速度、压力及流量等过程量的控制。

3）运动控制

PLC 可以用于圆周运动或直线运动的定位控制。近年来，许多 PLC 厂商在自己的产品中增加了脉冲输出功能，配合原有的高速计数器功能，使 PLC 的定位控制能力大大增强。此外，许多 PLC 品牌具有位置控制模块，可驱动步进电动机或伺服电动机的单轴或多轴位置控制模块，使 PLC 广泛地用于机械、机床、机器人、电梯等领域。

4）数据处理

现代 PLC 具有数学运算、数据传送、数据转换、排序、查表、位操作等功能，可以完成数据采集、分析及处理。这些数据除可以与存储在存储器中的参考值比较，完成一定的控制操作外，也可以利用通信功能传送到别的智能装置，或将它们打印制表。数据处理一般用于大型控制系统，如无人控制的柔性制造系统；也可用于过程控制系统，如造纸、冶金、食品工业中的一些大型控制系统。

5）通信及联网

PLC 通信包括 PLC 间的通信及 PLC 与其他智能设备之间的通信。随着计算机控制的发展，工厂自动化网络发展的很快，各 PLC 厂商都十分重视 PLC 的通信功能，纷纷推出各自的网络系统。新近生产的 PLC，无论是网络接入能力还是通信技术指标都得到了很大加强，这使得 PLC 在远程及大型控制系统中的应用能力大大增强。

课题二　三相异步电动机的正反转控制

典型工作任务

在实际生产中，很多情况下都要求三相交流异步电动机既能正转又能反转，往往通过改变电动机定子绕组的电源相序的方法来实现。图 2-1 所示是按钮接触器双重联锁控制三相异步电动机正反转控制电路。

启动时，首先合上总电源开关 QS，按下正转启动按钮 SB2，接触器 KM1 线圈得电，其辅助常开触头闭合自锁，辅助常闭触头断开联锁，主触头闭合，电动机正转运行。当需要反转时，只需按下反转启动按钮 SB3，接触器 KM1 线圈断电，KM1 触头复位断开正向电源，接触器 KM2 线圈得电，其辅助常开触头闭合自锁，辅助常闭触头断开联锁，主触头闭合，电动机反转运行。SB1 为总停止按钮。本项目要求用 PLC 来实现如图 2-1 所示的三相交流异步电动机的正反转控制，其控制时序图如图 2-2 所示。

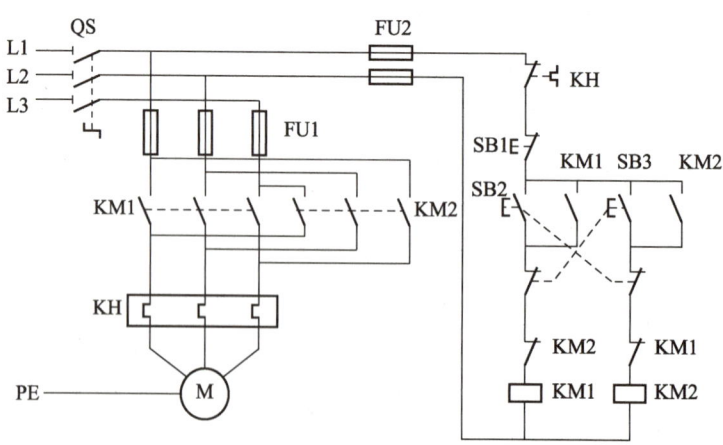

图 2-1　复合联锁接触器正反转控制电路图

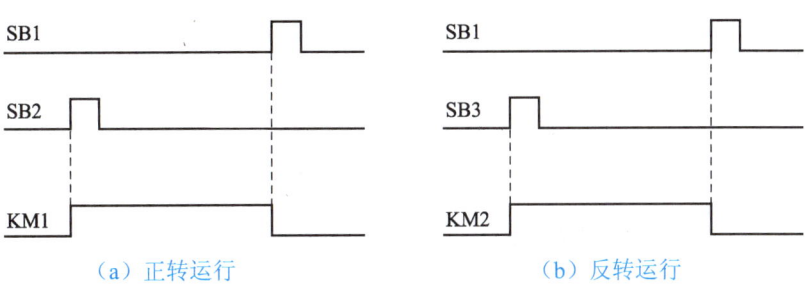

（a）正转运行　　　　　　　　　（b）反转运行

图 2-2　控制时序图

项目控制要求：

（1）能够用按钮控制三相交流异步电动机的正、反转启动和停止。

（2）具有短路保护和过载保护等必要的保护措施。

（3）利用 PLC 基本指令来实现上述控制。

理论知识平台

PLC 基本指令

FX_{2N} 型 PLC 有 20 条基本指令，FX_{1S} 型 PLC 则有 27 条基本指令，指令的基本格式是：

步序　　指令操作码　　操作数

例如：　　　　　　　　　10　　　　LD　　　　X2

对于指令"10 LD X2）"10 是步序，说明指令在用户存储区的位置和程序执行的顺序；LD 是指令操作码，说明指令操作的内容；X2 是操作数，说明指令操作的对象。

不同的指令操作码的操作数可能不同。有些指令不带操作数，而有些指令带有两个或两个以上的操作数。

1. 连接和驱动指令

这类指令主要用于表示触点之间的逻辑关系和驱动线圈。

1）LD 指令和 LDI 指令

在梯形图中，每个逻辑行都是从左母线开始的，并通过各类常开触点或常闭触点与左母线连接，这时，对应的指令应该用 LD 指令或 LDI 指令。

（1）LD 指令

LD 指令称为"取指令"，其功能是使常开触点与左母线连接。

（2）LDI 指令

LDI 指令称为"取反指令"，其功能是使常闭触点与左母线连接。

"LD"和"LDI"分别为取指令和取反指令的助记符。LD 指令和 LDI 指令的操作元

件可以是输入继电器 X、输出继电器 Y、辅助继电器 M、状态继电器 S、定时器 T 和计数器 C 中的任何一个。

LD 指令和 LDI 指令的应用如图 2-3 所示。

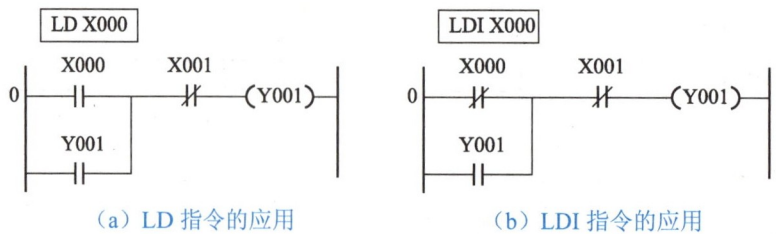

(a) LD 指令的应用　　　　　　　　(b) LDI 指令的应用

图 2-3　LD 指令和 LDI 指令的应用

（3）LD 指令和 LDI 指令使用说明

由触点混联组成的电路块梯形图中，虽然某触点不是接左母线，但它属于电路块第一个触点，即分支起点，这时也要用 LD 指令或 LDI 指令，如图 2-4 所示梯形图中 X1、X3 的常开触点和 X4 的常闭触点。

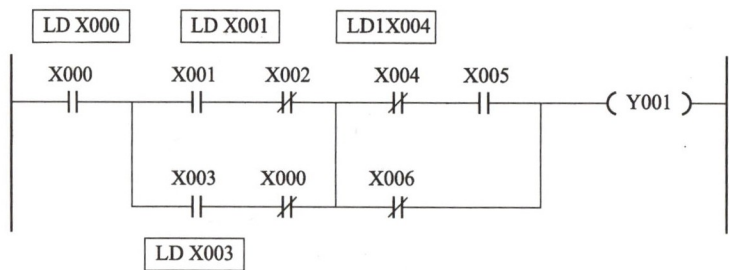

图 2-4　含电路块梯形图中 LD 指令和 LDI 指令的应用

2）OUT 指令

OUT 指令称为"输出指令"或"驱动指令"，"OUT"是"驱动指令"的助记符，驱动指令的操作元件可以是输出继电器 Y、辅助继电器 M、状态继电器 S、定时器 T 和计数器 C 中的任何一个。

OUT 指令的功能是输出逻辑运算结果，也就是根据逻辑运算结果去驱动一个指定的线圈。OUT 指令的应用如图 2-5 所示。

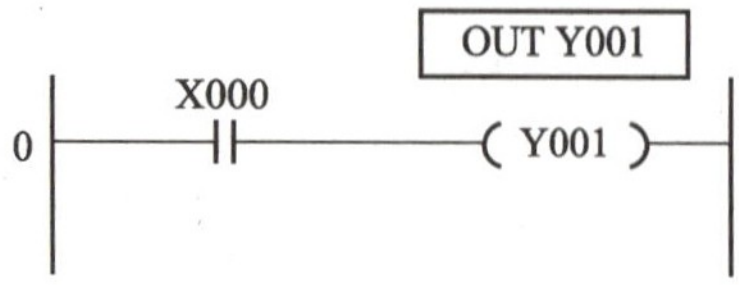

OUT Y001		
0 ┤├ X000 ─(Y001)─	0	LD X000
	1	OUT Y001

图 2-5　OUT 指令的应用

当输入继电器 X0 的常开触点闭合时，PLC 执行 OUT Y1 指令，输出继电器 Y1 线圈

被驱动接通，则 Y1 的常开触点闭合，Y1 的常闭触点断开。

OUT 指令使用说明：

① OUT 指令不能用于驱动输入继电器，因为输入继电器的状态是由输入信号决定的。

② OUT 指令可以连续使用，称为并行输出，且不受使用次数的限制。

③ 定时器 T 和计数器 C 使用 OUT 指令后，还需有一条常数设定值语句，如图 2-6 所示。

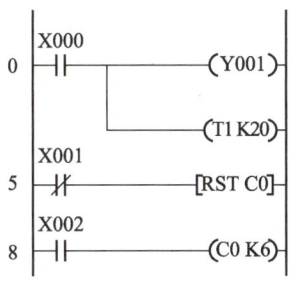

0	LD	X000
1	OUT	Y001
2	OUT	T1
	K	20
5	LDI	X001
6	RST	C0
8	LD	X002
9	OUT	C0
		K6

（a）梯形图　　　　　　　　（b）指令语句表

图 2-6　定时器和计数器 OUT 指令的应用

3）AND 指令和 ANI 指令

当继电器的常开触点或常闭触点与其他继电器的触点串联时，应该使用 AND 指令或 ANI 指令。

（1）AND 指令

AND 指令称为"与指令"，其功能是使继电器的常开触点与其他继电器的触点串联。

（2）ANI 指令

ANI 指令称为"与非指令"或"与反指令"，其功能是使继电器的常闭触点与其他继电器的触点串联。

"AND"和"ANI"分别是与指令和与非指令的助记符。AND 指令和 ANI 指令的操作元件可以是输入继电器 X、输出继电器 Y、辅助继电器 M、状态继电器 S、定时器 T 和计数器 C 中的任何一个。

（3）AND 指令和 ANI 指令使用说明

① AND 指令和 ANI 指令可以连续使用，并且不受使用次数的限制，如图 2-7 所示。

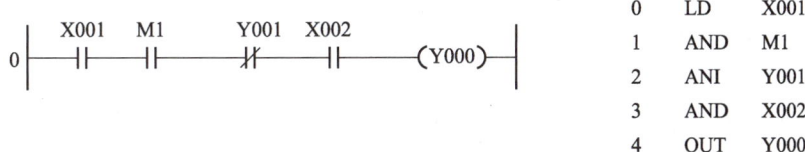

0	LD	X001
1	AND	M1
2	ANI	Y001
3	AND	X002
4	OUT	Y000

图 2-7　AND 指令和 ANI 指令的应用

② 如果在 OUT 指令之后，再通过触点对其他线圈使用 OUT 指令，称之为纵接输出，

如图 2-8 所示，X1 的常开触点与 M1 的线圈串联后，与 Y0 线圈并联，就是纵接输出。这种情况下，X1 仍可以使用 AND 指令，并可多次重复使用，如图 2-9 所示。

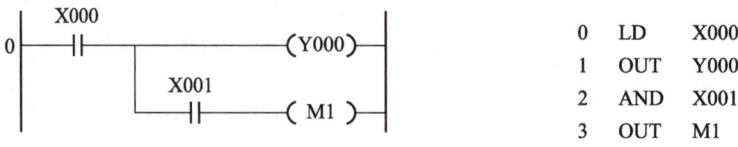

图 2-8　纵接输出中 AND 指令的应用

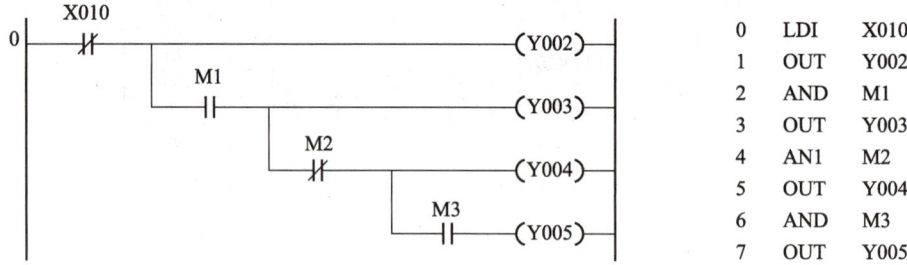

图 2-9　纵接输出中 AND 指令和 ANI 指令的应用

应注意，图 2-10 所示的梯形图不能使用 AND 指令或 ANI 指令。

③ 当继电器的常开触点或常闭触点与其他继电器的触点组成的电路块串联时，也可以使用 AND 指令或 ANI 指令，如图 2-11 所示。

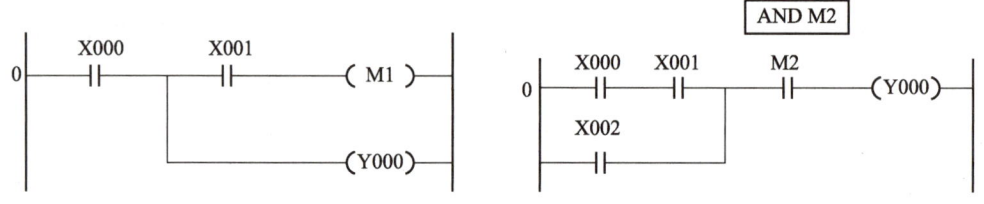

图 2-10　纵接输出错误画法   图 2-11　电路块串联梯形图中 AND 指令的应用

4）OR 指令和 ORI 指令

在梯形图中，继电器的常开触点或常闭触点与其他继电器的触点并联时，应该使用 OR 指令或 ORI 指令。

（1）OR 指令

OR 指令称为"或指令"，其功能是使继电器的常开触点与其他继电器的触点并联。

（2）ORI 指令

ORI 指令称为"或非指令"或"或反指令"，其功能是使继电器的常闭触点与其他继电器的触点并联。

"OR"和"ORI"分别是或指令和或非指令的助记符。OR 指令和 ORI 指令的操作元件可以是输入继电器 X、输出继电器 Y、辅助继电器 M、状态继电器 S、定时器 T 和计数

器 C 中的任何一个。

OR 指令的应用如图 2-12 所示，输入继电器 X0 和 X1 的常开触点并联，它们之间的逻辑关系是“或”逻辑。当 X0 常开触点或 X1 常开触点中有一个是闭合时，输出继电器 Y2 的线圈就被驱动。

0	LD	X000
1	OR	X001
2	OUT	Y002
3	LDI	M0
4	OR	X003
5	OUT	Y003

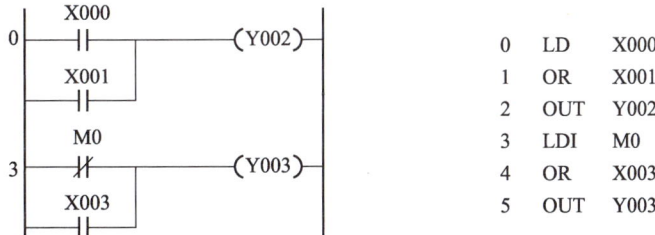

图 2-12　OR 指令的应用

ORI 指令的应用如图 2-13 所示，当辅助继电器 M1 的常开触点闭合或定时器 T1 的常闭触点闭合时，输出继电器 Y0 线圈被驱动。

0	LD	M1
1	ORI	T1
2	OUT	Y000
3	LDI	X000
4	ORI	M2
5	OUT	Y001

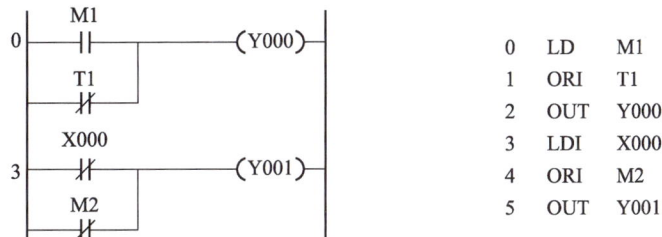

图 2-13　ORI 指令的应用

（3）OR 指令和 ORI 指令使用说明

① OR 指令和 ORI 指令可以连续使用，并且不受使用次数的限制，如图 2-14 所示。

② 当继电器的常开触点或常闭触点与其他继电器的触点组成的混联电路块并联时，也可以使用 OR 指令或 ORI 指令，如图 2-15 所示。图中 X0 常开触点与 M1 常闭触点串联组成串联电路块，X1 常开触点与串联电路块并联后组成一个混联电路块，C1 的常开触点又与这个混联电路块并联。

0	LD	X001
1	OR	Y001
2	ORI	M1
3	OR	X002
4	ANI	M2
5	AND	T1
6	OUT	Y000

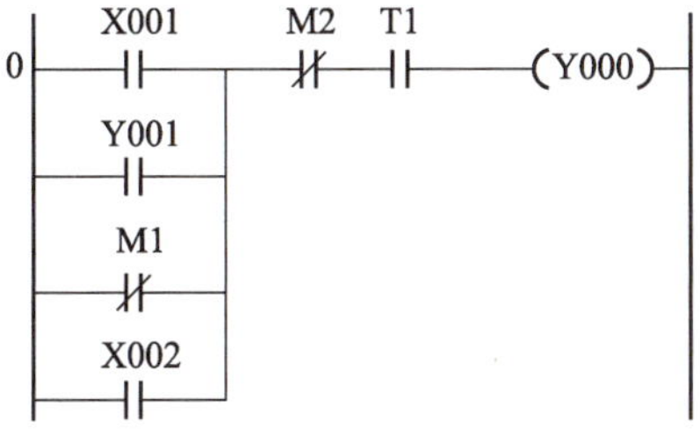

图 2-14　OR 指令和 ORI 指令的应用

图 2-15　电路块并联梯形图中 OR 指令的应用

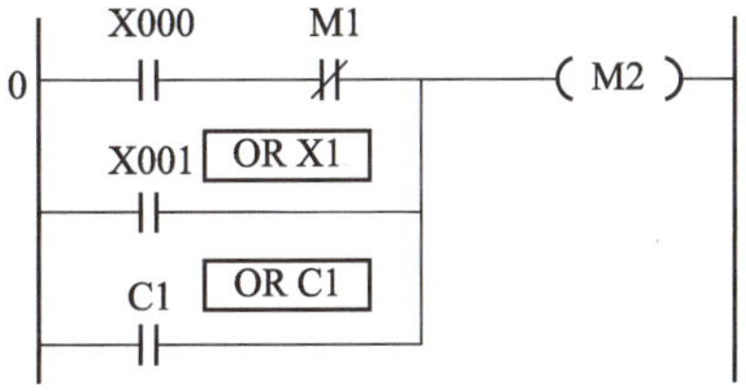

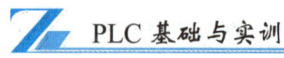

5）FX_{1S} 系列 PLC 的触点指令

在 FX_{1S} 系列 PLC 中，增加了常开触点闭合或断开瞬间动作的指令。

（1）LDP 指令和 LDF 指令

LDP 指令和 LDF 指令的应用如图 2-16 所示。

0	LDP	X001
2	OUT	Y001
3	LDF	X002
5	OUT	Y002
6	END	

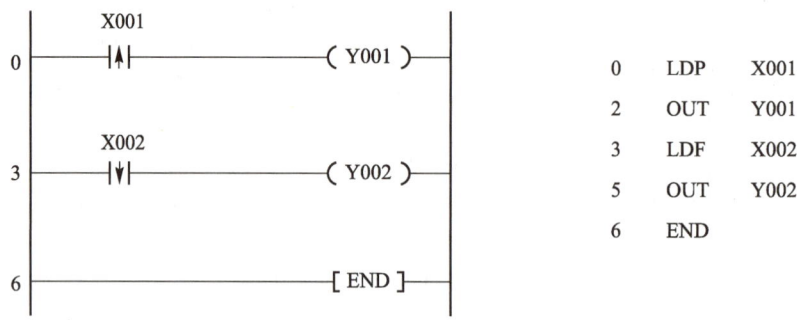

图 2-16　LDP 指令和 LDF 指令的应用

LDP 和 LDF 指令的功能与 LD 指令基本一样，用于常开触点接左母线，但不同的是 LDP 指令让常开触点只在闭合的瞬间接到左母线一个扫描周期，而 LDF 指令让常开触点只在断开的瞬间接到左母线一个扫描周期。由图 2-17（a）可以看到，X1 的常开触点闭合后虽然一直保持闭合状态，但由于 X1 的常开触点只在闭合的瞬间接到左母线一个扫描周期，Y1 的线圈只得电一个扫描周期后就失电了。图 2-17（b）反映了 X1 的常开触点闭合的瞬间，Y1 的线圈得电并自锁，因此 Y1 的线圈一直保持得电状态。

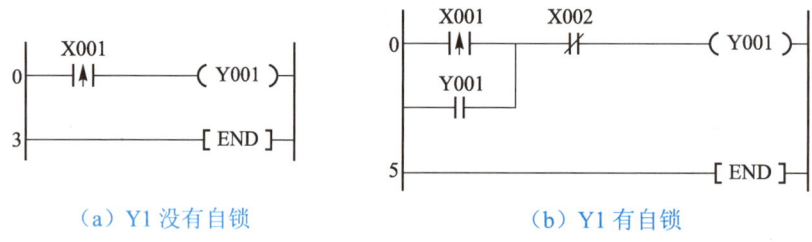

（a）Y1 没有自锁　　（b）Y1 有自锁

图 2-17　LDP 指令的应用

（2）ANDP 指令、ANDF 指令、ORP 指令和 ORF 指令

ANDP 指令的应用如图 2-18 所示，其功能是在 X3 常开触点闭合的瞬间与前面的触点串联一个扫描周期。

0	LD	X000
1	ANDP	X003
3	OUT	Y001
4	END	

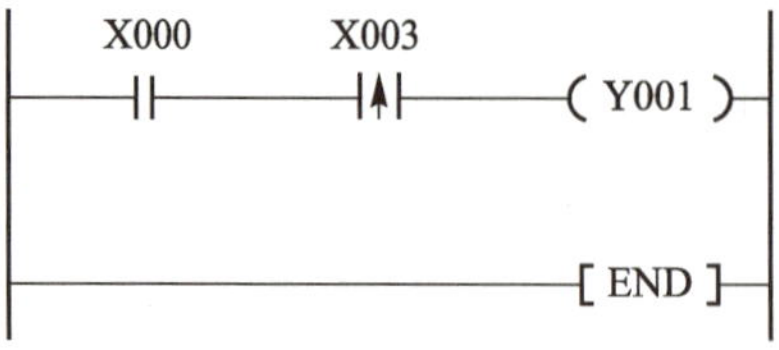

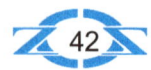

图 2-18　ANDP 指令的应用

ANDF 指令的应用如图 2-19 所示。其功能是在 X4 常开触点断开的瞬间与前面的触点串联一个扫描周期。

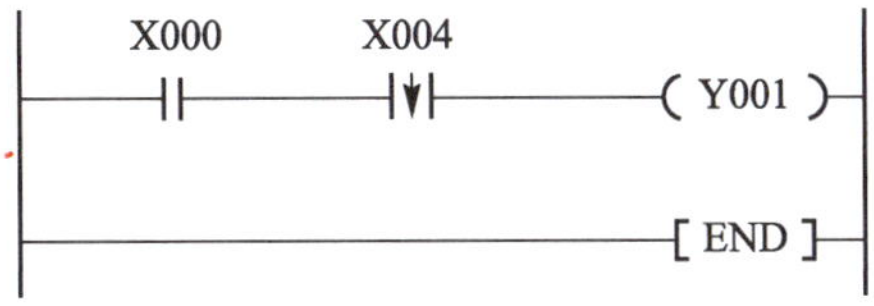

0	LD	X000
1	ANDF	X004
3	OUT	Y001
4	END	

图 2-19　ANDF 指令的应用

ORP 指令的应用如图 2-20 所示，其功能是在 X5 常开触点闭合的瞬间与上面的触点并联一个扫描周期。

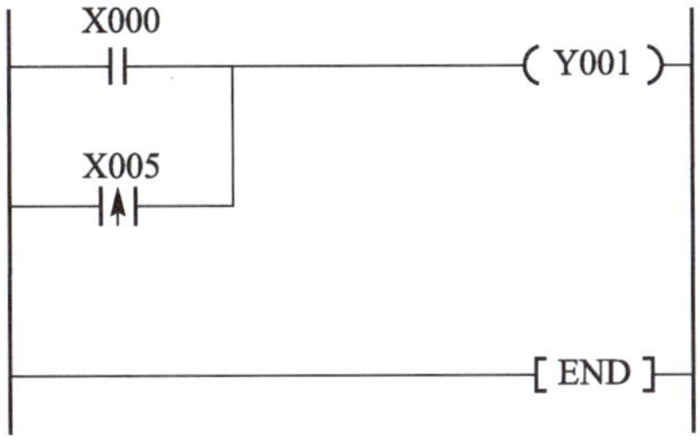

0	LD	X000
1	ORP	X005
3	OUT	Y001
4	END	

图 2-20　ORP 指令的应用

ORF 指令的应用如图 2-21 所示，其功能是在 X6 常开触点断开的瞬间与上面的触点并联一个扫描周期。

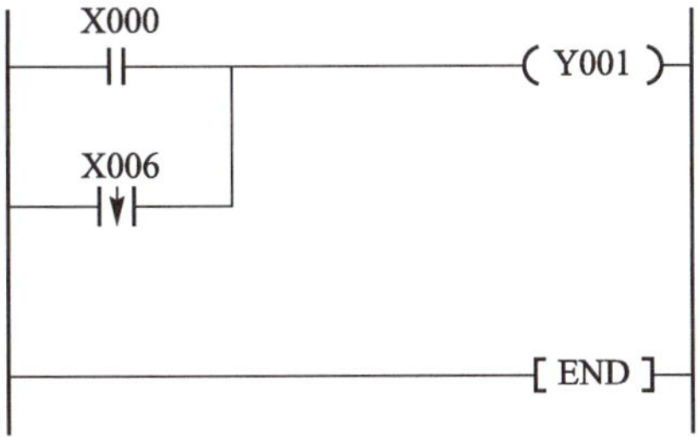

0	LD	X000
1	ORF	X006
3	OUT	Y001
4	END	

图 2-21　ORF 指令的应用

6）ANB 指令和 ORB 指令

在梯形图中，可能会出现电路块与电路块串联，或者电路块与电路块并联的情况，这时就要使用 ANB 指令或 ORB 指令。

将每个电路块看成一个分支电路，每个分支电路的第一个触点就是分支起点，这时规定要使用 LD 指令或 LDI 指令。也就是写每个电路块的指令语句表时，如果第一个触点是常开触点，则要用 LD 指令，不管这个触点是否接左母线，如果第一个触点是常闭触点，则要用 LDI 指令。

（1）ANB 指令

ANB 指令称为"电路块与指令"，其功能是使电路块与电路块串联。

（2）ORB 指令

ORB 指令称为"电路块或指令"，其功能是使电路块与电路块并联。

"ANB"是电路块"与指令"的助记符，"ORB"是电路块"或指令"的助记符。ANB 指令和 ORB 指令是独立指令，没有操作元件。

ANB 指令的应用如图 2-22 所示。

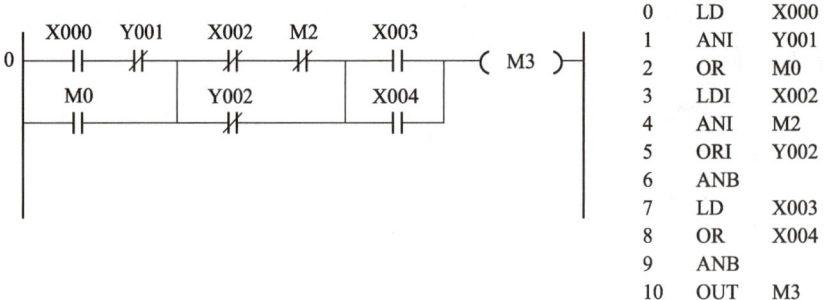

图 2-22　ANB 指令的应用

ORB 指令的应用如图 2-23 所示。

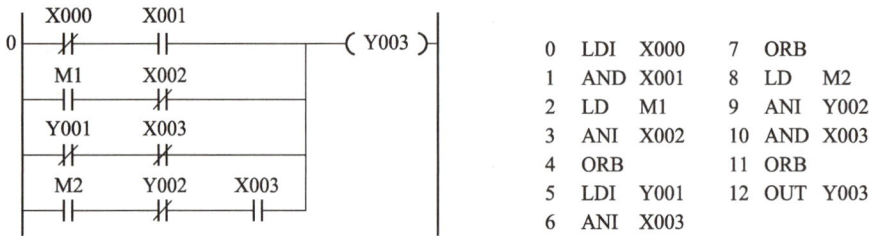

图 2-23　ORB 指令的应用

（3）ANB 指令和 ORB 指令使用说明

① 使用 ANB 指令和 ORB 指令编程时，最好采用图 2-22 和图 2-23 所示的编程方法，这时，ANB 指令和 ORB 指令的使用次数将不受限制，且指令语句表的可读性相对来说比较好，两个电路块之间的联系比较直观。

② 使用 ANB 指令和 ORB 指令编程时，也可以采用 ANB 指令和 ORB 指令连续使用的方法。这时，先按顺序将所有电路块的指令写出，再连续写出 ANB 指令或 ORB 指令，如果电路块数为 n 个，则应连续写 n-1 个 ANB 指令或 ORB 指令。

③ 应注意 ANB 指令与 AND 指令之间的区别，能不用 ANB 指令就尽量不用，因为这样可以节省指令。例如，图 2-24（a）所示的梯形图中，M1 常开触点与右边的电路块串联，这时最好把电路块放在左边，单个触点放在电路块右边，梯形图如图 2-24（b）所

示。经过等效变换后的梯形图可少用一条 ANB 指令。

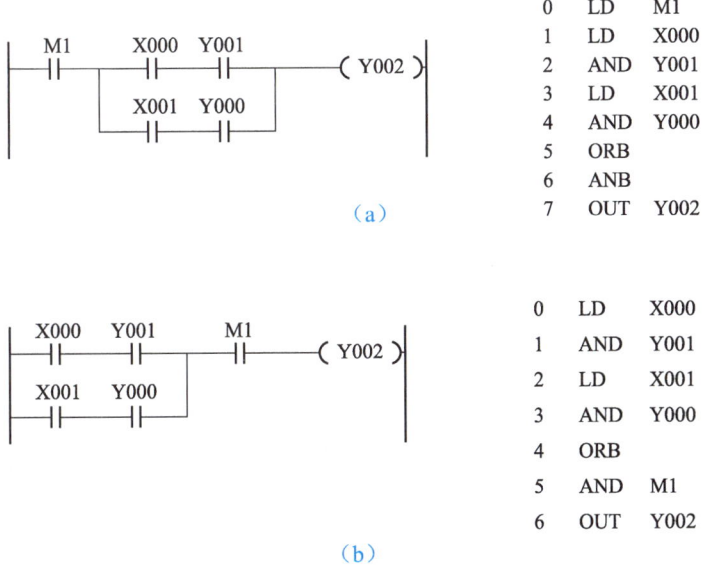

```
0   LD    M1
1   LD    X000
2   AND   Y001
3   LD    X001
4   AND   Y000
5   ORB
6   ANB
7   OUT   Y002
```

(a)

```
0   LD    X000
1   AND   Y001
2   LD    X001
3   AND   Y000
4   ORB
5   AND   M1
6   OUT   Y002
```

(b)

图 2-24　AND 指令与 ANB 指令应用比较

④ 要注意 ORB 指令与 OR 指令之间的区别，有时也可以省略 ORB 指令。如图 2-25（a）所示梯形图中，串联触点较多的电路块在单个触点下方，这时编程要用 ORB 指令。如果将串联触点较多的电路块放在上方，如图 2-25（b）所示，这时 X1 常开触点与上方电路块并联，用 OR 指令即可。

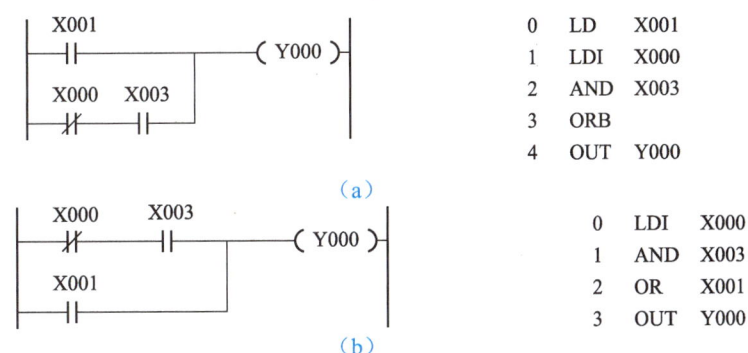

```
0   LD    X001
1   LDI   X000
2   AND   X003
3   ORB
4   OUT   Y000
```

(a)

```
0   LDI   X000
1   AND   X003
2   OR    X001
3   OUT   Y000
```

(b)

图 2-25　OR 指令与 ORB 指令应用比较

2. 多路输出指令

对于图 2-26 所示的梯形图可以用基本指令写出相应的指令语句表，但对于图 2-27 所示的梯形图则不能用已讲过的基本指令进行编程。例如，对图 2-27（a）所示梯形图编程，若写成如下形式的指令语句表：

```
0    LD     X000
1    OUT    Y000
2    AND    X001
3    OUT    Y001
4    AND    X002
5    OUT    Y002
```

则是错误的，因为从该指令语句表可以看出"OUT Y1"语句后面紧跟着"AND X2"和"OUT Y2"语句，这可以认为是逐级输出。该指令语句表所表示的梯形图，与图 2-28（b）所示的梯形图一致，但图 2-28（b）所示梯形图与图 2-27（a）所示梯形图所表示的控制功能是不一样的。

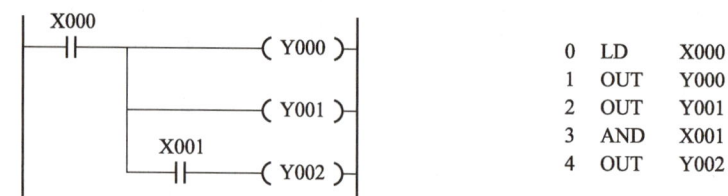

图 2-26　纵接输出梯形图与指令语句表

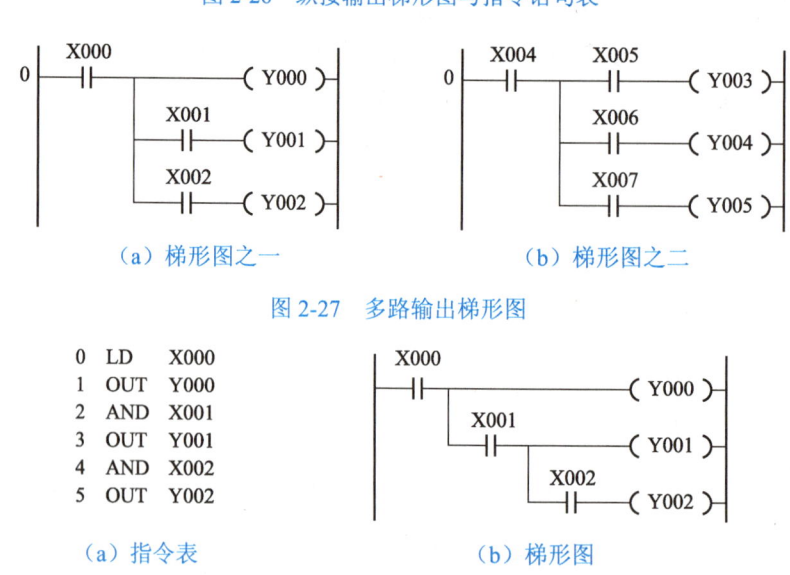

（a）梯形图之一　　　　　　　（b）梯形图之二

图 2-27　多路输出梯形图

（a）指令表　　　　　　　（b）梯形图

图 2-28　纵接输出

因此，要正确写出图 2-27 所示的两个梯形图的指令语句表，必须学习多路输出指令。

多路输出是指一个触点或触点组控制多个逻辑行的梯形图结构。例如，在图 2-27（a）所示梯形图中，常开触点 X0 除驱动输出继电器 Y0 的线圈接通外，还控制 Y1 线圈和 Y2 线圈对应的两个逻辑行，触点 X0、X1 和 X2 之间既不是串联关系，更不是并联关系，更不是纵接输出。在图 2-27（b）所示的梯形图中，触点 X4 控制 Y3 线圈、Y4 线圈和 Y5

线圈对应的三个逻辑行，触点 X4、X5、X6 和 X7 之间既不是串联关系，也不是并联关系，更不能理解为纵接输出。要写出这种梯形图对应的指令语句表，应采用多路输出指令。多路输出指令共有两组，下面分别介绍：

1）MC 指令和 MCR 指令

（1）MC 指令

MC 指令称为"主控指令"，其功能是通过 MC 指令的操作元件 Y 或 M 的常开触点将左母线临时移到一个所需的位置，产生一个临时左母线，形成一个主控电路块。"MC"为主控指令的助记符。MC 指令的操作元件由两部分组成，一部分是主控指令使用次数（N0～N7），也称主控嵌套层数；另一部分是具体操作元件。

（2）MCR 指令

MCR 指令称为"主控复位指令"，其功能是取消临时左母线，即将左母线返回到原来位置，结束主控电路块。MCR 指令是主控电路块的终点。"MCR"为主控复位指令的助记符。MCR 指令的操作元件只有主控指令使用次数（N0～N7），但一定要与 MC 指令中嵌套层数一致。

MC 指令和 MCR 指令的应用如图 2-29 所示。采用主控指令对图 2-29（a）所示梯形图进行编程时，可以将梯形图改画成图 2-29（b）所示形式。

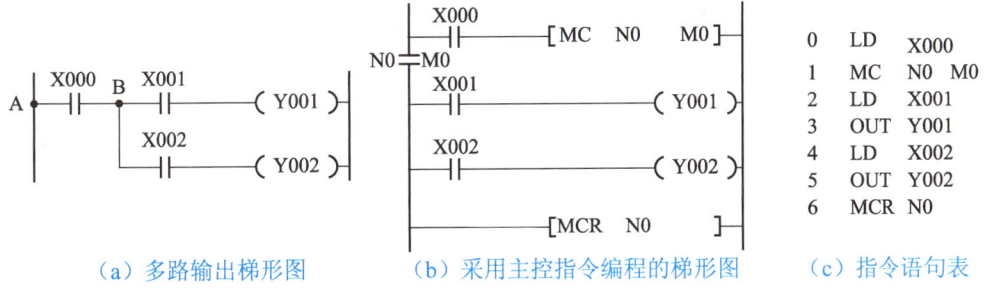

(a) 多路输出梯形图　　(b) 采用主控指令编程的梯形图　　(c) 指令语句表

图 2-29　MC 指令和 MCR 指令的应用

在图 2-29（b）所示梯形图中，当常开触点 X0 闭合时，嵌套层数为 N0 的主控指令执行，辅助继电器 M0 线圈被驱动接通，辅助继电器 M0 的常开触点闭合。此时常开触点 M0 称为主控触点，规定主控触点只能画在垂直方向，使它有别于规定只能画在水平方向的普通触点。

当主控触点 M0 闭合后，左母线由 A 点临时移到 B 点，接入主控电路块。对主控电路块就可以用前面介绍过的基本指令写出指令语句表。当 PLC 逐行对主控电路块所有逻辑行进行扫描，执行到 MCR N0 指令时，嵌套层数为 N0 的主控指令结束，临时左母线由 B 点返回到 A 点。如果 X0 常开触点是断开的，则主控电路块这段程序不执行。

（3）MC 指令和 MCR 指令使用说明

① MC 指令的操作元件可以是输出继电器 Y 或辅助继电器 M，在实际使用时，一般都是使用辅助继电器 M，但不能用特殊辅助继电器。

② 执行 MC 指令后，因左母线移到临时位置（主控电路块前），因此，主控电路块必须用 LD 指令或 LDI 指令开始写指令语句表，主控电路块中触点之间的逻辑关系可以用触点连接的基本指令表示。

③ 执行 MC 指令后，必须用 MCR 指令使左母线由临时位置返回到原来位置。

④ MC 指令和 MCR 指令可以嵌套使用，即在一个 MC 指令区内可以再次使用 MC 指令，这时嵌套级编号是从 N0 到 N7 按顺序增加，顺序不能颠倒。最后主控返回用 MCR 指令时，必须从大的嵌套级编号开始返回，也就是按 N7 到 N0 的顺序返回，不能颠倒，最后的主控返回一定是 MCR N0 指令。

⑤ 用 MC 指令和 MCR 指令编程时，MC 指令和 MCR 指令必须成对出现，缺一不可。因此，若主控指令的嵌套层数为 N2，程序中一定要有主控返回 MCR N0 指令和 MCR N1 指令。并且一定要按 MCR N1 到 MCR N0 的顺序排列。

2）MPS 指令、MRD 指令和 MPP 指令

在 FX_{1S} 系列 PLC 中，有 11 个存储运算中间结果的存储器，称为栈存储器。这个栈存储器将触点之间的逻辑运算结果存储后，可以用指令将这个结果读出，再参与其他触点之间的逻辑运算。

（1）MPS 指令

MPS 指令称为"进栈指令"，"MPS"为进栈指令的助记符。MPS 指令没有操作元件，其功能是将触点的逻辑运算结果推入栈存储器 1 号单元中，存储器每个单元中原来的数据依次向下推移。

执行一次 MPS 指令，完成两个动作，如图 2-30（b）所示。第一个动作是栈存储器中每个单元中的数据依次向下一个单元推移，栈存储器中 11 号单元的结果移出存储器，10 号单元中结果移至 11 号单元，9 号单元中的结果移至 10 号单元，依次类推，直至 1 号单元中结果移向 2 号单元，这时腾出 1 号单元，这个动作称为数据下压；第二个动作是将新的逻辑运算结果存入 1 号单元中。

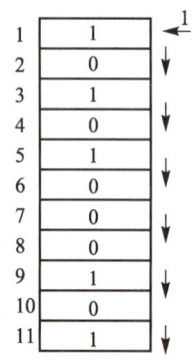
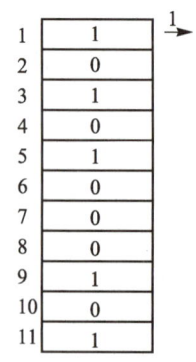
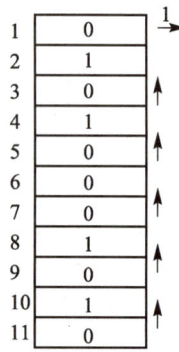

（a）执行 MPS 指令前　　（b）执行 MPS 指令后示意图　　（c）执行 MRD 指令后示意图　　（d）执行 MPP 指令后示意图

图 2-30　MPS、MRD 和 MPP 指令执行过程示意图

（2）MRD 指令

MRD 指令称为"读栈指令"，"MRD"为读栈指令的助记符。MRD 指令也没有操作元件，其功能是将栈存储器中 1 号单元的结果读出。

执行 MRD 指令时，栈存储器中每个单元中内容不发生变化，既不会使数据下压，也不会使数据上托，如图 2-30（c）所示。

（3）MPP 指令

MPP 指令称为"出栈指令"，"MPP"为出栈指令的助记符。MPP 指令也没有操作元件，其功能是将栈存储器中 1 号单元的结果取出，存储器中其他单元的数据依次向上推移。

在多重输出的最后一个分支，采用 MPP 指令时完成两个动作，如图 2-30（d）所示。第一个动作是将栈存储器中 1 号单元中结果取出；第二个动作是将 2 号单元中结果移到 1 号单元中，3 号单元中的结果移到 2 号单元中，依次类推，直至 11 号单元中结果移到 10 号单元中，这个动作称为数据上托。

MPS 指令、MRD 指令和 MPP 指令的应用如图 2-31 所示。

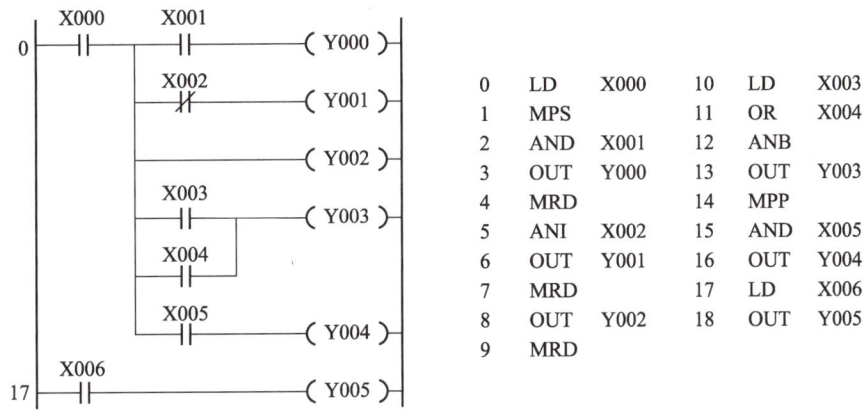

图 2-31　MPS 指令、MRD 指令和 MPP 指令的应用

在这段程序中，使用 MPS 指令后，将常开触点 X0 的逻辑值（X0 闭合为"1"，X0 断开为"0"）存入到栈存储器 1 号单元中，同时，这个结果与常开触点 X1 的逻辑值进行"与"逻辑运算，运算结果为"1"时，线圈 Y0 被驱动。

第一次执行 MRD 指令时，栈存储器中 1 号单元结果被读出，与多路输出中第二个逻辑行中触点 X2 的逻辑值进行"与"逻辑运算，其运算结果如果为"1"，线圈 Y1 被驱动；第二次执行 MRD 指令时，如果栈存储器中 1 号单元中结果为"1"，将直接驱动线圈 Y2；第三次执行 MRD 指令时，栈存储器中 1 号单元中结果与多路输出第四个逻辑行中电路块进行"与"逻辑运算，如果运算结果为"1"，将驱动线圈 Y3。

在执行 MPP 指令后，将栈存储器中 1 号单元中的结果取出，与多路输出最后一个逻辑行中触点 X5 的逻辑值进行"与"逻辑运算，如果运算结果为"1"，将驱动线圈 Y4。执行这一条指令后，栈存储器中数据上托。

（4）MPS 指令、MRD 指令和 MPP 指令使用说明

① MPS 指令和 MPP 指令必须成对使用，缺一不可，MRD 指令有时可以不用。

② MPS 指令连续使用次数最多不能超过 11 次。在图 2-32 所示的梯形图中，MPS 指令连续使用了 3 次。

③ MPS 指令、MRD 指令或 MPP 指令之后若有单个常开触点或常闭触点串联，则应该用 AND 指令或 ANI 指令，如图 2-31 所示指令语句表中第 1 步至第 2 步和第 4 步至第 5 步。

④ MPS 指令、MRD 指令或 MPP 指令之后若有触点组成的电路块串联，则应该用 ANB 指令，如图 2-31 所示指令语句表中第 9 步至第 12 步。

⑤ MPS 指令、MRD 指令或 MPP 指令之后若无触点串联，直接驱动线圈，则应该用 OUT 指令，如图 2-31 所示指令语句表中第 7 步至第 8 步。

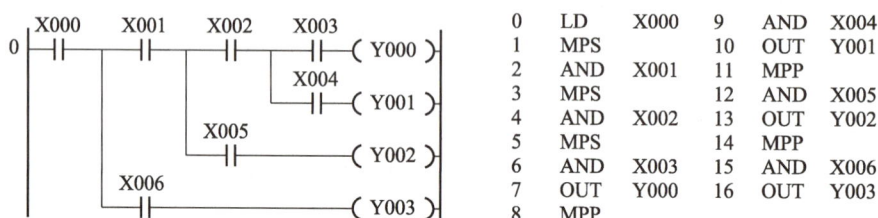

图 2-32　MPS 指令连续使用

3. 置位与复位指令

实际生产中的许多情况需要自锁控制。在 PLC 控制系统中，自锁控制可以用置位指令来实现。

1）置位指令

SET 指令称为"置位指令"，其功能是驱动线圈，使其具有自锁功能，维持接通状态。

"SET"为置位指令的助记符。置位指令的操作元件为输出继电器 Y、辅助继电器 M 和状态继电器 S。

SET 指令的应用如图 2-33 所示。在图 2-33 中，当常开触点 X0 闭合时，执行 SET 指令，使 M0 线圈接通；当 X0 断开后，M0 线圈继续保持接通状态，要使 M0 线圈失电，必须要用复位指令。

```
     X000
0 ──┤├──────────[SET M0]─┤      0  LD   X000
                                1  SET  M0
```

图 2-33　SET 指令的应用

2）复位指令

RST 指令称为"复位指令"，其功能是使线圈复位。

"RST"为复位指令的助记符。复位指令的操作元件为输出继电器 Y、辅助继电器 M、状态继电器 S、积算定时器 T 和计数器 C。

RST 指令的应用如图 2-34 所示。

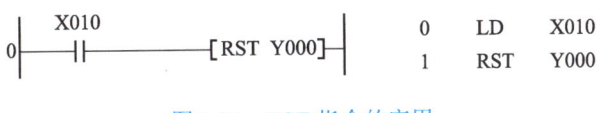

图 2-34 RST 指令的应用

4. 脉冲微分指令

脉冲微分指令主要用于检测输入脉冲的上升沿或下降沿，当条件满足时，产生一个很窄的脉冲信号输出。

1）PLS 指令

PLS 指令称为"上升沿脉冲微分指令"，其功能是当检测到输入脉冲的上升沿时，PLS 指令的操作元件 Y 或 M 的线圈得电一个扫描周期，产生一个宽度为一个扫描周期的脉冲信号输出。

"PLS"为上升沿脉冲微分指令的助记符。PLS 指令的操作元件为输出继电器 Y 和辅助继电器 M，不含特殊辅助继电器。

PLS 指令的应用如图 2-35 所示。

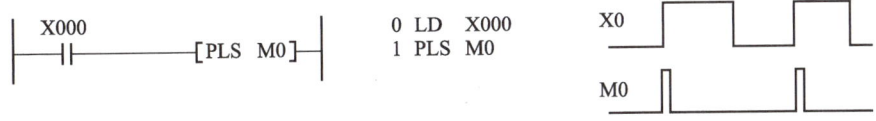

图 2-35 PLS 指令的应用

2）PLF 指令

PLF 指令称为"下降沿脉冲微分指令"，其功能是当检测到输入脉冲信号的下降沿时，PLF 指令的操作元件 Y 或 M 的线圈得电一个扫描周期，产生一个脉冲宽度为一个扫描周期的脉冲信号输出。

"PLF"为下降沿脉冲微分指令的助记符。PLF 指令的操作元件为输出继电器 Y 和辅助继电器 M，不含特殊辅助继电器。

PLF 指令的应用如图 2-36 所示。

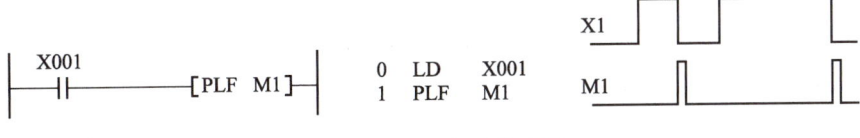

图 2-36 PLF 指令的应用

5. 空操作与结束指令

1）空操作指令

NOP 指令称为"空操作指令"，其主要功能有两个，一是在调试程序时，用 NOP 指令来取代一些不必要的指令，即删除由这些指令构成的程序，但现在编程器的功能越来越强，修改程序时可直接删除指令而很少使用它；二是程序可用 NOP 指令延长扫描周期。

2）结束指令

END 指令称为"结束指令"，它没有操作元件。

END 指令的功能是：当执行到 END 指令时，END 指令后面的程序将不执行。如图 2-37 所示，PLC 工作过程分为输入处理、程序处理和输出处理 3 个阶段，当程序处理阶段执行到 END 指令后便直接运行输出处理。

在调试程序时，插入 END 指令可以逐段调试程序，提高程序的调试速度。

要注意，END 并不是 PLC 的停机指令，它仅说明了执行用户程序的一个周期结束。

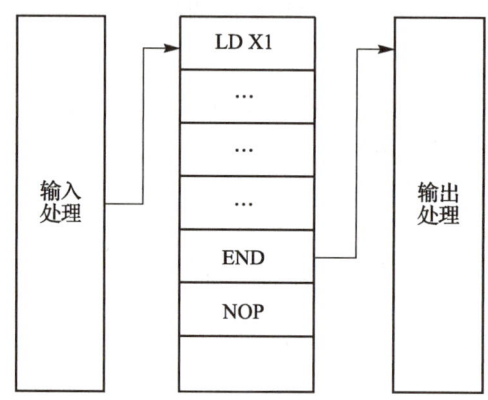

图 2-37　END 指令应用示意图

项目实施

一、程序设计与仿真

1. 通过分析控制要求，分配输入点和输出点，写出 I/O 通道地址分配表

根据三相异步电动机正反转运行的控制要求，可确定 PLC 需要 3 个输入点，2 个输出点，其 I/O 通道地址分配表见表 2-1。

表 2-1 I/O 通道地址分配表

输　入			输　出		
元件代号	作用	输入继电器	元件代号	作用	输出继电器
SB1	停止按钮	X0	KM1	正转控制	Y0
SB2	正转按钮	X1	KM2	反转控制	Y1
SB3	反转按钮	X2			

2. 画出 PLC 接线图（I/O 接线图）

PLC 接线图如图 2-38 所示。

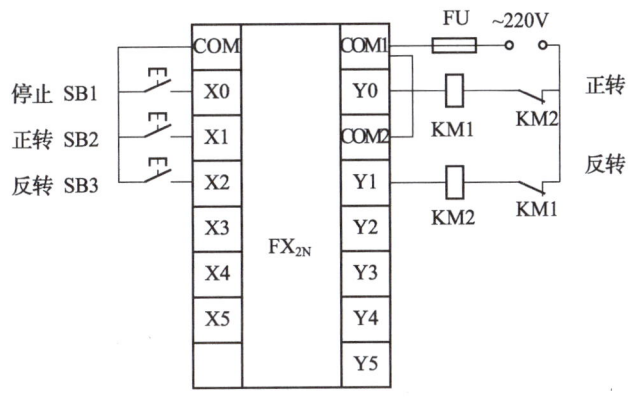

图 2-38 正反转控制 I/O 接线图

在设计正反转控制 I/O 接线图时，要接入外部硬件的联锁，这是由于 PLC 的扫描周期和接触器的动作时间不匹配，如果只在梯形图中加入"软继电器"的互锁，可能会造成在 Y0 断开时，接触器 KM1 还未断开，而在没有外部硬件联锁的情况下，接触器 KM2 会得电动作，主触头闭合，引起主电路电源相间短路；同理，在实际控制过程中，当接触器 KM1 或接触器 KM2 任何一个接触器的主触头熔焊时，由于没有外部硬件的联锁，只在梯形图中加入"软继电器"的互锁会造成主电路电源相间短路。

3. 程序设计

根据 I/O 通道地址分配表及图 2-2 所示的控制时序图可知，当按下正转启动按钮 SB2 时，输入继电器 X1 接通，输出继电器 Y0 置 1，接触器 KM1 线圈得电并自保，主触头闭合，电动机正转连续运行；当按下停止按钮 SB1 时，输入继电器 X0 接通，输出继电器 Y0 置 0，接触器 KM1 线圈断电，主触头断开，电动机停止运行。当按下反转启动按钮 SB3 时，输入继电器 X2 接通，输出继电器 Y1 置 1，接触器 KM2 线圈得电并自保，主触头闭合，电动机反转连续运行；若按下停止按钮 SB1，输入继电器 X0 接通，输出继电器

Y0 置 0，接触器 KM2 线圈断电，主触头断开，电动机停止运行。

从图 2-1 所示的继电器控制电路可知，不但正反转按钮之间实现了互锁，正反转接触器之间也实现了联锁。结合以上的编程分析，可以通过下面两种方法来实现 PLC 控制电动机正反转连续运行。

（1）方案一：直接用基本编程环节进行设计

利用基本编程环节设计的电动机正反转运行控制的梯形图如图 2-39 所示。

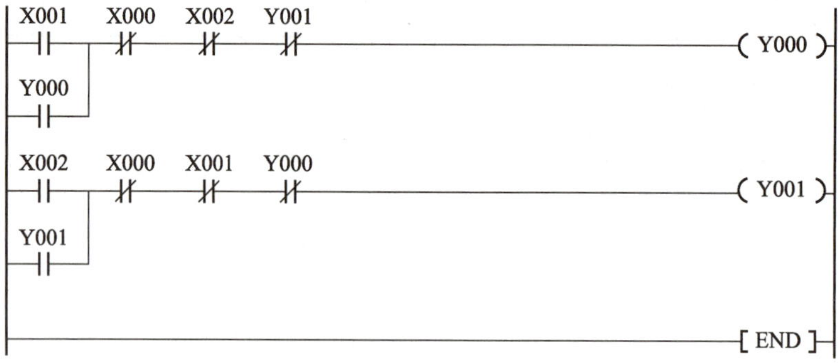

```
  X001    X000    X002    Y001                          ( Y000 )
  ─┤├──────┤╱├─────┤╱├─────┤╱├──                        
  Y000
  ─┤├─

  X002    X000    X001    Y000                          ( Y001 )
  ─┤├──────┤╱├─────┤╱├─────┤╱├──
  Y001
  ─┤├─
                                                        [ END ]
```

图 2-39　利用基本编程环节设计的电动机正反转运行控制的梯形图

此方案通过在正转运行支路中串入 X2 和 Y1 的常闭触点，在反转运行支路中串入 X1 和 Y0 的常闭触点来实现按钮的互锁和接触器的联锁。

（2）方案二：利用栈操作指令进行设计

利用栈操作指令进行设计实现电动机正反转运行控制的梯形图及指令表如图 2-40 所示。

4. 程序输入及仿真运行

1）程序输入

（1）方法一：梯形图输入法

启动 GX Developer 编程软件，首先创建新文件，并命名为"启—保—停基本编程环节实现电动机正反转运行控制"，选择 PLC 的类型为"FX2N"，应用上一个项目所学的梯形图输入法，输入如图 2-39 所示的梯形图，梯形图程序的输入过程此不赘述。

（2）方法二：指令输入法

① 启动 GX Developer 编程软件，首先创建新文件，并命名为"栈指令实现电动机正反转运行控制"，选择 PLC 的类型为"FX2N"，进入如图 2-41 所示梯形图编程界面；然后单击工具栏中左下角的"梯形图 / 指令表显示切换"按钮，进入如图 2-42 所示的指令表编程界面。

```
  X000    X001    X002    Y001                              ( Y000 )
 ──┤/├──┬──┤├────┤/├─────┤/├──────────────────────────────( Y000 )
        │
        │ Y000
        └──┤├──

          X002    X001    Y000                              ( Y001 )
        ┌──┤├────┤/├─────┤/├──────────────────────────────( Y001 )
        │
        │ Y001
        └──┤├──

                                                           [ END ]
```

（a）梯形图

0	LDI	X000
1	MPS	
2	LD	X001
3	OR	Y000
4	ANB	
5	ANI	X002
6	ANI	Y001
7	OUT	Y000
8	MPP	
9	LD	X002
10	OR	Y001
11	ANB	
12	ANI	X001
13	ANI	Y000
14	OUT	Y001
15	END	

（b）指令表

图 2-40 利用栈操作指令进行设计实现电动机正反转运行控制的梯形图及指令表

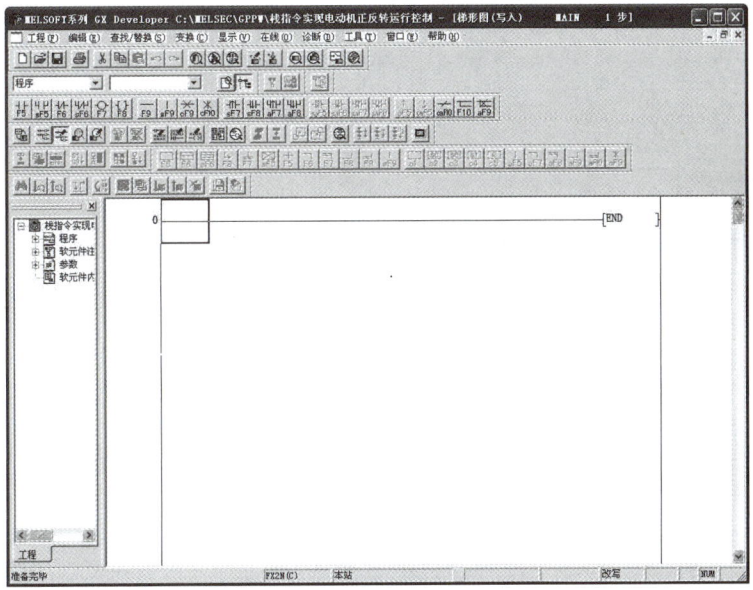

图 2-41 梯形图编程界面

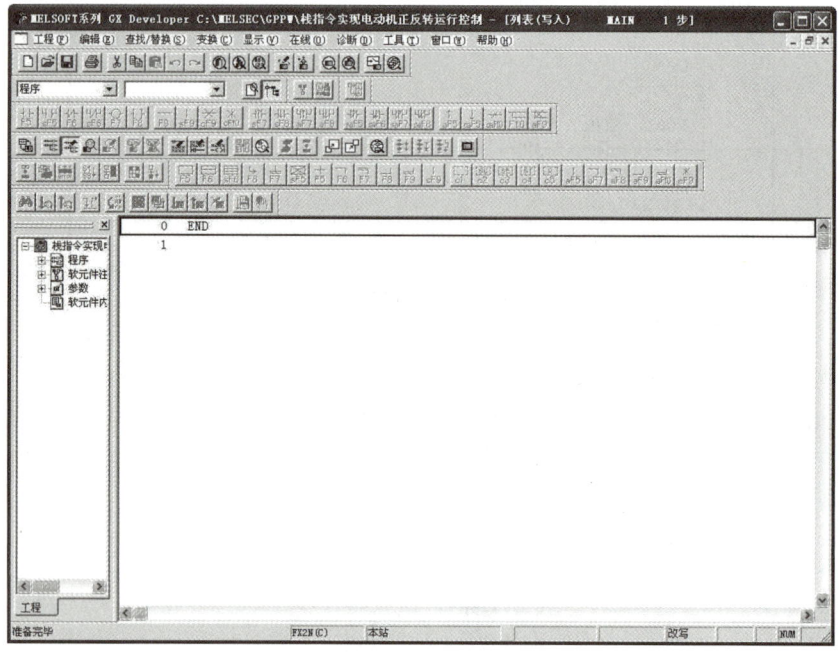

图 2-42　指令表编程界面

② 在编程界面中输入如图 2-40（b）所示的指令表。直接在所要输入指令的逻辑行位置处输入指令内容，即可出现"列表输入"对话框，如图 2-43 所示。输入完指令后单击对话框中的"确定"按钮，或按回车键即可完成输入，软件自动跳转到新的一行。

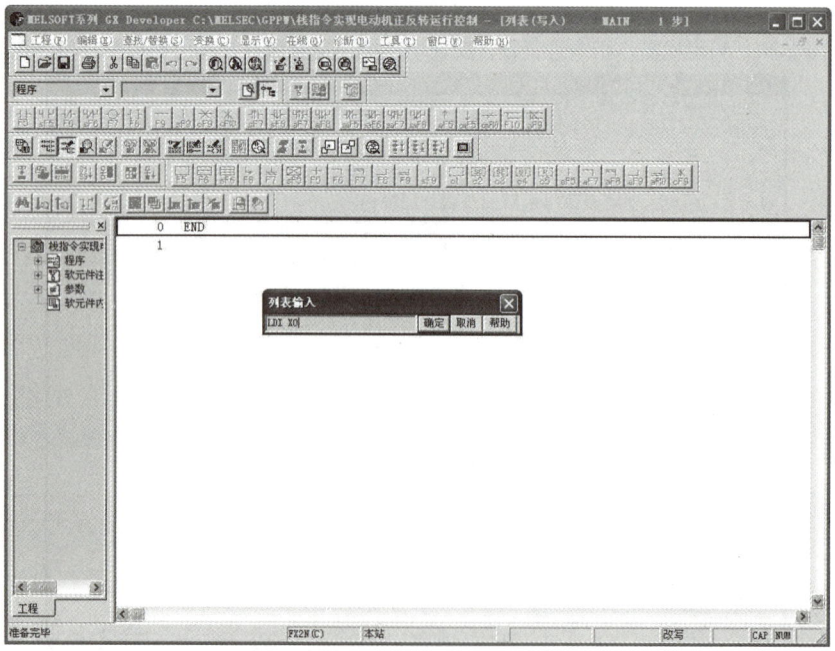

图 2-43　指令输入

运用上述输入方法将如图2-40所示指令表中的指令输入完毕，得到如图2-44所示的画面。

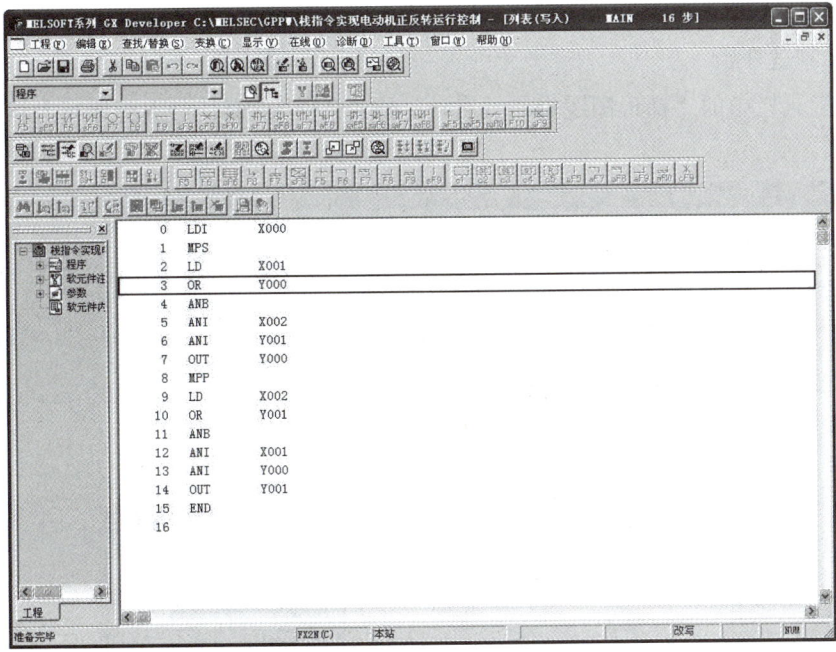

图2-44 指令表输入完成

再次单击工具栏左下角中的"梯形图/指令表显示切换"按钮，进入如图2-45所示的梯形图编程界面，界面中会自动出现如图2-40（a）所示的梯形图。

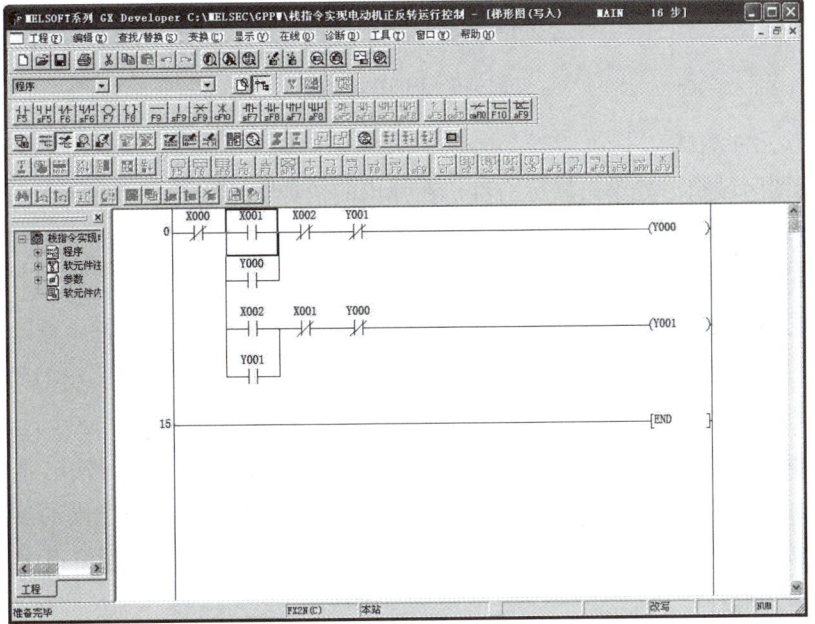

图2-45 指令表转换为梯形图

2）程序保存

单击工具栏中的"工程保存" ▣ 按钮，即可对所编的程序进行保存。

3）仿真运行

（1）测试开始

单击工具栏中的"梯形图逻辑测试启动／结束"按钮 ▣ ，进入程序写入状态，如图 2-46 所示。

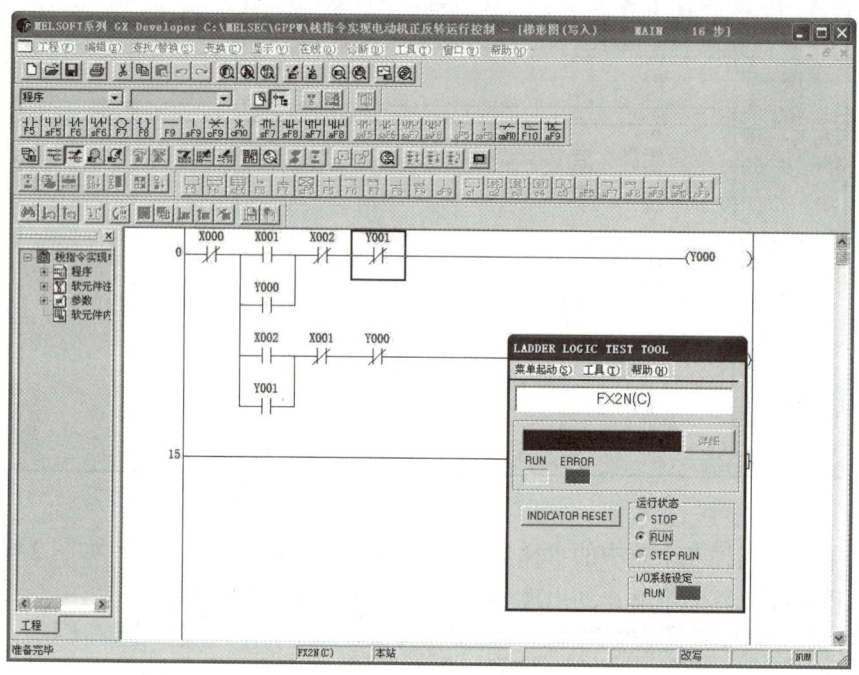

图 2-46　程序写入状态

（2）软元件测试

在梯形图区域空白处单击鼠标右键，在弹出的快捷菜单中选择"软元件测试"，打开"软元件测试"对话框，如图 2-47 所示。

（3）正转控制仿真测试

在"软元件测试"对话框里的"位软元件"栏的"软元件"编辑框中输入"X1"后，首先单击"强制 ON"按钮，此时 X1 常开触点闭合，X1 常闭触点断开；然后再点击"强制 OFF"按钮，此时 X1 常开触点和常闭触点复位，如图 2-48 所示。这个过程相当于在 PLC 输入端按下正转启动按钮 SB2，给 PLC 输入正转启动信号，此时输出继电器 Y0 线圈得电，Y0 常开触点接通自保，Y0 常闭触点断开互锁，同时 PLC 输出端的 Y0 接线柱有信号输出，如果在 Y0 端子上接有接触器 KM1 的话，接触器 KM1 线圈将得电，电动机可以实现正转控制。

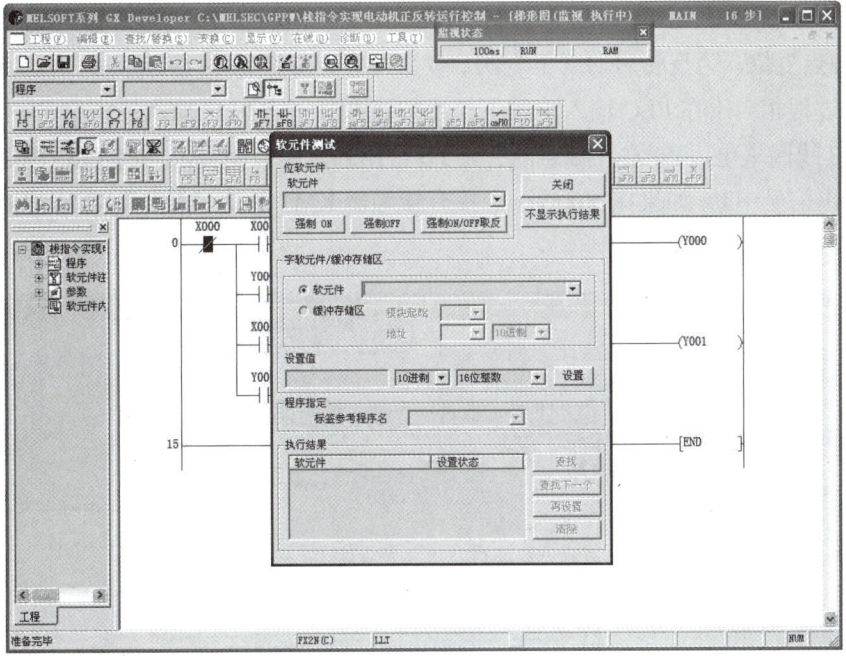

图 2-47 软元件测试

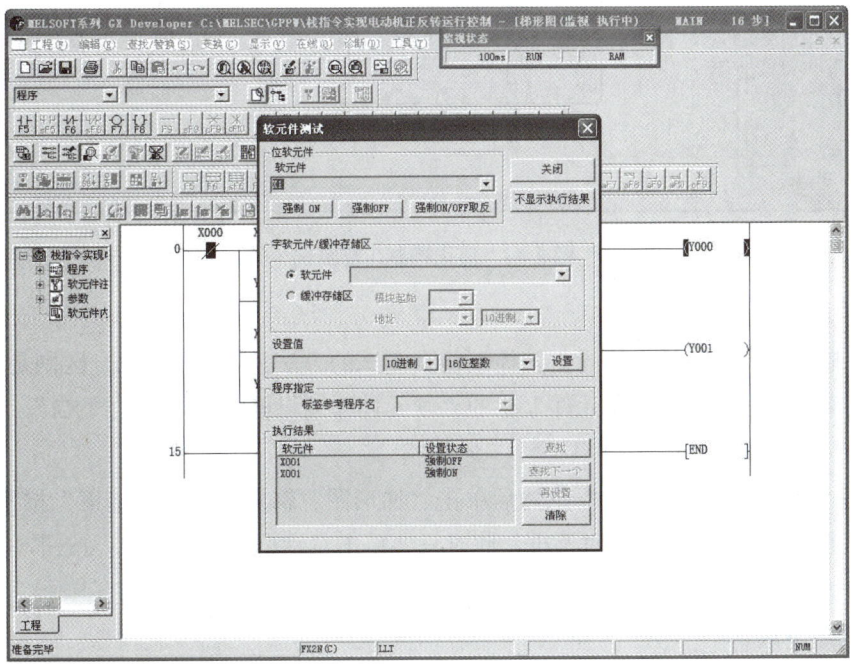

图 2-48 正转控制仿真测试

（4）停止控制仿真测试

在"软元件测试"对话框里的"位软元件"栏的"软元件"编辑框中输入"X0"后，

首先单击"强制 ON"按钮，此时 X1 常闭触点断开；然后单击"强制 OFF"按钮，此时 X0 常闭触点复位，为反转启动或下一次启动做准备，如图 2-49 所示。

这个过程相当于在 PLC 输入端按下停止按钮 SB1，给 PLC 输入停止信号，此时输出继电器 Y0 线圈失电，Y0 常开触点断开，Y0 常闭触点复位闭合，同时 PLC 输出端的 Y0 接线柱输出信号中断。如果在 Y0 端子上接有接触器 KM1 的话，接触器 KM1 线圈将断电，电动机可以实现停止控制。

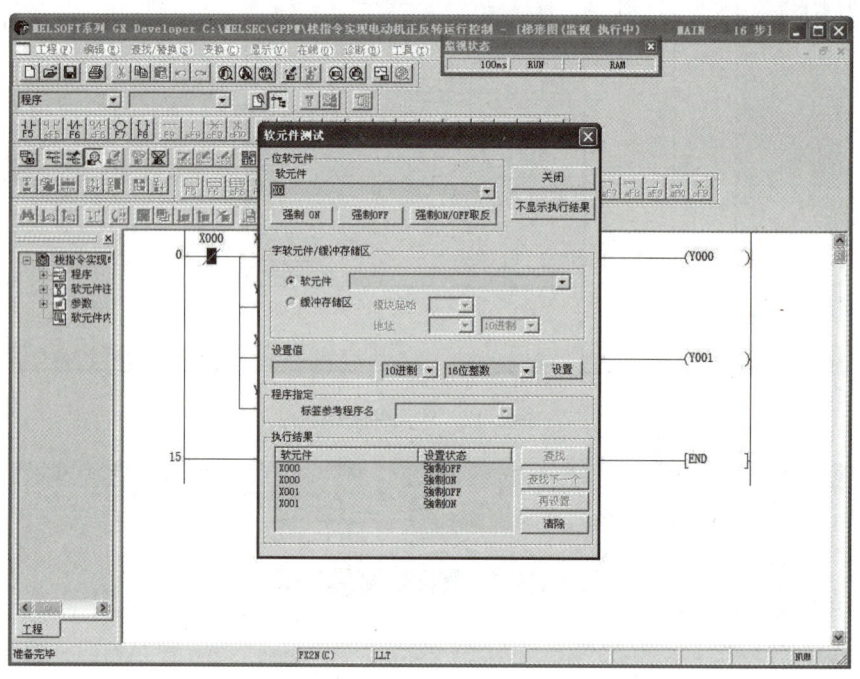

图 2-49 停止控制仿真测试

（5）反转控制仿真测试

反转控制仿真测试的方法同正转控制仿真测试的方法基本相同，唯一区别是它在"软元件测试"对话框里的"位软元件"栏的"软元件"编辑框中输入的是"X2"。

（6）结束仿真测试

关闭"软元件测试"对话框，然后单击"梯形图逻辑测试启动／结束"按钮 ▣，会出现"停止梯形图逻辑测试"对话框，此时只要单击对话框中的"确定"按钮，就可结束梯形图的仿真逻辑测试，如图 2-50 所示。

4）程序下载

（1）PLC 与计算机连接

使用专用通信电缆 RS232/RS422 转换器将 PLC 的编程接口与计算机的 COM1 串口连接。

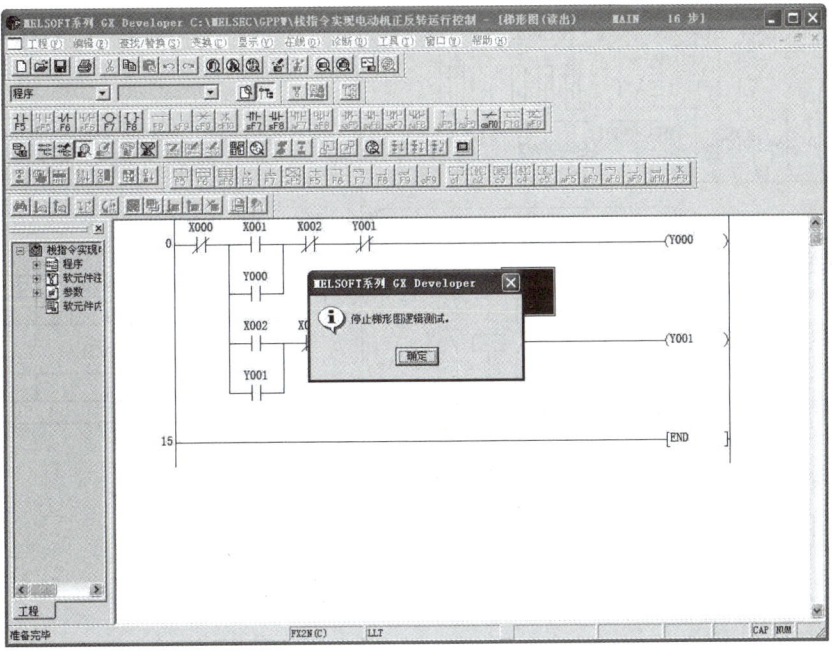

图 2-50　结束仿真测试

（2）程序写入

首先接通系统电源，将 PLC 的"RUN/STOP"开关拨到"STOP"的位置，然后通过单击 GX Developer 软件中"在线"菜单下的"PLC 写入"，就可以把仿真成功的程序写入 PLC 中。

二、线路安装与调试

1. 绘制接线图

根据 I/O 接线图，绘制元件布置系统接线图，如图 2-51 所示。

2. 安装电路

（1）检查元器件

根据图 2-51 配齐元器件，检查元器件的规格是否符合要求，并用万用表检测元器件是否完好。

（2）固定元器件

根据图 2-51 固定好元器件。

（3）配线安装

根据配线原则和工艺要求，参考图 2-52 进行配线安装。

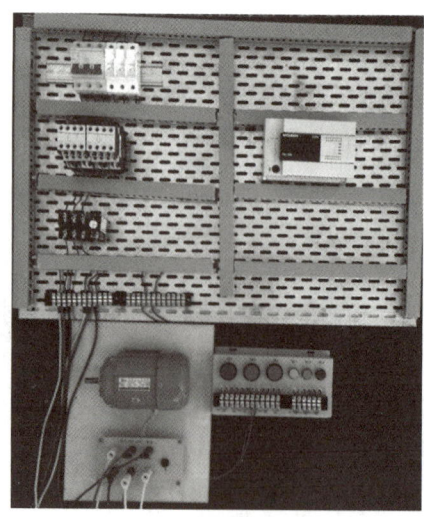

图 2-51　PLC 控制电动机正反转运行控制系统安装接线图

图 2-52　电动机正反转运行控制系统安装效果图

（4）自检

对照接线图检查接线是否无误，再使用万用表检测电路的阻值是否与设计相符。

（5）通电调试

① 经自检无误后，在指导教师的指导下，方可通电调试。

② 首先接通系统电源开关 QS，将 PLC 的"RUN/STOP"开关拨到"RUN"的位置，然后通过计算机上 GX Developer 软件中"在线"菜单下的"监视">"监视模式"来监视程序的运行情况，再按照表 2-2 进行操作，观察系统运行情况并做好记录。如出现故障，应立即切断电源，检查电路或梯形图并分析故障原因，排除故障后方可进行重新调试，直到系统功能调试成功为止。

表 2-2　程序调试步骤及运行情况记录表

操作步骤	操作内容	观察内容	观察结果	思考内容
第一步	将 PLC 仿真成功的程序下载到 PLC 后，合上断路器 QS	"POWER"灯		理解 PLC 的工作过程
		所有"IN"的灯		
第二步	将 RUN/STOP 开关拨到"RUN"的位置	"RUN"灯		
第三步	将 RUN/STOP 开关拨到"STOP"的位置	"RUN"灯		
第四步	按下 SB2	KM1 和 KM2 的动作		理解 PLC 的工作过程
第五步	按下 SB1			
第六步	按下 SB3			
第七步	按下 SB1			
第八步	按下 SB2			
第九步	按下 SB3			

总结与练习

1. 总结

通过对工作任务的实施和观察，试说明为什么在 PLC 的输出端进行接触器联锁？

2. 作业

（1）简单说明 AND 指令与 ANB 指令、OR 指令与 ORB 指令之间的区别。

（2）一段完整的程序，如果最后没有 END 指令，会产生什么结果？

（3）写出如图 2-53 所示梯形图的指令语句表。

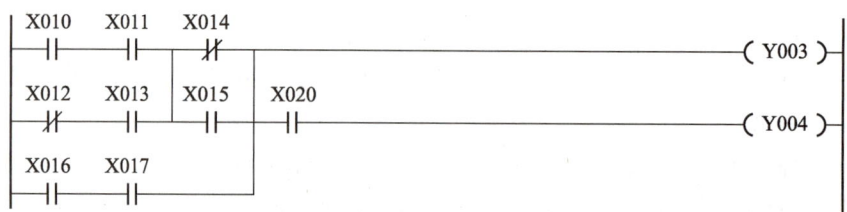

图 2-53　梯形图

（4）绘出如图 2-54 所示指令语句表对应的梯形图。

0	LD	X000		9	ORB	
1	AND	X001		10	ANB	
2	LD	X002		11	LD	M0
3	ANI	X003		12	AND	M1
4	ORB			13	ORB	
5	LD	X004		14	AND	M2
6	AND	X005		15	OUT	Y004
7	LD	X006		16	END	
8	ANI	X007				

图 2-54　指令语句表

（5）如果将热继电器的常闭触点接到 PLC 的输入端将有什么变化？梯形图将如何变换？

3.　技能拓展

将如图 2-55 所示继电控制原理图转换成 PLC 控制系统。步骤如下：

第一步，列出输入输出表。

第二步，画出 PLC 控制系统接线图。

第三步，设计控制程序并调试

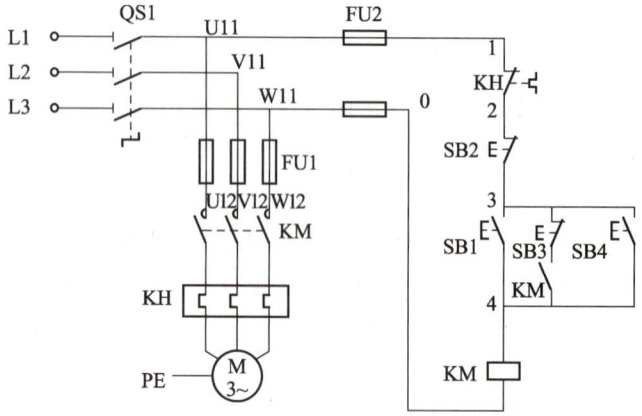

图 2-55　具有点动与连续运行的电动机控制

项目拓展

FX_{2N}型可编程控制器的软元件

用户使用的每一个输入／输出端子及内部的每一个存储单元都称为软元件,每个软元件有其不同的功能和固定的地址。软元件的数量是由监控程序规定的,它的多少决定了PLC的规模及数据处理能力。

1. 输入、输出继电器

1）输入继电器（X）

输入继电器与PLC的输入端相连,是PLC接收外部开关信号的元件。输入继电器的常开触点和常闭触点在编程中使用次数不限,并且可在PLC内自由使用。FX_{2N}型PLC输入继电器采用八进制地址编号X0-X267,最多可达184点。要注意是,输入继电器只能由外部信号而不能用程序或内部指令驱动,其触点也不能直接驱动执行元件。

2）输出继电器（Y）

输出继电器的外部输出触点连接到PLC的输出端子上,是PLC用来传递信号到外部负载的元件。每个输出继电器有一个外部输出的常开触点。输出继电器的常开触点和常闭触点作为内部编程的接点使用时,使用次数不限。FX_{2N}型PLC输出继电器采用八进制地址编号Y0-Y267,最多可达184点。

3）输入输出原理与过程

图2-56所示为输入、输出继电器。

输入端子是PLC从外部开关接收信号的接口,可以接收触点开关信号和来自传感器的开关信号。

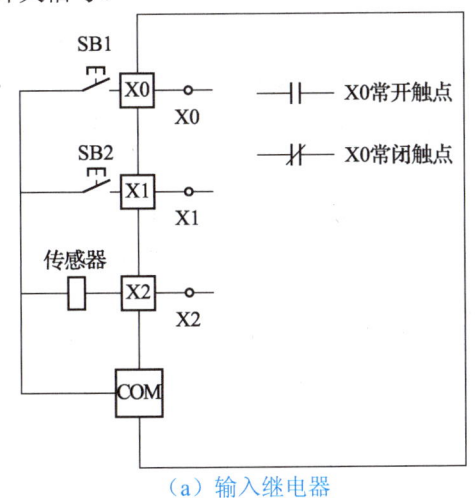

（a）输入继电器

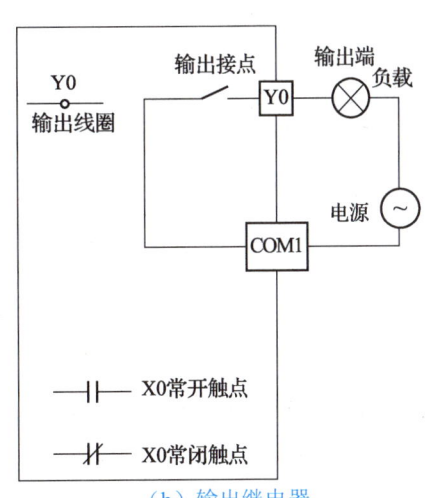

（b）输出继电器

图2-56 所示为输入、输出继电器

输出端子是 PLC 向外部负载发送信号的接口。通过输出端子和外部电源驱动负载工作。PLC 通过反复执行如图 2-57 所示的处理程序来进行可编程控制。

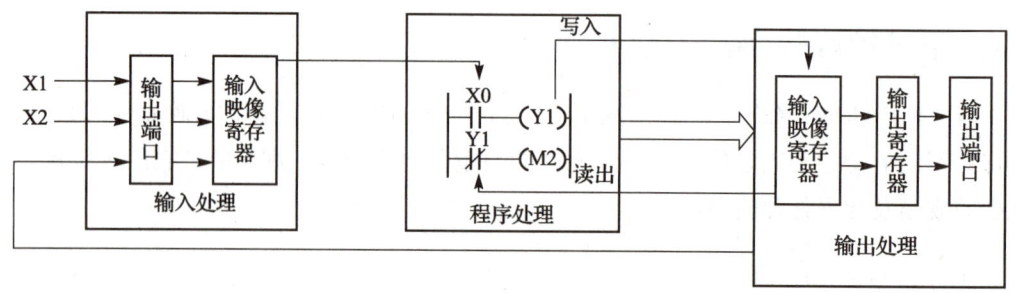

图 2-57　PLC 的运行

（1）输入处理

PLC 在执行程序前，将所有输入端的 ON/OFF 状态读入输入数据寄存器（输入映像寄存器）。在执行程序过程中，即使输入状态发生变化，输入数据寄存器的内容也不变，只有到下一周期输入处理时，才读入输入的变化。由于输入滤波器会造成输入继电器的响应滞后（约 10 ms），采用数字滤波器的输入端子可利用 PLC 的程序改写数字滤波时间。

（2）程序处理

PLC 根据程序存储器中的指令，从输入数据寄存器和其他软元件的数据寄存器读出各软元件的 ON/OFF 状态，从 0 步开始进行顺序执行，每次执行的结果写入数据寄存器。除输入数据寄存器外，其他软元件的数据寄存器随着程序的执行逐步改变其内容。

（3）输出处理

所有指令执行结束时，向输出锁存器传送输出数据寄存器的 ON/OFF 状态，PLC 的外部输出用触点按照输出用元件的响应滞后时间动作。

2. 辅助继电器（M）

在 PLC 逻辑运算中，经常需要一些中间继电器来进行辅助运算，这些元件不直接对外输入、输出，经常作暂存、移动和运算等功能元件使用，这类继电器称作辅助继电器。还有一类特殊用途的辅助继电器，如定时时钟、进位/借位标志、启停控制、单步运行等继电器，它们能为编程提供许多方便。PLC 内的辅助继电器与输出继电器一样，由 PLC 内各软元件驱动，它的常开触点和常闭触点在 PLC 编程时可以无限次地使用，但这些触点不能直接驱动外部负载，外部负载必须由输出继电器来驱动。

1）通用辅助继电器（M0～M499）

通用辅助继电器有 500 个，其元件地址按十进制编号 M0～M499，可用参数设置的方法将通用辅助继电器变为断电保持辅助继电器用。

2）断电保持辅助继电器（M500～M1023）

许多控制系统要求保持断电瞬间状态，断电保持辅助继电器可以满足此要求，它由PLC内的锂电池供电。断电保持辅助继电器共有524个，按十进制编号M500～M1023，可用参数设置方法变为通用辅助继电器。

3）特殊辅助继电器（M8000～M80255）

PLC内有256个特殊辅助继电器，这些特殊辅助继电器各自具有特定的功能。特殊辅助继电器通常分为两大类。

（1）只能利用其触点的特殊辅助继电器，其线圈由PLC驱动，用户使用其触点。

M8000为运行监控继电器，PLC运行时导通。

M8002为产生运行开始瞬间初始化脉冲的特殊辅助继电器。

M8011为产生10 ms时钟脉冲的特殊辅助继电器。

M8012为产生100 ms时钟脉冲的特殊辅助继电器。

（2）用户驱动可驱动线圈的特殊辅助继电器后，PLC可作特定动作。

M8030为锂电池电压指示灯特殊辅助继电器。

M8034为禁止全部输出特殊辅助继电器。

M8039为定时扫描特殊辅助继电器。

3. 状态继电器（S）

状态继电器S在步进顺控编程中是重要的软元件，它与步进顺控指令STL组合使用。通常有下面五种类型：

（1）初始状态继电器S0～S9；

（2）回零状态继电器S10～S19；

（3）通用状态继电器S20～S499；

（4）保持状态继电器S500～S899；

（5）报警用状态继电器S900～S999。

各状态继电器的常开触点和常闭触点在PLC内可以自由使用，且使用次数不限。在不作步进顺控指令时，状态继电器可以作为辅助继电器使用。

4. 定时器（T）

定时器在PLC中的作用相当于时间继电器，它包含一个设定值寄存器、一个当前值寄存器以及输出触点，三者使用同一个地址编号，但当使用场合不同时，其所指也不同。定时器是根据时钟脉冲的累计计时的，时钟脉冲有1ms、10 ms、100 ms三种，当计时脉冲达到设定值时，其输出触点动作。

定时器的类型、地址编号和设定值如下：

1）通用定时器（T0～T245）

100 ms 定时器 T0～T199 共 200 点，设定值为 0.1～3 276.7 s；10ms 定时器 T200～T245 共 46 点，设定值为 0.01～327.67 s。

图 2-58 所示为通用定时器的工作原理图。当驱动定时线圈 T0 的输入 X1 接通时，T0 对 100 ms 的时钟脉冲进行计数。当计数值达到设定值 K10 时，定时器输出触点接通，即输出触点在驱动线圈后 1 s 接通。

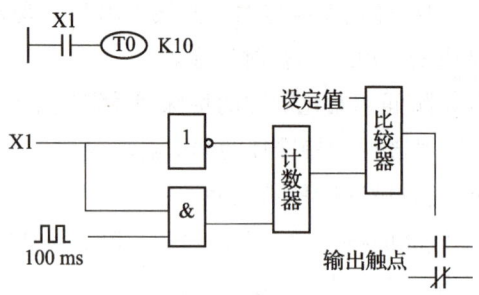

图 2-58　通用定时器的工作原理图

2）积算定时器（T246～T255）

1 ms 积算定时器 T246～T249 共 4 点，设定值为 0.001～32.767 s；100 ms 积算定时器 T250～T255 共 6 点，设定值为 0.1～3 276.7 s。

如图 2-59 所示为积算定时器的工作原理图。当 T251 的线圈驱动输入 X1 接通时，T251 的当前值计数器累计 100 ms 的时钟脉冲的个数；当计数过程中 X1 断开或系统断电时，当前值保持。当输入 X1 再次接通时，计数器继续计数；当计数值与设定值 K20 相等时，累计定时时间到，定时器输出触点接通。

当 X2 接通时，计数器复位，输出触点也复位。

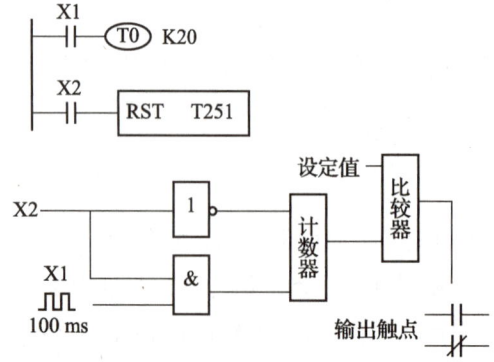

图 2-59　积算定时器的工作原理图

5. 计数器（C）

1）内部信号计数器

（1）16 位加计数器

内部信号计数器是对内部元件（如 X、Y、M、S、T 和 C）的信号进行计数的计数器。通用 16 位计数器 C0～C99 共 100 点，其设定值为 K1～K32 767。

通用失电保持 16 位计数器 C100～C199 共 100 点，其设定值为 K1～K32 767。即使断电，其当前值和输出点的状态也能保持。

（2）32 位双向计数器

32 位双向计数器既可以设置为加计数器，又可以设置为减计数器。设定值为-2 147 483 648～+2 147 483 647。

通用 32 位双向计数器 C200～C219 共 20 点，通用失电保持 32 位双向计数器 C220～C234 共 15 点。

加计数或减计数由特殊辅助继电器 M8200～M8234 设定，计数器与特殊辅助继电器一一对应，如 C210 与 M8210 对应。当特殊辅助继电器接通（ON）时，对应的计数器为减计数器；当特殊辅助继电器断开（OFF）时，对应的计数器为加计数器。

2）高速计数器

FX$_{2N}$ 型 PLC 中共有 21 点高速计数器，地址编号为 C235～C255，这 21 点高速计数器在 PLC 中共享 6 个高速计数输入端 X0～X5。当高速计数器的一个输入端被某个计数器占用时，这个输入端就不能再用于其他高速计数器，也不能用作其他的输入了。因此，最多只能同时使用 6 点高速计数器。另外，高速计数器具有比较和直接输出等高速应用功能。

高速计数器按中断方式运行，独立于扫描周期。所选定的计数器线圈应被连续驱动，以表示这个计数器及其有关输入端连续有效，其他高速处理不能再用这个输入端。图 2-60 所示为高速计数器的应用原理图。当 X12 接通时，选中高速计数器 C235，高速计数脉冲由 X0 输入 C235。当计数方向标志 M8235 为 ON 时，C235 进行递减计数；反之进行递增计数。

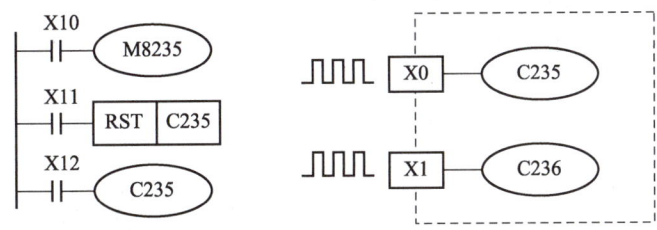

图 2-60　高速计数器应用原理图

各个高速计数器对应的输入端子见表 2-3。

表 2-3　高速计数器输入端分配关系

中断输入		X0	X1	X2	X3	X4	X5	X6	X7
1 相无启动/复位的计数器	C235	U/D							
	C236		U/D						
	C237			U/D					
	C238				U/D				
	C239					U/D			
	C240						U/D		
1 相带启动/复位的计数器	C241	U/D	R						
	C242			U/D	R				
	C243					U/D	R		
	C244							S	
	C245								S
2 相双向计数器	C246	U	D						
	C247	U	D	R					
	C248				U	D	R		
	C249	U	D	R				S	
	C250				U	D	R		S
2 相 A-B 相型计数器	C251	A	B						
	C252	A	B	R					
	C253				A	B	R		
	C254	A	B	R				S	
	C255				A	B	R		S

6. 指针（P/I）

分支指令用指针 P0～P127，共 128 点。P0～P127 作为指针标号，用来指定条件跳转、子程序调用等分支的跳转目标。

中断用指针 I0□□～I8□□共 15 点。

其中，I00□～I50□共 6 点用于外部输入中断；I6□□～I8□□共 3 点用于定时中断；I010～I060 共 6 点用于计数器中断。

7. 数据寄存器（D）

当进行数据处理、模拟量控制、定位控制时，需要许多数据寄存器存储数据和参数。数据寄存器为 16 位，最高位为符号位。可以用两个数据寄存器合并起来存放 32 位数据，最高位仍为符号位。

1）通用数据寄存器（可通过参数设置为断电保持型）

通用数据寄存器 D0～D199 共 200 点。当 PLC 由运行到停止时，该类数据寄存器数

据清零。但是当特殊辅助继电器 M8031 置 1 时，PLC 由运行转向停止，数据可以保持。

2）断电保持数据寄存器（可通过参数设置为通用型）

断电保持数据寄存器 D200～D511 共 312 点。只要不改写，原有的数据就保持不变。无论电源接通与否、PLC 运行与否，都不会改变数据寄存器的内容。

3）断电保持专用数据寄存器

断电保持专用数据寄存器 D512～D7999 共 7 488 点，参数设置无法改变其保持性质，但通过参数设置可将 D1000～D7999 设置为文件寄存器。

4）特殊数据寄存器

特殊数据寄存器 D8000～D8255 共 256 点。这些数据寄存器用来监视 PLC 的运行方式，其内容在电源接通时写入初始化数据。未定义的特殊数据寄存器，用户不能使用。

5）文件寄存器

文件寄存器 D1000～D2999 共 2 000 点。文件寄存器实际上是一类专用数据寄存器，用于存储大量的数据，例如采集数据、多组控制数据等。

课题三　自动送料小车

【学习目标】

1. 掌握梯形图的特点和设计原则。
2. 了解 PLC 的编程方法，掌握经验设计法设计梯形图的步骤和要领。
3. 掌握自动送料小车 PLC 控制电路的编程、安装和调试方法。

典型工作任务

有一小车自动往返循环控制设备，如图 3-1 所示。其传统的控制是采用继电器控制系统来实现，电气控制线路图如图 3-2 所示。由于采用继电器控制系统来控制时所用的继电器较多，控制线路也较为复杂，加上行业生产环境等方面的因素限制，导致故障率较高，且不便于维修，为此需要设计一种以 PLC 为核心的自动控制系统对其进行改造。

小车自动往返循环的工作示意图如图 3-3 所示，其控制要求为：

（1）自动循环工作。

（2）点动控制（供调试用）。

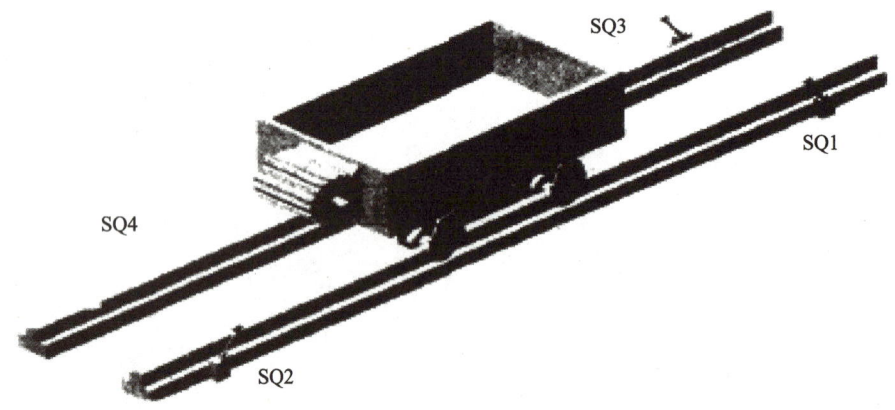

图 3-1　小车在两点之间自动往返运动示意图

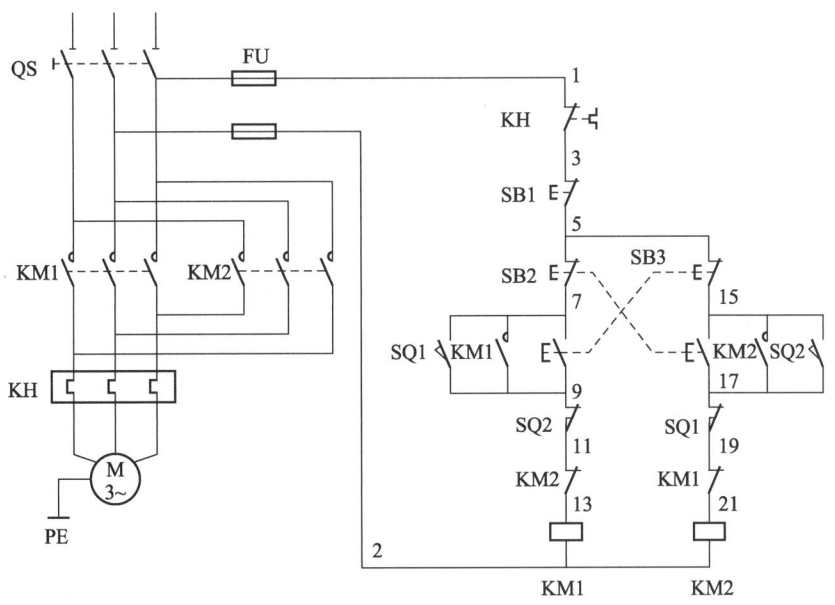

图 3-2　带点动及限位控制的小车自动往返循环继电器控制线路图

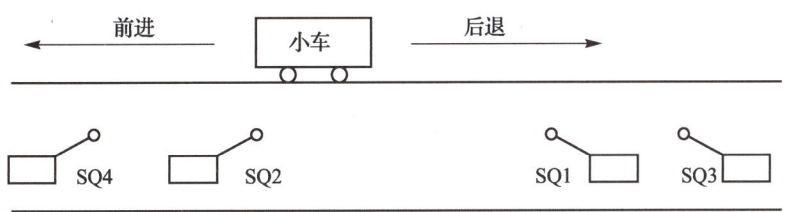

图 3-3　小车自动往返循环的工作示意图

理论知识平台

一、梯形图的特点及编程原则

梯形图与继电器控制电路图，在结构形式、元件符号及逻辑控制功能方面相似，但梯形图具有自己的特点及设计原则。

1. 梯形图的特点

（1）在梯形图中，所有触点都应按从上到下、从左到右的顺序排列，并且触点只允许画在水平方向（主控触点除外）。每个继电器线圈为一个逻辑行，即一层阶梯。每个逻辑行开始于左母线，然后是触点的连接，最后终止于继电器线圈（或右母线）。左母线与线圈之间一定要有触点，而线圈与右母线之间不能存在任何触点。

（2）梯形图中的继电器不是物理继电器，每个继电器均为存储器中的一位，称为"软继电器"。当存储器状态为"1"时，表示该继电器得电，其常开触点闭合或常闭触点断开。

（3）在梯形图中，流过的电流并非实际电源的电流，而是"概念"电流，"概念"电流只能从左到右流动。

（4）在梯形图中，同一继电器线圈只能出现一次，而继电器触点可以无限次使用。如果同一继电器线圈重复使用两次，PLC 将视其为语法错误。

（5）在梯形图中，前面的逻辑执行结果可为后面的逻辑操作使用。

（6）在梯形图中，除输入继电器没有线圈只有触点外，其他继电器都既有线圈又有触点。

2. 梯形图编程的设计原则

（1）触点不能接在线圈的右边，如图 3-4（a）所示；线圈也不能直接与左母线连接，必须通过触点来连接，如图 3-4（b）所示。

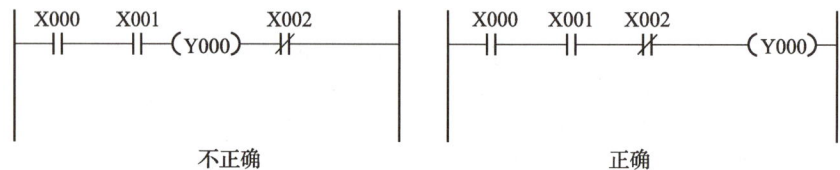

（a）触点不能接在线圈的右边

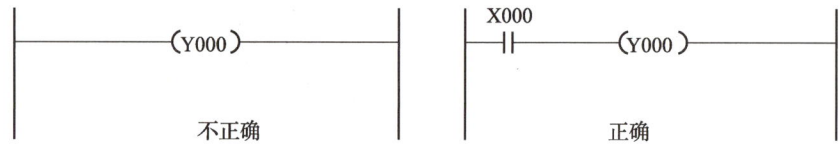

（b）线圈不能直接与左母线相连

图 3-4　触点与线圈接法示意图

（2）在每一个逻辑行上，当几条支路并联时，串联触点多的应安排在上方，如图 3-5（a）所示；当几条支路串联时，并联触点多的应安排在左边，如图 3-5（b）所示，这样可以减少编程指令。

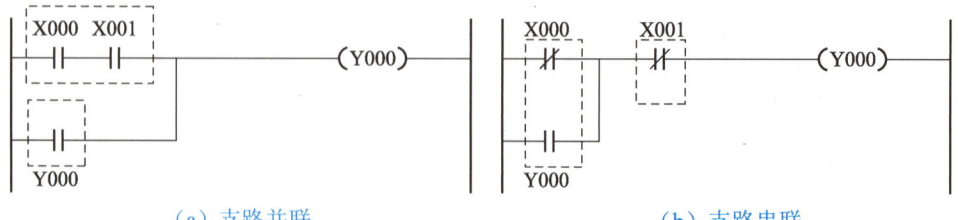

（a）支路并联　　　　　　　　　　　　　（b）支路串联

图 3-5　多条支路位置的安排

（3）梯形图的触点应画在水平支路上，而不应画在垂直支路上，如图3-6所示。

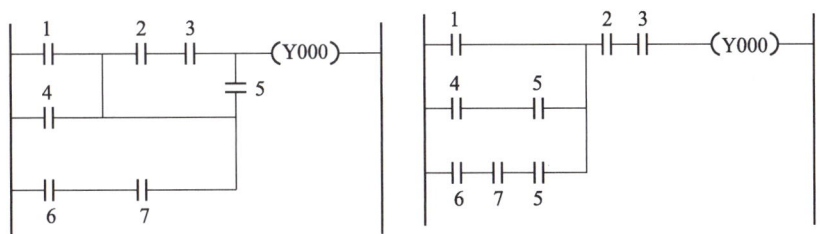

（a）不正确的画法　　　　　　　（b）正确的画法

图3-6　触点应画在水平支路上

（4）梯形图中不允许一个触点上有双向"电流"通过。例如，图3-7（a）所示的触点3上有"双向"电流通过，改梯形图不能编程。遇到不能编程的梯形图时，可根据信号单向自左至右、自上而下流动的原则对原梯形图进行重新编排，以便于正确应用PLC基本编程指令进行编程，如图3-7（b）所示。

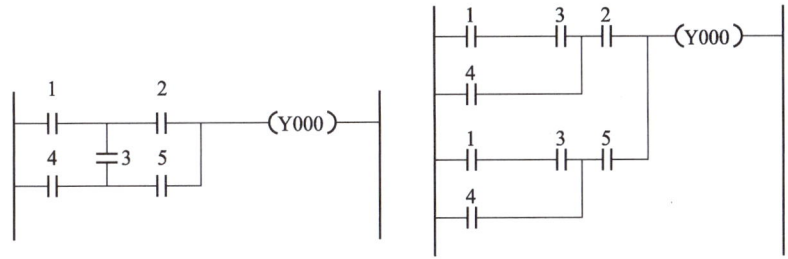

（a）不能编程的梯形图　　　　　　（b）重新编排后的梯形图

图3-7　梯形图的重排

（5）双线圈输出不可用。如果在同一程序中同一元件的线圈重复出现两次或两次以上，则称为双线圈输出。这时前面的输出无效，只有最后一次的输出有效，如图3-8所示。一般不应出现双线圈输出。

二、PLC的编程方法简介

在设计PLC程序时，可以根据自己的实际情况采用以下不同的方法。

1. 经验法

经验法是指运用自己的或者借鉴他人的已经成熟的实例进行PLC编程设计的方法。编程者可以对已有相近或者类似的实例按照控制系统的要求进行修改，直到满足控制

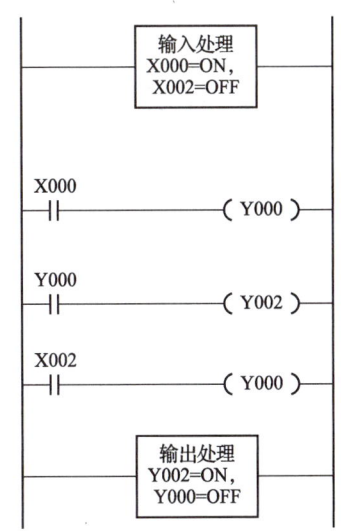

图3-8　双线圈输出不可用

系统的要求为止。在工作中应不断积累经验和收集资料，从而丰富设计经验。

采用经验法设计控制程序的步骤如下：

（1）了解受控设备及工艺过程，分析控制系统的要求，选择控制方案；

（2）根据受控系统的工艺要求，确定主令元件、检测元件及辅助继电器等；

（3）利用输入信号设计启动、停止和自保功能；

（4）使用辅助元件、定时器和计数器；

（5）使用功能指令；

（6）加入互锁条件和保护条件；

（7）检查、修改和完善程序。

2. 解析法

PLC 的逻辑控制实际上就是逻辑问题的综合。编程者可以根据组合逻辑或者时序逻辑的理论，运用相应的解析方法，对其进行逻辑关系求解，然后根据求解的结果编制梯形图或直接编写指令。解析法比较严谨，可以避免编程的盲目性。

3. 图解法

图解法是依照画图的方法进行 PLC 编程设计，常见的方法有梯形图法、时序图（波形图）法和流程图法。

梯形图法是最基本的方法，无论是经验法还是解析法，在把控制系统的要求等价为梯形图时都要用到梯形图法。

时序图（波形图）法适用于时间控制电路。先把对应信号的波形画出来，再依照时间顺序用逻辑关系去组合，就可以把控制程序设计出来。

流程图法是用框图表示 PLC 程序的执行过程及输入条件与输出之间的关系。在使用步进指令编程的情况下，采用该方法进行设计比较方便。

图解法和解析法不是彼此独立的。解析法要画图，图解法要列解析式，只是两种方法的侧重点不一样。

4. 技巧法

技巧法是在经验法和解析法的基础上，运用技巧进行编程，以提高编程质量。编程者还可以使用流程图作工具，将巧妙的设计形式化，进而编制所需要的程序。技巧法是多种编程方法的综合应用。

项目实施

小车的前进与后退是通过电动机正反转来控制的，所以完成这一动作只要用前一项目

所介绍的电动机正反转控制基本程序即可。

　　另外，小车的工作方式有点动控制和自动连续控制两种方式，既也可采用控制开关SA（即硬件的方法）来选择所需要的方式，也可以采用程序（即软件的方法）实现两种运行方式的转换。设当控制开关SA闭合时，工作台工作在点动控制状态；当开关SA断开时，工作台工作在自动连续控制状态。

一、采用控制开关SA（即硬件的方法）进行PLC控制系统设计

1. 通过分析控制要求，分配输入点和输出点，写出I/O通道地址分配表

控制小车前进和后退的或成如下：

　　首先由操作人员通过按钮或行程开关，将要求电动机正转或反转的信号送到PLC的输入端子；然后通过控制程序，由PLC控制接在PLC输出点上的正转（或反转）接触器线圈得电或失电，使接触器主触头闭合或断开，从而控制电动机正转或反转工作；最后通过丝杆传动使小车前进或后退。小车的点动调试是通过选择控制开关SA来实现的。其I/O通道地址分配表见表3-1。

表3-1　I/O通道地址分配表

输　　入			输　　出		
元件代号	作用	输入继电器	元件代号	作用	输出继电器
SA	点动/自动选择开关	X0	KM1	正转前进	Y0
SB1	停止按钮	X1	KM2	反转后退	Y1
SB2	正转按钮	X2			
SB3	反转按钮	X3			
SQ1	右限位开关	X4			
SQ2	左限位开关	X5			
SQ3	右极限开关	X6			
SQ4	左极限开关	X7			

2. 画出PLC接线图

PLC接线图如图3-9所示。

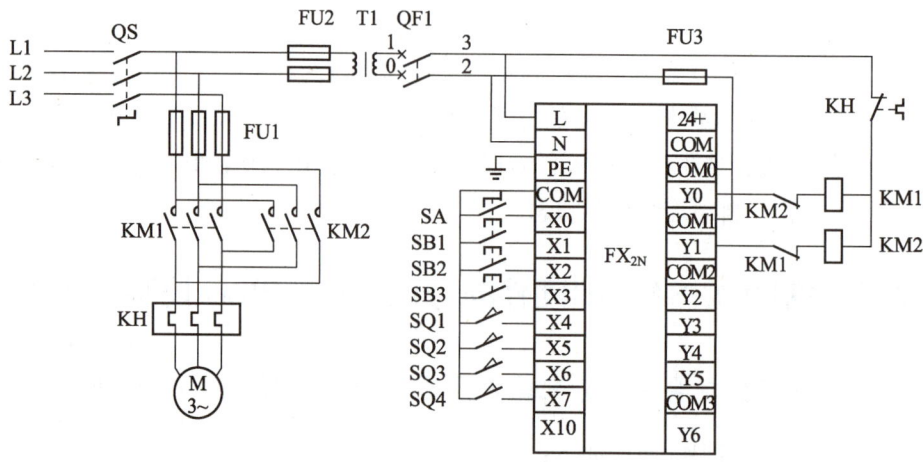

图 3-9　PLC 接线图

3．设计控制程序

1）根据控制对象，采用经验法设计基本控制环节的程序

本项目的控制对象是小车，其工作方式有前进和后退两种。当电动机正转时，通过丝杆使小车前进；当电动机反转时，通过丝杆使小车后退。因此，基本控制程序应是正反转控制程序，如图 3-10 所示。

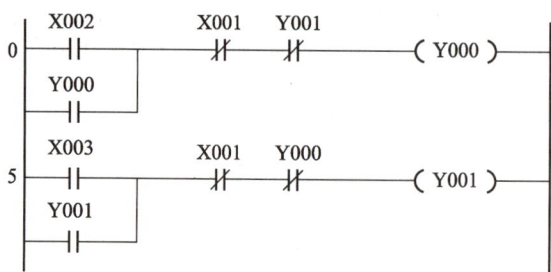

图 3-10　正反转控制梯形图

2）实现自动往返功能的程序设计

通过分析小车自动往返的工作过程可知，小车前进中撞块压合 SQ2 后，SQ2 动作，首先 X5 常闭触点断开 Y0 线圈使小车停止前进，然后 X5 常开触点再接通 Y1 线圈使小车后退，完成小车由前进转为后退的动作。同理，撞块压合 SQ1 后，小车完成由后退转为前进的动作。小车自动往返控制梯形图如图 3-11 所示。

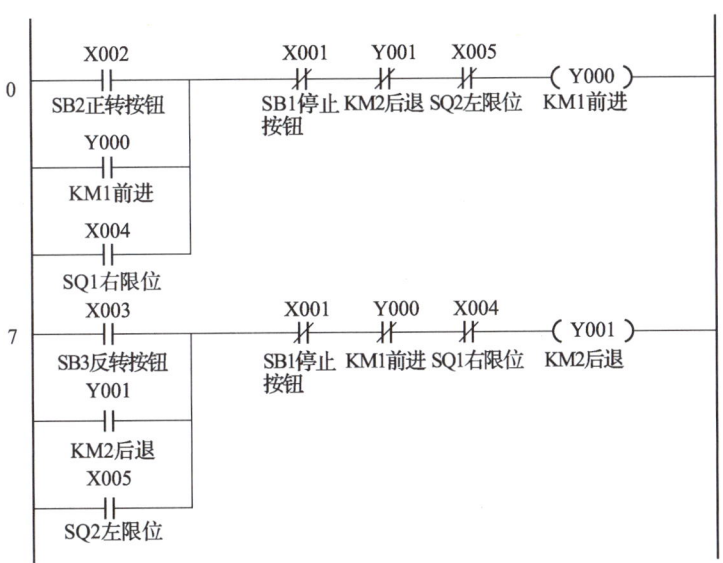

图 3-11　小车自动往返控制梯形图

3）实现点动控制功能的程序设计

根据点动控制的概念可知，如果解除自锁功能，就能实现点动控制。本程序中利用开关 SA 来选择点动控制与自动控制，设当 SA 闭合时，实现小车点动控制。实现小车点动控制的梯形图如图 3-12 所示。在梯形图中，利用 X0 分别与实现自锁控制的常开触点 Y0、Y1 串联，实现点动与自动控制的选择。SA 闭合时，输入继电器 X0 线圈得电，则 X0 常闭触点断开，从而使 Y0、Y1 失去自锁作用，实现了点动控制。

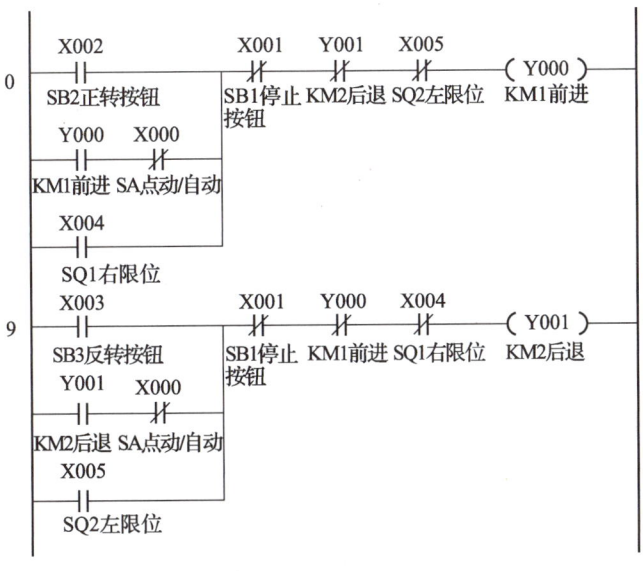

图 3-12　小车点动控制梯形图

4) 设置必要的保护环节

小车自动往返控制必须设置限位保护，SQ3 与 SQ4 分别为后退和前进方向的限位保护极限开关。当 SQ4 被压合后，X7 常闭触点断开，Y0 线圈失电，小车停止前进，实现了限位保护。同理，压合 SQ3 后可实现后退限位保护。带点动及限位保护的小车自动往返循环控制梯形图如图 3-13 所示。

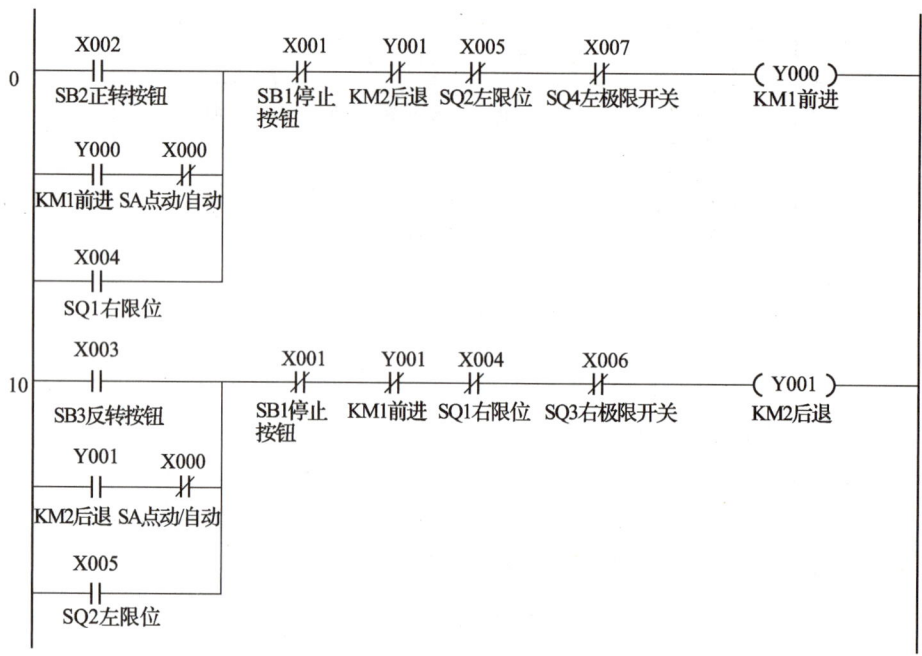

图 3-13　带点动及限位保护的小车自动往返循环控制梯形图

4. 根据 I/O 通道地址分配表和梯形图进行编程设计，再按图纸安装和调试电路

1) 程序输入

启动 GX Developer 编程软件，首先创建新文件，命名为"选择开关实现小车自动往返及点动控制"，选择 PLC 的类型为"FX2N"，进入编写梯形图程序界面。

双击左侧工程栏中"软元件注释"下的"COMMENT"，进入软元件注释界面，如图 3-14 所示。然后根据 I/O 通道地址分配表，在"注释"和"别名"单元格中进行软元件注释，如图 3-15 所示

在"软元件名 X0 ▼"编辑框中输入"Y0"，单击"显示"按钮，进入输出继电器的软元件注释栏，按同样方法进行注释，如图 3-16 所示。

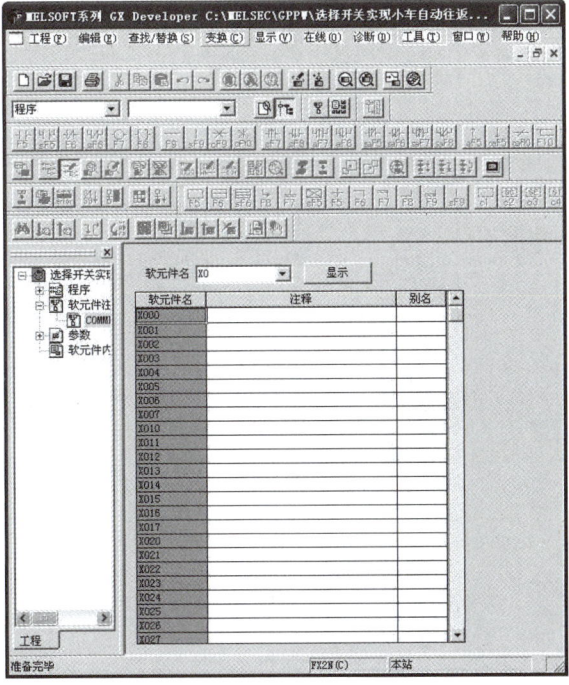

图 3-14　软元件注释界面

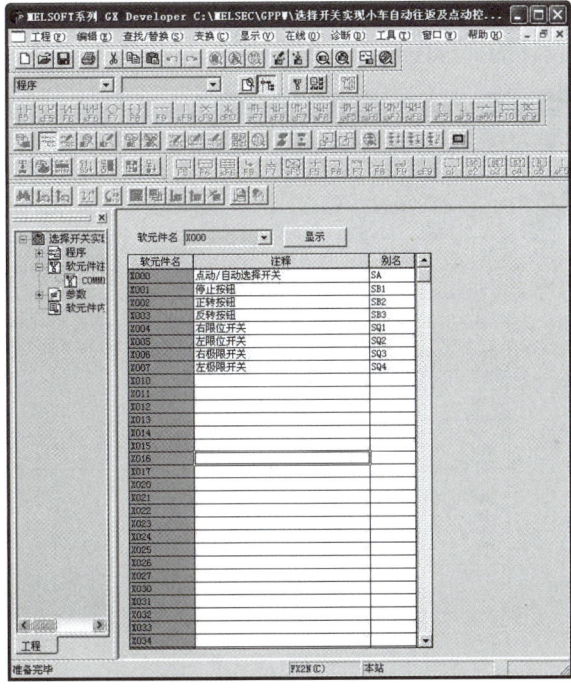

图 3-15　软元件注释

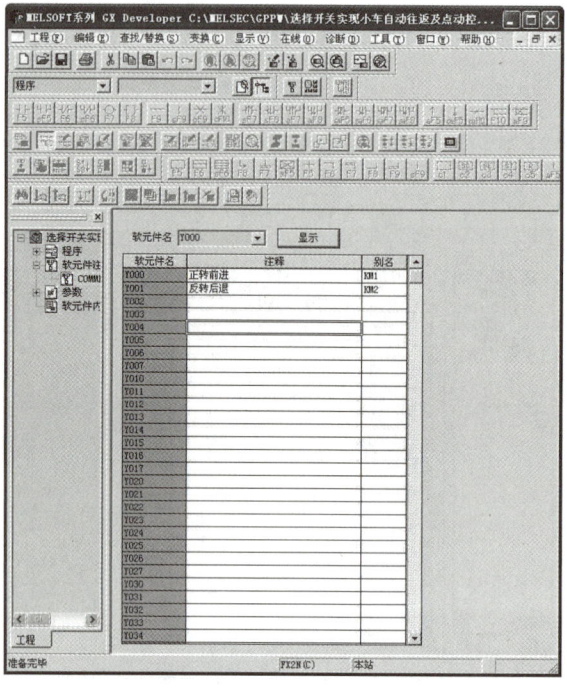

图 3-16 　输出继电器的软元件注释

软元件注释完毕后，双击左侧工程栏中的"程序"下的"MAIN"，自动返回梯形图设计界面。然后将所设计的梯形图输入，如图 3-17 所示。

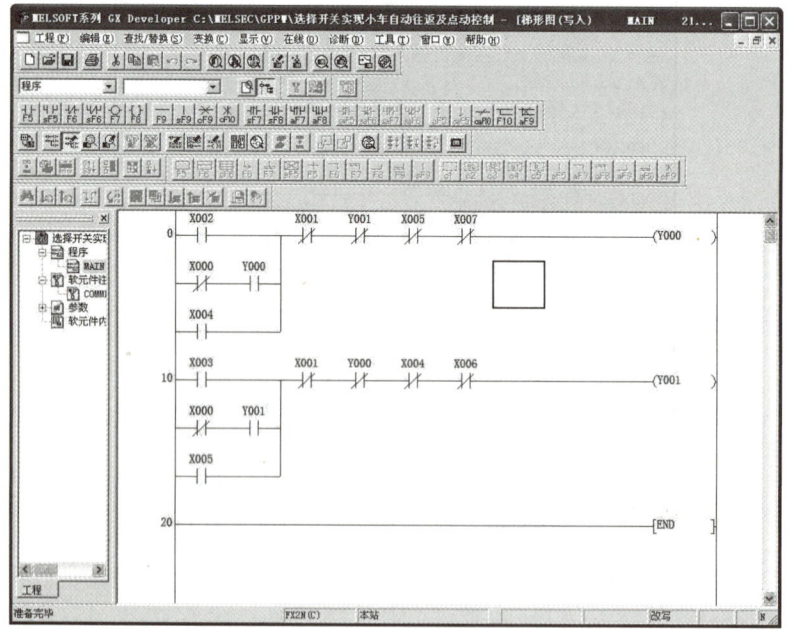

图 3-17 　输入完毕的梯形图界面

单击"显示"菜单下的"注释显示",即可得到注释后的梯形图,如图3-18所示。

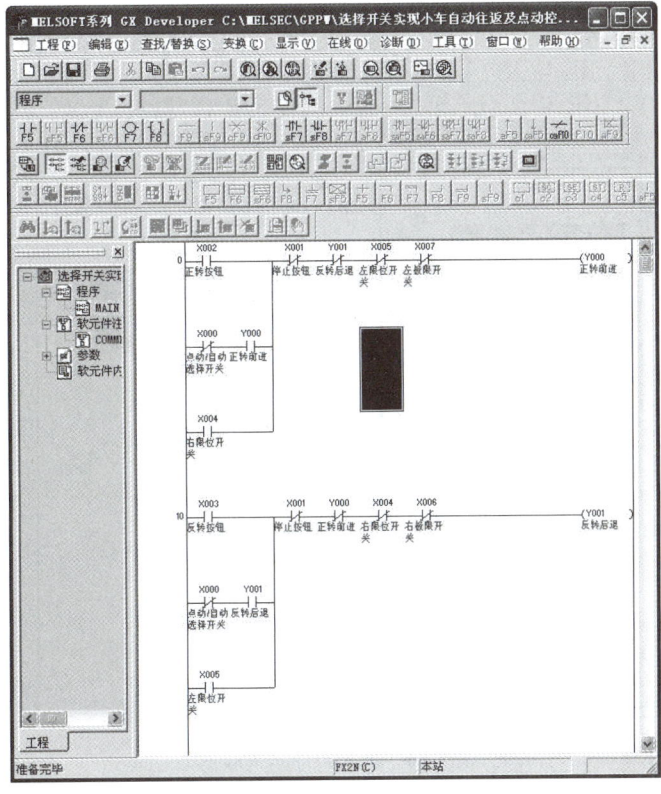

图3-18　带有软元件注释的梯形图界面

2）仿真运行

单击工具栏中"梯形图逻辑测试启动／结束"按钮■,进入程序写入状态,如图3-19所示。

在弹出的"LADDER LOGIC TEST TOOL"对话框中单击"菜单起动"下的"继电器内存监视",如图3-20所示。

当出现如图3-21所示的界面后,首先单击"软元件"＞"位软元件窗口"＞"X",然后单击"软元件"＞"位软元件窗口"＞"Y",可在"窗口"菜单中选择"并列表示"来重排窗口位置以便于观察,如图3-22所示。

双击正转(前进)启动按钮X2(黄色指示灯亮),可观察到输出继电器"Y0"得电(黄色指示灯亮),此时接在PLC输出端的接触器KM1线圈得电,接触器主触头闭合,电动机接通电源正转,通过丝杆传动使小车前进,如图3-23所示。

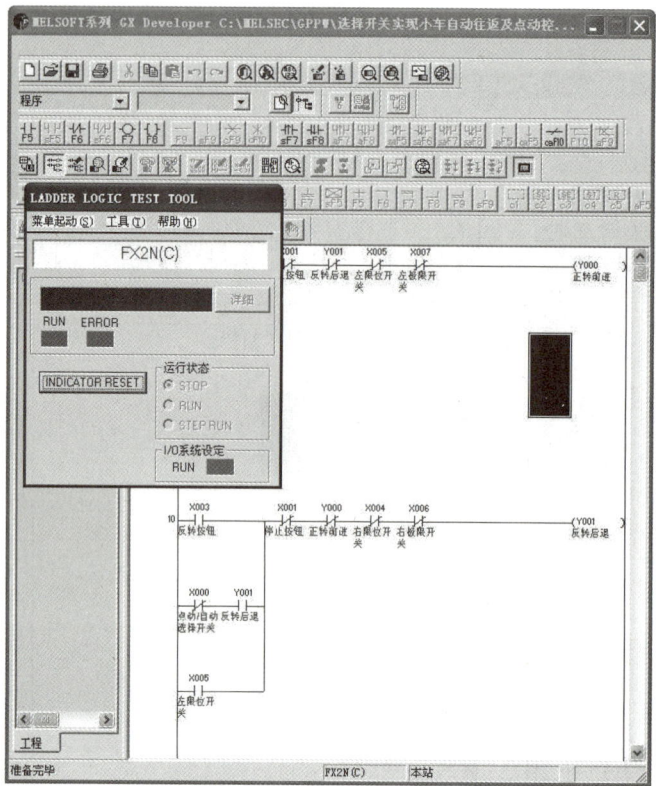

图 3-19　进入程序写入状态

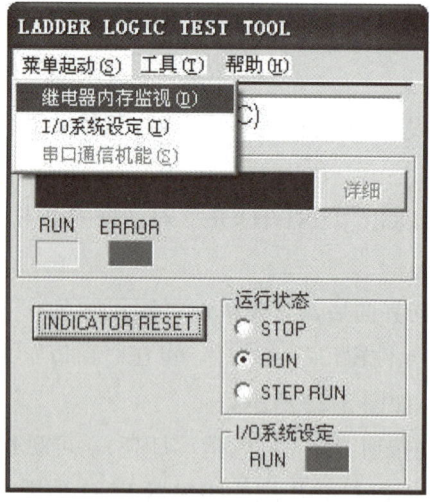

图 3-20　开启继电器内存监视

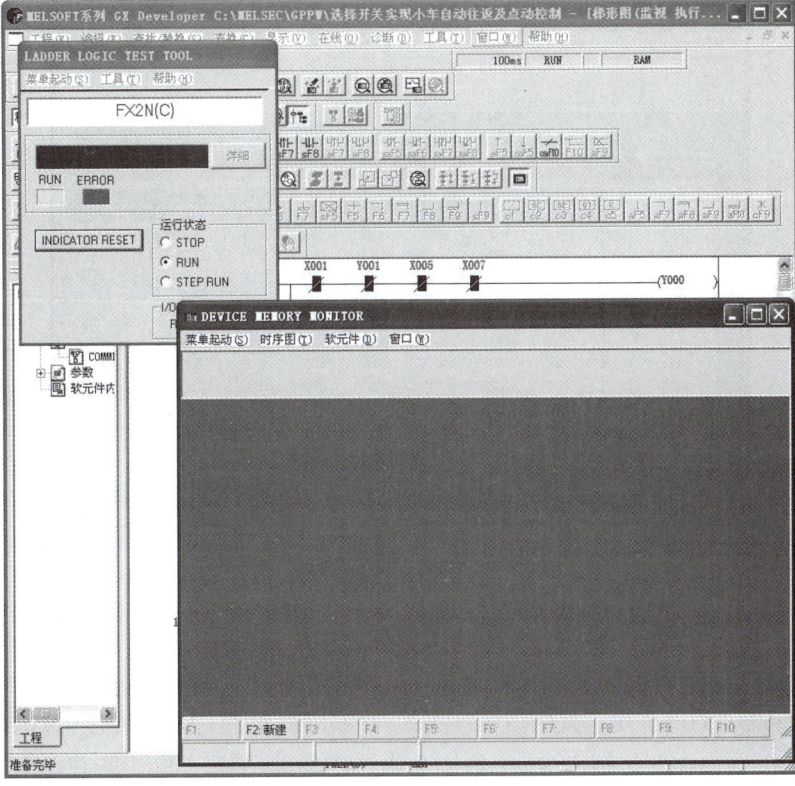

图 3-21　内存监视设置

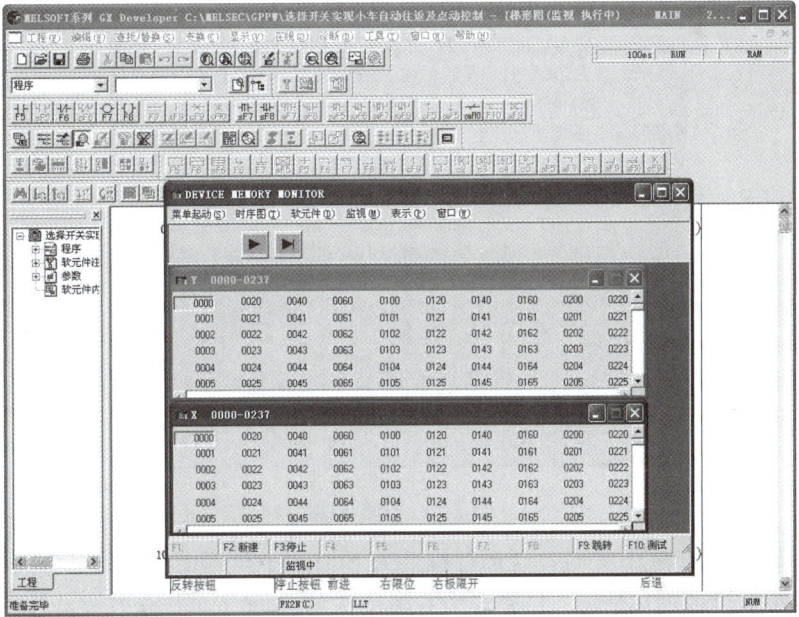

图 3-22　仿真运行界面

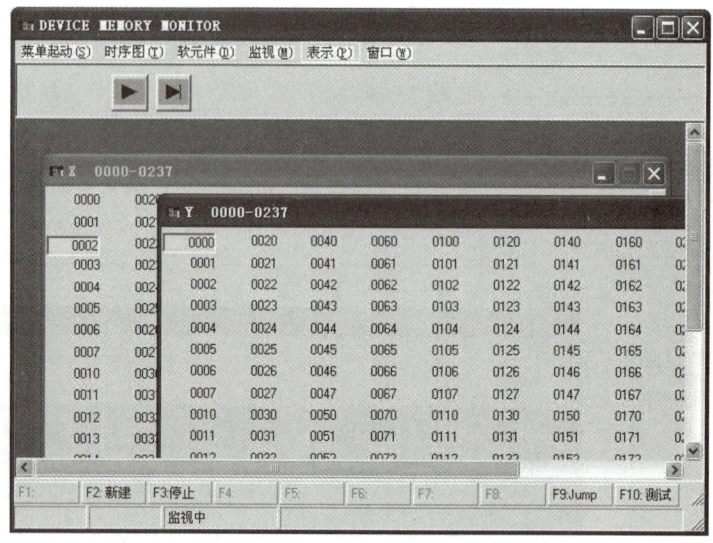

图 3-23　小车前进

　　模拟小车前进到 SQ2 处时，碰撞行程开关 SQ2，小车停止，然后电动机反转，通过丝杆传动使小车后退这一过程，只要双击向左限位开关 X5（黄色指示灯亮）即可，可观察到输出继电器"Y0"失电（黄色指示灯灭），而输出继电器"Y1"得电（黄色指示灯亮）。此时接在 PLC 输出端的接触器 KM1 线圈失电，KM1 接触器主触头断开，电动机断开正转电源；接触器 KM2 线圈得电，KM2 接触器主触头闭合，电动机接通反转电源开始反转，通过丝杆传动使小车后退，如图 3-24 所示。双击松开左限位开关 X5。

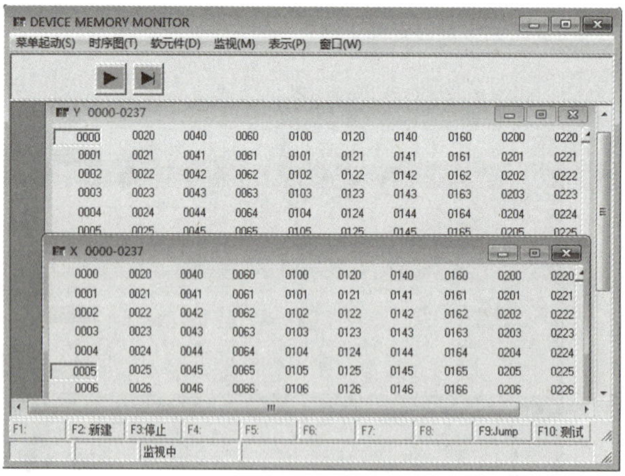

图 3-24　小车后退

　　模拟小车后退到 SQ1 处时，碰撞行程开关 SQ1，小车停止，然后电动机正转，通过丝杆传动小车前进的循环情况，只要双击右限位开关 X4（黄色指示灯亮），可观察到输出继电器"Y1"失电（黄色指示灯灭），而输出继电器"Y0"得电（黄色指示灯亮）。此时接在 PLC 输出端的接触器 KM2 线圈失电，KM2 接触器主触头断开，电动机断开反转电

源；接触器 KM1 线圈得电，KM1 接触器主触头闭合，电动机接通正转电源开始正转，通过丝杆传动使小车前进。双击松开右限位开关 X4。

模拟小车停止时，只要双击 X1 即可。

模拟小车正转点动调整时，首先双击点动/自动选择开关 X0，将小车转换为点动控制；然后双击 X2，Y0 得电，小车前进；最后双击（松开）X2，Y0 失电，小车停止。

模拟小车反转点动调整时，首先双击 X3，Y1 得电，小车后退；然后双击（松开）X3，Y1 失电，小车停止。

3）线路安装与调试

（1）线路安装

根据 I/O 接线图绘制元件布置图，在控制板上安装电气元件并进行线路安装。

（2）程序下载

安装完线路后，将仿真成功的程序下载到 PLC 中，检查线路无误后，在指导教师的指导下方可通电试机。

（3）通电调试

程序调试按表 3-2 所示步骤进行，并填写观察结果。

表 3-2　程序调试步骤

操作步骤	操作内容	观察内容	观察结果	思考内容
第一步	将仿真成功的程序下载到 PLC 后，合上断路器 QS	"POWER" 灯		理解 PLC 的工作过程
		所有的 "IN" 灯		
第二步	将 RUN/STOP 开关拨到 "RUN" 的位置	"RUN" 灯		
第三步	将 "RUN/STOP" 开关拨到 "STOP" 的位置	"RUN" 灯		
第四步	按下 SB2			
第五步	压下 SQ2			
第六步	压下 SQ1	KM1 和 KM2 的动作		
第七步	按下 SB1			
第八步	将 SA 选择为点动			
第九步	按下 SB2，然后松开			
第十步	按下 SB3，然后松开			

二、采用程序（即软件的方法）进行 PLC 控制系统设计

1. 通过分析控制要求，分配输入点和输出点，写出 I/O 通道地址分配表

通过分析可知，在不用点/自动选择开关的情况下，可采用软件中的两个内部辅助继

电器 M1 和 M2，再增加外部的两个点动按钮 SB4 和 SB5 来实现点动控制和自动连续控制的转换。其 I/O 通道地址分配表见表 3-3。

表 3-3 I/O 通道地址分配表

输 入			输 出		
元件代号	作用	输入继电器	元件代号	作用	输出继电器
SB1	停止按钮	X0	KM1	正转前进	Y0
SB2	正转按钮	X1	KM2	反转后退	Y1
SB3	反转按钮	X2			
SQ1	右限位开关	X3			
SQ2	左限位开关	X4			
SQ3	右极限开关	X5			
SQ4	左极限开关	X6			
SB4	正转点动	X7			
SB5	反转点动	X10			

2. 画出 PLC 接线图

PLC 接线图如图 3-25 所示。

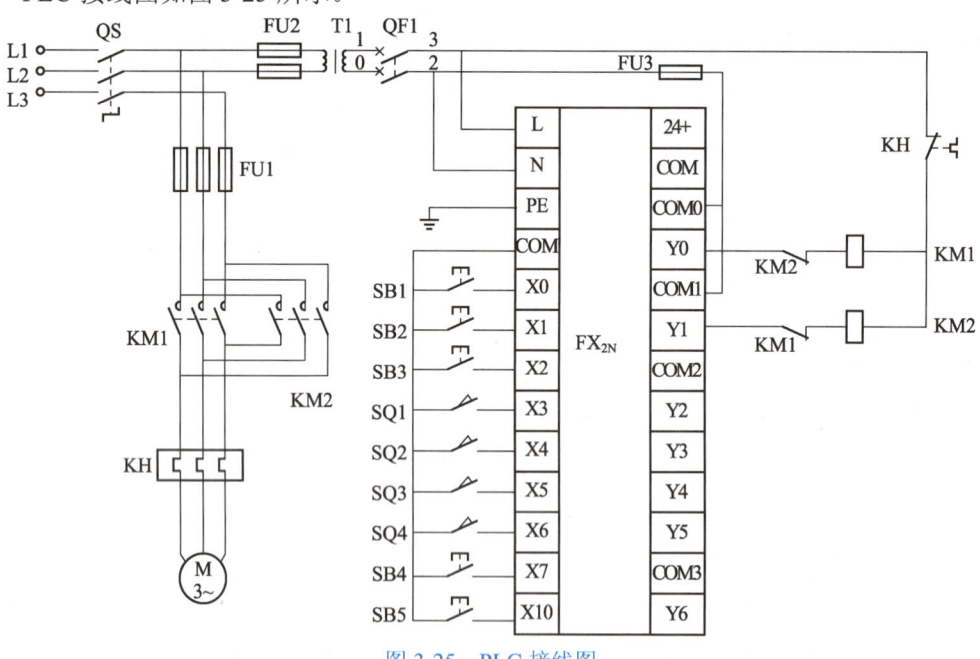

图 3-25　PLC 接线图

3. 设计控制程序

1）实现正反转控制的程序设计

根据控制对象，采用经验法，利用内部辅助继电器设计正反转基本控制环节的程序。

控制程序的梯形图如图 3-26 所示。

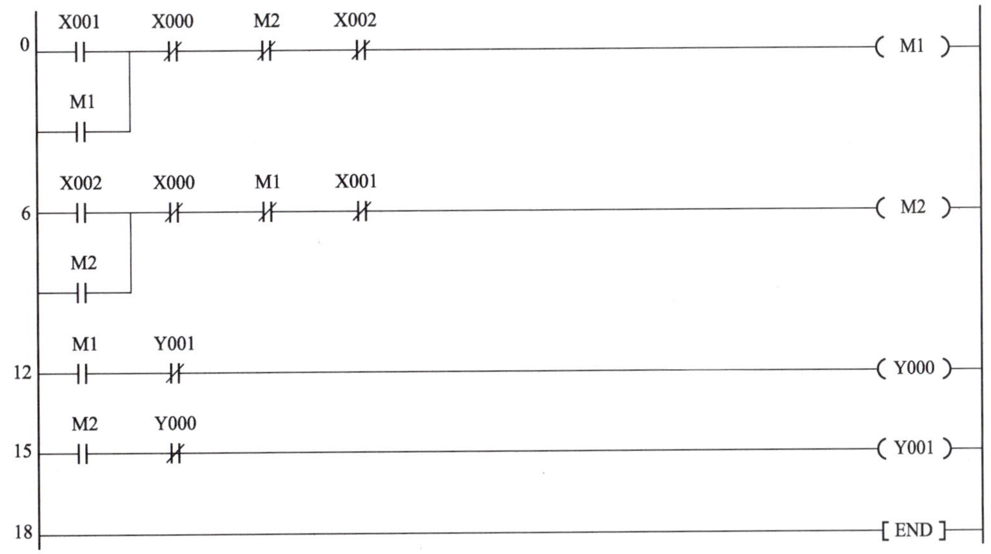

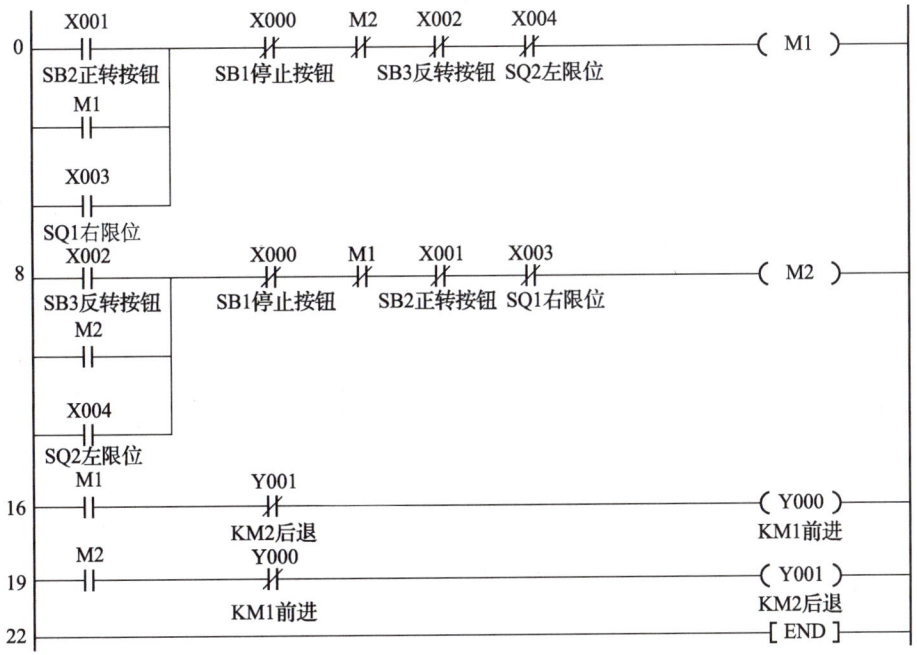

图 3-26 小车实现正反转控制梯形图

2）实现自动往返功能的程序设计

通过分析小车自动往返的工作过程可知，小车前进中撞块压合 SQ2 后，SQ2 动作，X4 常闭触点应先断开 Y0 线圈使小车停止前进，然后 X4 常开触点再接通 Y1 线圈使小车后退，完成小车由前进转为后退的动作。同理，撞块压合 SQ1 后，小车完成由后退转为前进的动作，梯形图如图 3-27 所示。

图 3-27 小车自动往返控制梯形图

3）实现点动控制功能的程序设计

根据点动控制的概念可知，如果解除自锁功能，就能实现点动控制。这里利用点动按钮 SB4 和 SB5 来切断 M1 和 M2 的自锁，实现小车点动控制，梯形图如图 3-28 所示。

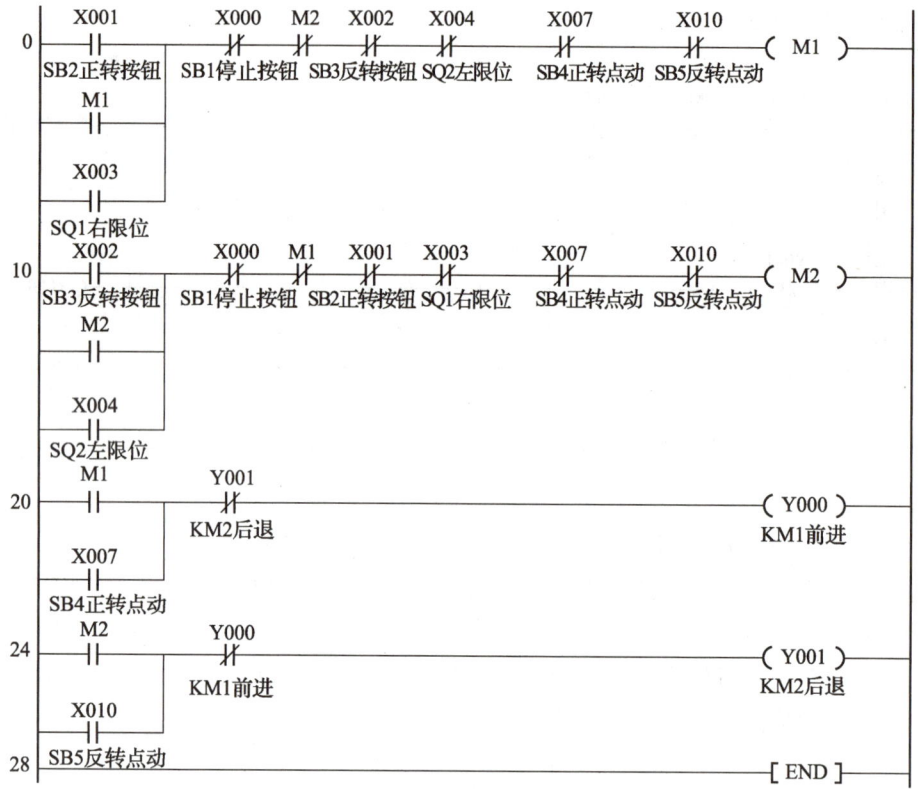

图 3-28　小车点动控制梯形图

4）设置必要的保护环节

小车自动往返控制，必须设置限位保护，SQ3 与 SQ4 分别为后退和前进方向的限位保护极限开关。当 SQ4 被压合后，X6 常闭触点断开，Y0 线圈失电，小车停止前进，实现了限位保护。同理，压合 SQ3 后可实现后退限位保护，梯形图如图 3-29 所示。

4. 根据 I/O 地址分配表和梯形图进行编程设计，再按图纸安装和调试电路

1）程序输入

按照前面介绍的编程步骤进行程序输入。

2）仿真运行

按照前面介绍的仿真方法进行程序仿真。

3）线路安装与调试

（1）线路安装

根据 I/O 接线图绘制元件布置图，在控制板上安装电气元件并进行线路安装。

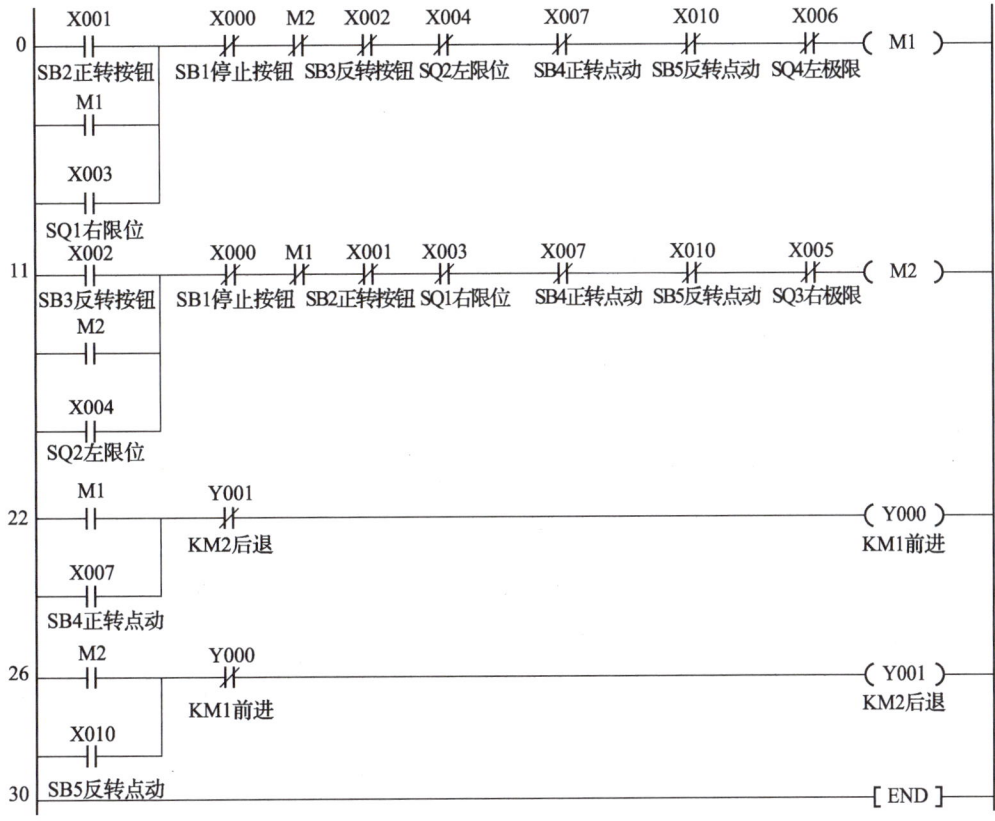

图3-29 带点动及限位保护的小车自动往返循环控制梯形图

（2）程序下载

安装完线路后，将仿真成功的程序下载到 PLC 中，检查线路无误后，在指导教师的指导下方可通电试机。

（3）运行调试

程序调试按表 3-4 所示步骤进行，并填写观察结果。

表 3-4 程序调试步骤

操作步骤	操作内容	观察内容	观察结果	思考内容
第一步	将仿真成功的程序下载到 PLC 后，合上断路器 QS	"POWER"灯		理解 PLC 的工作过程
		所有的"IN"灯		
第二步	将"RUN/STOP"开关拨到"RUN"的位置	"RUN"灯		
第三步	将"RUN/STOP"开关拨到"STOP"的位置	"RUN"灯		

续表 3-4

操作步骤	操作内容	观察内容	观察结果	思考内容
第四步	按下 SB2			
第五步	压下 SQ2			
第六步	压下 SQ1			
第七步	按下 SB1			
第八步	按下 SB3	KM1 和 KM2 的动作		理解 PLC 的工作过程
第九步	压下 SQ1			
第十步	压下 SQ2			
第十一步	按下 SB4，然后松开			
第十二步	按下 SB5，然后松开			

总结与练习

1. 总结

通过对工作任务的实施和观察，请总结出本项目与电动机正反转控制系统的区别。

2. 作业

将图 3-30 所示梯形图转换成指令表。

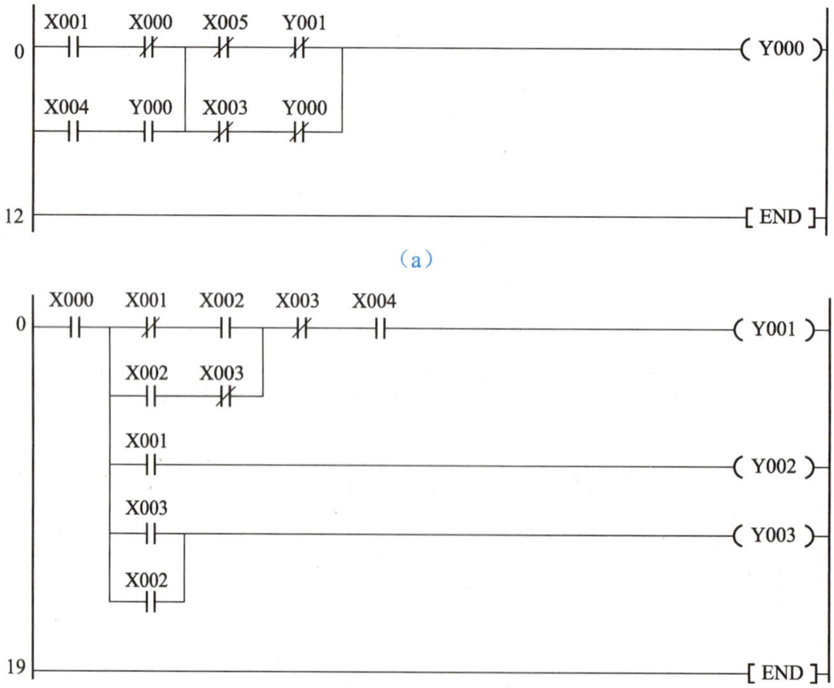

（a）

（b）

图 3-30　梯形图

3. 技能拓展

在本项目的基础上，要求实现工作台前进、后退一次后停在原位，请设计其梯形图。

项目拓展

典型单元控制

1. 启动、停止和自保持控制

输入信号动作后，使输出保持超过一个扫描周期的自保持（自锁）控制是构成具有记忆功能控制回路的最基本环节，它常用于内部继电器、输出继电器的控制回路。其基本形式有启动优先式和关断优先式两种。

1）启动优先式

启动优先式的启动、停止和自锁控制程序如图 3-31 所示。

当启动信号 X0 = ON 时，无论关断信号 X1 如何，Y0 总是保持接通，并且当 X1 = OFF 时，通过 Y0 的常开触点闭合实现自锁。

当启动信号 X0 = OFF 且关断信号 X1 = ON 时，可关断 Y0，即 Y0 保持断电状态。

当 X0、X1 同时为 ON 时，启动信号有效，故称此控制程序为启动优先式控制。

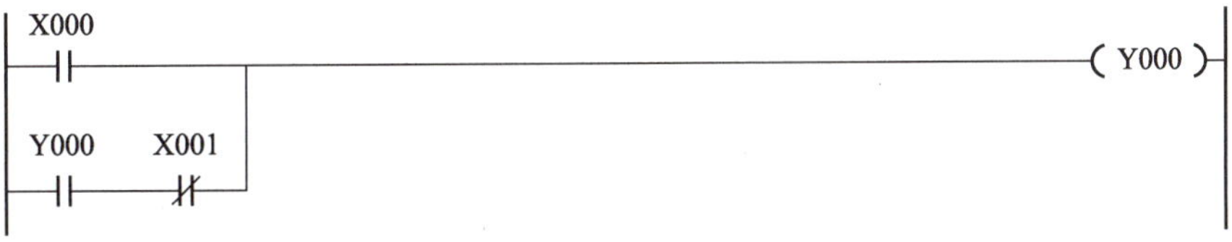

图 3-31 启动优先式控制

2）关断优先式

关断优先式的启动、停止和自锁控制程序如图 3-32 所示。

图 3-32 关断优先式控制

当关断信号 X1=ON 时，无论启动信号 X0 如何，Y0 总是保持关断，即 Y0=OFF。

当关断信号 X1=OFF 时，使启动信号 X1=ON，可启动 Y0，并通过 Y0 的常开触点闭合和 X1 的常闭触点实现自锁，Y0 保持接通状态。

当 X0、X1 同时为 ON 时，关断信号有效，故称此控制程序为关断优先式控制。

2．联锁控制

在生产机械的各种运动控制中，往往存在着某种相互制约关系，一般用联锁控制来实现。常用反映某一运动的联锁信号触点去控制与另一个运动相应的控制电路，实现两个运动的相互约束，达到联锁控制的要求。联锁控制的关键是正确选择和使用联锁信号。

1）不能同时动作的联锁控制

如图 3-33 所示，为了使 Y1 和 Y2 不同时被接通，选择联锁信号 Y1、Y2 的常闭触点分别串入 Y2、Y1 的控制回路中。当 Y1、Y2 中有任何一个要启动时，必须首先关断另一个。也就是说，两个回路中的一个启动后，另一个则被禁止，从而保证任何时候两者都不能同时启动，以达到联锁控制的目的。

联锁控制常用于同一台电动机的正转与反转控制、机床的刀架进给与退出、横梁的升降、工作台的前移与后退、工作夹具的夹紧与放松等不允许同时发生的运动控制。

```
X000   X001   Y002
 |┤├──┬──┤/├───┤/├─────────────────────────( Y001 )

Y001   |
 |┤├───┘


X002   X001   Y001
 |┤├──┬──┤/├───┤/├─────────────────────────( Y002 )

Y002   |
 |┤├───┘
```

图 3-33　联锁控制

2）作为条件的联锁控制

如图 3-34 所示，Y0 的常开触点串联在 Y1 的控制回路中，Y0 接通是 Y1 接通的条件，即只有当 Y0 接通后，Y1 才有可能被接通。当 Y0 关断时，Y1 也被关断；当 Y0 接通后，Y1 可以自行启动和停止。

```
X000   X001
 |┤├──┬──┤/├──────────────────────────────( Y000 )

Y000   |
 |┤├───┘


X002   X003   Y000
 |┤├──┬──┤/├───┤├──────────────────────────( Y001 )

Y001   |
 |┤├───┘
```

图 3-34　条件联锁控制

3）集中与分散控制

在多台单机连成的自动生产线上,通过联锁可以实现在总操作台的集中控制与在单机操作台的分散控制。集中与分散控制的梯形图如图 3-35 所示。

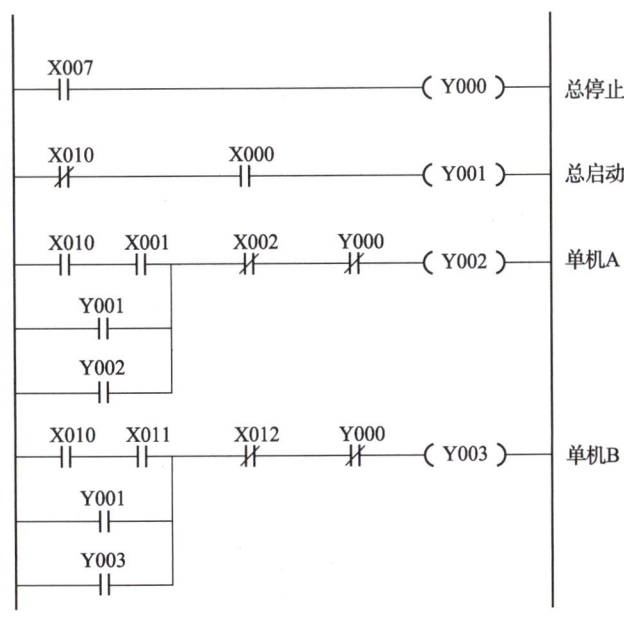

图 3-35 集中与分散控制

在图 3-35 中,输入 X10 为选择开关,以其触点为集中与分散控制的联锁触点。当 X10=OFF 时,为总台集中控制;当 X10 = ON 时,为单机分散启动控制。单机和总操作台都可以发出停止命令。

4）自动与手动控制

在需要手动和自动两种工作方式的机械上,可以通过选择开关实现手动与自动控制的联锁控制,如图 3-36 所示。

在图 3-36 中,输入 X10 为选择开关,其触点为联锁信号。当 X10 = OFF 时,执行手动控制程序;当 X10 = ON 时,执行自动控制程序。

5）步进顺序控制

在顺序依次发生的运动中,采用步进顺序控制方式。选择代表前一运动的常开触点串在后一个运动的启动控制线路中,作为后一运动发生的必要条件;同时选择后一运动的常闭触点串入前一运动的关断控制线路中。由此,只有当前一运动发生了,后一运动才允许发生,而后一运动发生后,会立即使前一运动停止。各个运动严格按预定的顺序发生和转换,达到顺序步进控制的要求,如图 3-37 所示。

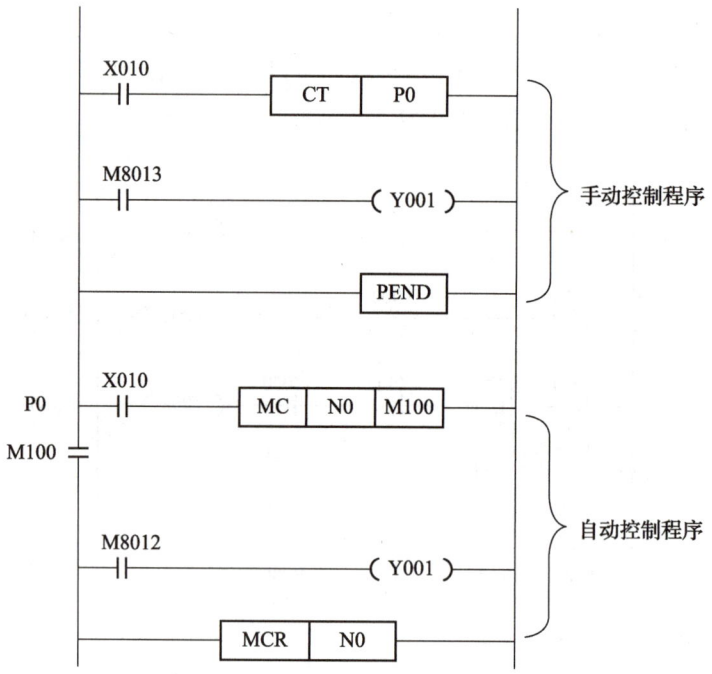

图 3-36　手动与自动控制

图 3-37　顺序控制

课题四　抢答器控制系统

典型工作任务

  抢答器常用于各种知识竞赛，它为各种竞赛增添了刺激性、娱乐性，在一定程度上丰富了人们的业余生活。实现抢答器功能的方法有多种，可以采用早期的模拟电路、数字电路或模数混合电路，也可以应用 PLC。应用 PLC 的知识竞赛抢答器控制方便、灵活，只要改变 PLC 控制程序，便可改变竞赛抢答器的抢答方式。图 4-1 所示为竞赛抢答器的实物图。

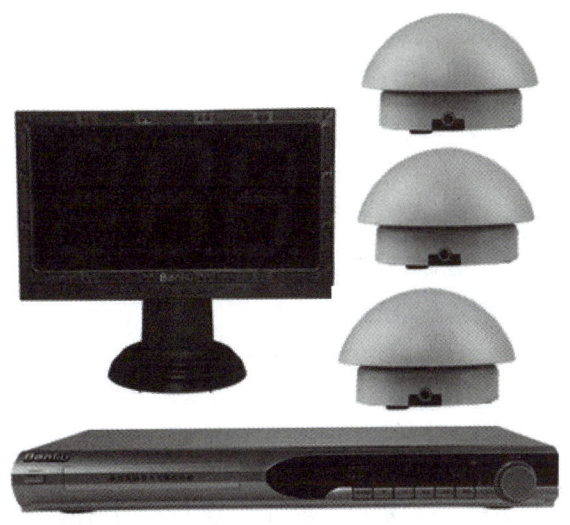

图 4-1　竞赛抢答器

本项目的主要任务是利用前文中介绍的指令来编写梯形图，完成基本逻辑控制功能，通过 PLC 控制系统实现对竞赛抢答器系统的控制。

竞赛抢答器系统所用设备及控制要求如下：

（1）设有 1 个主持人总台和 3 个参赛队分台。总台设置有总台电源指示灯、撤销抢答信号指示灯、总台电源转换开关、抢答开始／复位按钮；分台各自设有 1 个抢答按钮和 1 个分台抢答指示灯。

（2）竞赛开始前，主持人首先接通"启动／停止"转换开关，电源指示灯亮。

（3）各队抢答必须在主持人给出题目，说"开始"并按下开始抢答按钮后的 10 s 内进行，如果在 10 s 内有人抢答，则最先按下的抢答按钮有效，相应分台上的抢答指示灯亮，其他组再按抢答按钮无效。

（4）当主持人按下开始抢答按钮后，如果在 10 s 内无人抢答，则撤销抢答信号指示灯亮，表示抢答器自动撤销此次抢答信号。

（5）在主持人没有按下开始抢答按钮前，各分台按下抢答按钮均无效，抢答指示灯无反应。

（6）在一个题目回答终了或 10 s 时间到后无人抢答时，只要主持人再次按下抢答开始/复位按钮，所有分台抢答指示灯和撤销抢答信号指示灯熄灭，同时抢答器恢复原始状态，为第二轮抢答做准备。

通过对上述控制要求进行分析可知，只有当主持人合上总电源开关时，抢答器才能工作；当抢答开始后，若 10 s 内某组率先按下抢答按钮，则该组抢答指示灯亮，表示获得抢答权，其他组再按抢答按钮无效；回答完毕后，主持人再次按下复位按钮后，抢答指示灯熄灭，进行下轮抢答。

上述控制要求可用 PLC 的定时器、通电延时控制电路以及 PLC 基本指令中的微分指令和主控触点指令来实现。

理论知识平台

一、定时器的工作特点及应用

1．定时器的使用

PLC 的定时器可在程序中作延时控制用。定时器编程的梯形图如图 4-2 所示。在梯形图中，K100 是定时器 T1 的常数设定值，定时器 T1 的延时时间为：

$$t = 100 \times 0.1 \text{ s} = 10 \text{ s}$$

其中，0.1 s 是定时器 T1 的时钟脉冲周期（$T = 100 \text{ ms} = 0.1 \text{ s}$）。

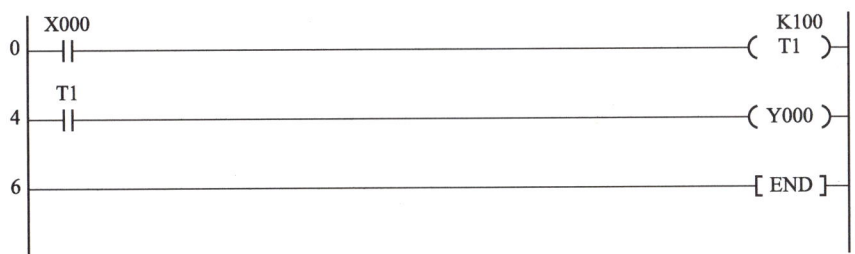

图 4-2　定时器编程的梯形图

当 X0 的常开触点闭合时，定时器 T1 的线圈得电，定时器开始延时，10 s 时间一到，定时器 T1 的常开触点闭合，常闭触点断开；当 X0 的常开触点断开时，定时器 T1 的线圈失电，定时器 T1 的常开触点瞬间恢复断开，常闭触点瞬间恢复闭合。

定时器工作时，除了有和自己编号对应的存储器外，还有一个常数设定值寄存器和一个当前值寄存器一起工作。常数设定值寄存器存储的数据是程序赋予的计时时间，如图 4-2 中的 K100；当前值寄存器存储的数据是定时器计时的当前值。这些寄存器为 16 位二进制存储器。当定时器满足计时条件开始计时时，当前值寄存器开始计数，当当前值寄存器的数据与常数设定值寄存器的数据相等时，定时器动作，其常开触点闭合，常闭触点断开，并通过程序作用于控制对象，达到延时控制的目的。

积算定时器在计时条件失去或 PLC 失电时，其当前值寄存器的数据及触点状态均可保持，可"累积"计时时间，所以称为"积算"。这主要是由于积算定时器的当前值寄存器及触点都有记忆功能，其复位时必须在程序中加入专门的复位指令。例如，在图 4-3（b）中，X1 即为复位条件，当 X1 常开触点接通时，执行"RST T63"指令，T63 的当前值寄存器清零，同时触点复位。

非积算定时器和积算定时器的应用如图 4-3 所示。图 4-3（a）是非积算定时器，当 X0 闭合时，定时器 T1 的线圈得电，T1 当前值寄存器开始计数，当 T1 当前值寄存器的数据没有达到 T1 常数设定值寄存器数据时（即延时时间没到），如果 X0 断开或 PLC 电源关闭，T1 当前值寄存器会自动清零；当 X0 再次闭合时，T1 当前值寄存器重新开始计数。

图 4-3（b）是积算定时器。当 X0 闭合时，定时器 T63 的线圈得电，T63 当前值寄存器开始计数，T63 当前值寄存器的数据没有达到 T63 常数设定值寄存器的数据时（即延时时间没到），如果 X0 断开或 PLC 电源关闭，T63 当前值寄存器会将此时的数据记忆下来；当 X0 再次闭合时，T63 当前值寄存器继续计数，直到 T63 当前值寄存器的数据等于 T63 常数设定值寄存器的数据时，T63 线圈得电，触点动作。只有当复位条件 X1 的常开触点闭合，执行"RST T63"指令时，T63 线圈才会失电，T63 当前值寄存器清零，同时触点复位。

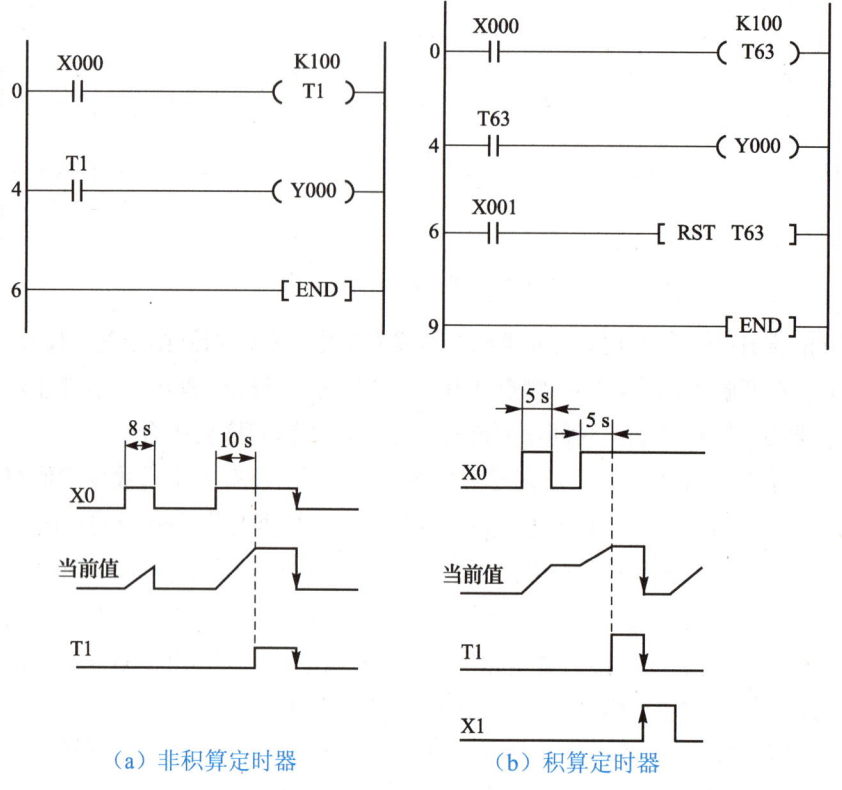

（a）非积算定时器　　　　　　（b）积算定时器

图 4-3　非积算定时器和积算定时器的应用

2. 时序图

时序图是编写和分析控制程序的基本方法之一，它是在某一个时间应该进行某一个控制动作的图形。图 4-4（a）中的梯形图对应的时序图如图 4-4（b）所示。

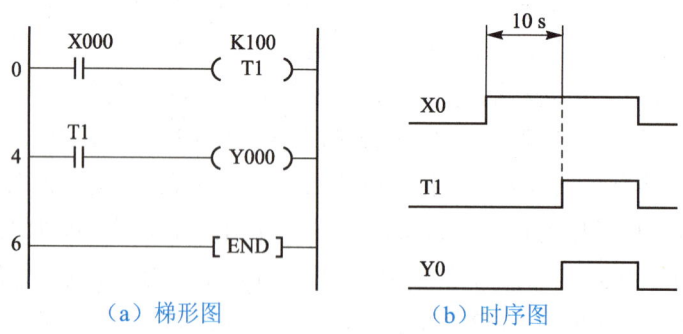

（a）梯形图　　　　　　　（b）时序图

图 4-4　梯形图与时序图的对应

下面根据图 4-5 所示梯形图和 X10 的时序图画出 M20、M21 和 Y10 的时序图，并分析所给梯形图的作用。

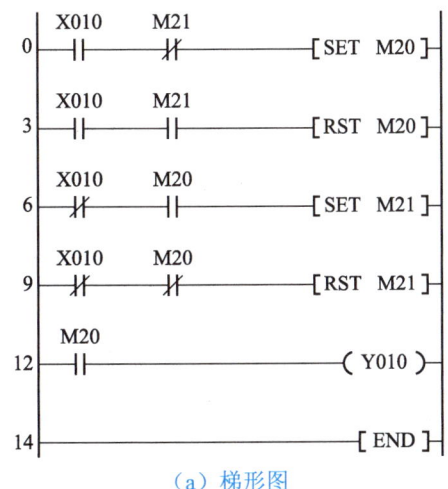

（a）梯形图

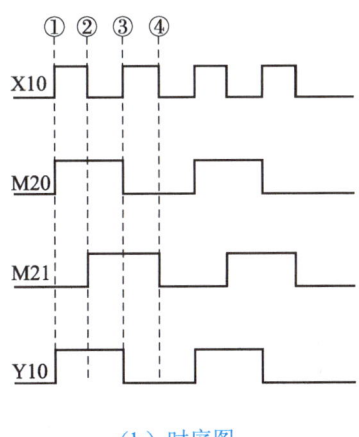

（b）时序图

图 4-5　给定梯形图的时序图

为了了解图 4-5（a）所示程序的作用，需要将 M20、M21 和 Y10 的时序图画出，才能分析它们的动作情况，得到结论。在画时序图时，我们一般规定只画各元件的常开触点的状态。如果常开触点是闭合状态，用"1"表示（即高电平）；如果常开触点是断开状态，用"0"表示（即低电平）。也就是说，假如梯形图中只有某元件的线圈和常闭触点，在时序图中仍然只画常开触点的状态。因为同一个元件的线圈和触点的状态是互相关联的。例如，当某元件的线圈得电时，该元件的常开触点是闭合的，常闭触点是断开的。

根据图 4-5 所示梯形图，当 X10 常开触点由断开变为闭合时，只有第一个逻辑行中的两个触点（X10 常开触点和 M21 常闭触点）都闭合，"SET M20"这一条指令才会被执行，时 M20 线圈被驱动，M20 常开触点闭合，从而使 Y10 线圈也接通，Y10 常开触点闭合。所以，此时 M20、M21 和 Y10 在图 4-5 所示时序图中虚线①的位置，即 M20 由"0"变为"1"，Y10 也由"0"变为"1"。

当 X10 常开触点由闭合变为断开时，X10 常闭触点就由断开恢复闭合，此时梯形图中第三个逻辑行的两个触点都是闭合状态，"SET M21"这一条指令会被执行，使 M21 线圈被驱动，M21 常开触点闭合。因此，M20、M21 和 Y10 在时序图中虚线②的位置，即 M21 由"0"变为"1"。

当 X10 常开触点又由断开变为闭合时，梯形图中只有第二个逻辑行的两个触点都闭合，此时"RST M20"指令被执行，使 M20 线圈复位，M20 常开触点断开。因为 M20 常开触点的断开，Y10 线圈也复位，Y10 常开触点断开。因此，M20、M21 和 Y10 在时序图中虚线③的位置，即 M20 由"1"变为"0"，Y10 也由"1"变为"0"。

同理可以分析出时序图中虚线④位置的结果，其他状态则都是重复这几种情况。从完整的时序图可以看出，输出信号 Y10 的频率是输入信号 X10 的频率的一半，实现了二分频。如果在 PLC 的输入点 X10 接一个按钮，在 PLC 的输出点 Y10 接一个接触器线圈，

通过接触器控制电动机，那么该段程序就可以实现单按钮控制电动机启动和停止。

3. 定时器的扩展应用

FX 系列 PLC 的定时器一般为接通延时定时器，即定时器线圈通电后开始延时，到达设定时间后，定时器的常开触点闭合，常闭触点断开。当定时器线圈断电时，定时器的触点瞬间复位。利用 PLC 中的定时器可以设计出各种各样的时间控制程序，包括长延时程序、分频器、连续脉冲程序、接通延时控制程序、断开延时控制程序、接通延时和断开延时控制程序、限时控制程序等。

1）长延时程序

定时器定时时间的长短由常数设定值决定，在 FX 系列 PLC 中，编号为 T0~T31 的定时器常数设定值的取值范围为：1~32 767，即最长的定时时间为 $t = 32\ 767 \times 0.1 = 3\ 276.7\ s$，不到 1 h。如果需要设计定时时间为 1 h 或更长的定时器，则可采用定时器串级使用的方法实现长时间延时。

图 4-6 所示是定时时间为 1 h 的时间控制程序。由图 4-6（b）所示的时序图可以看到，输入触点 X14 闭合后，经过 1 h（3 600 s）的延时，输出信号 Y4 才接通，从而实现了长时间定时。为实现这种功能，采用两个定时器 T14 和 T15 串级使用。当 T14 开始定时后，经 1 800 s 延时，T14 的常开触点闭合，使 T15 开始定时；又经 1 800 s 的延时，T15 的常开触点闭合，输出继电器 Y4 线圈接通。这样，从输入触点 X14 接通到 Y4 产生输出信号，其延时时间为 1 800 + 1 800 = 3 600 s = 1 h。

定时器串级使用就是先启动一个定时器定时，定时时间到后，用第一个定时器的常开触点控制第二个定时器定时，如此下去，使用最后一个定时器的常开触点去控制所要控制的对象。

定时器串级使用时，其总的定时时间为各定时器常数设定值之和。N 个定时器串级使用，其最长定时时间为 $3\ 276.7 \times N$（s）。

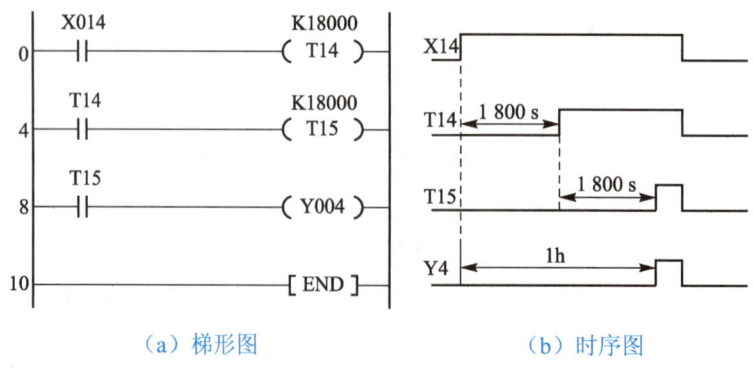

（a）梯形图   （b）时序图

图 4-6　定时时间为 1 h 的时间控制程序

2）分频器

用 PLC 可以实现对输入信号的任意分频。例如，图 4-7 所示是一个脉宽可调电路的程序，待分频的脉冲信号加在 X0 端，设 M100 和 Y0 的初始状态为"0"。

当第一个脉冲信号的上升沿到来时，M100 产生一个单脉冲，M100 的常开触点闭合一个扫描周期，Y0 被置"1"，此时图 4-7（a）中 Y0 工作条件的两个支路中第一个支路接通，第二个支路断开；当第一个脉冲信号的上升沿到来一个扫描周期后，M100 置"0"，Y0 置"1"，在这样的条件下分析 Y0 的状态可知，第二个支路使 Y0 保持置"1"。

当第二个脉冲信号的上升沿到来时，M100 又产生一个单脉冲，M100 常闭触点断开，使 Y0 由"1"变"0"；当第二个脉冲信号的上升沿到来一个扫描周期后，M100 置"0"，Y0 仍保持置"0"，直到第三个脉冲到来。

当第三个脉冲到来时，继续重复上述过程。由此可见，X0 每送两个脉冲，Y0 产生一个脉冲，完成了对输入信号的二分频。

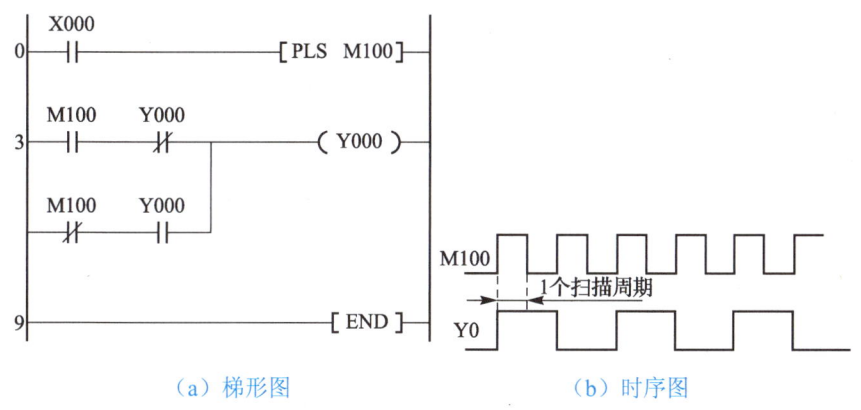

（a）梯形图　　　　　　　　（b）时序图

图 4-7　脉宽可调程序

3）连续脉冲程序

在 PLC 程序设计中，经常需要一系列连续的脉冲信号作为计数器的计数脉冲。如图 4-8 和图 4-9 所示的梯形图就是能产生连续脉冲的基本程序。

在图 4-8（a）中，利用辅助继电器 M0 可以产生一个脉宽为一个扫描周期、脉冲周期为两个扫描周期的连续脉冲。该梯形图是利用 PLC 的扫描工作方式来设计的。X0 常开触点闭合后，当第一次扫描到 M0 常闭触点时，它是闭合的，所以 M0 线圈得电；当第二次从头开始扫描，扫描到 M0 的常闭触点时，因 M0 线圈得电后其常闭触点已经断开，所以使 M0 线圈失电。这样，M0 线圈得电时间为一个扫描周期。M0 线圈不断连续地得电、失电使其常开触点也随之不断连续地闭合、断开，从而产生了脉宽为一个扫描周期的连续脉冲信号输出，如图 4-8（b）所示。脉冲宽度和脉冲周期不可调节。

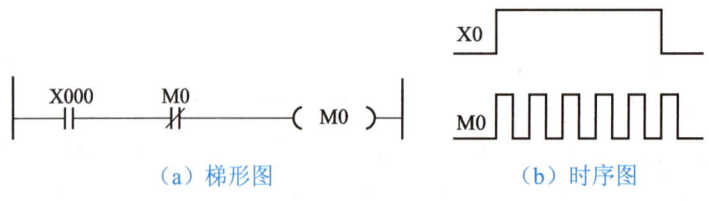

（a）梯形图　　　　　　　　　（b）时序图

图 4-8　周期不可调的连续脉冲程序

在图 4-9（a）中，利用定时器 T0 产生一个周期可调节的连续脉冲。X0 常开触点闭合后，当第一次扫描到 T0 常闭触点时，它是闭合的，所以 T0 线圈得电，经过 1 s 的延时，T0 常闭触点断开；在 T0 常闭触点断开后的下一个扫描周期中，当扫描到 T0 常闭触点时，因它已断开，使 T0 线圈失电，T0 常闭触点又随之恢复闭合。这样，在下一个扫描周期扫描到 T0 常闭触点时，又使 T0 线圈得电，重复以上动作，T0 的常开触点连续闭合、断开，就产生了脉宽为一个扫描周期、脉冲周期为 1 s 的连续脉冲，如图 4-9（b）所示。改变 T0 的常数设定值，就可以改变脉冲周期。

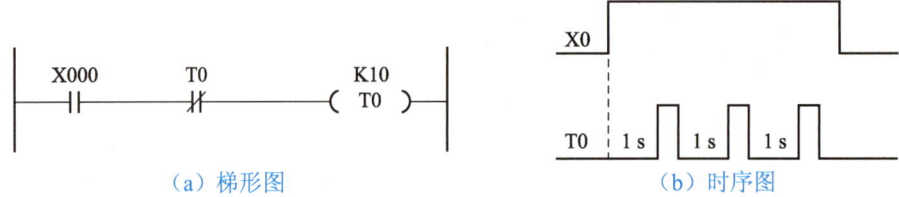

（a）梯形图　　　　　　　　　（b）时序图

图 4-9　周期可调的连续脉冲程序

4）接通延时控制程序

图 4-10 所示为接通延时控制程序，程序的运行过程是：

当定时启动信号 X10 接通时，定时器 T10 开始计时，经过 10 s 延时后，T10 的常开触点接通，使输出继电器 Y0 线圈得电，Y0 常开触点闭合；当 X10 复位时，T10 线圈断电，其常开触点断开，输出继电器 Y0 线圈也失电，Y0 常开触点断开。在该接通延时控制程序中，如果 X10 接通时间不够 10 s，则定时器 T10 和输出继电器 Y0 都不动作。由图 4-10（b）所示时序图可以看到，从输入信号 X10 接通瞬间开始经过 10 s 延时，Y0 才有信号输出，所以称为接通延时控制程序。

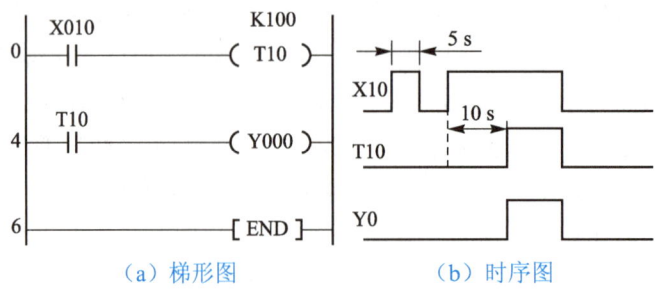

（a）梯形图　　　　　　　　　（b）时序图

图 4-10　接通延时控制程序

5）断开延时控制程序

PLC 中的定时器都是接通延时，图 4-11 所示为断开延时控制程序，该程序的运行过程是：

当定时启动信号 X13 接通时，M0 线圈接通并自锁，输出继电器 Y3 线圈接通，这时定时器 T13 因 X13 常闭触点断开而没有定时。当启动信号 X13 断开时，X13 的常闭触点恢复闭合，T13 线圈得电，开始定时。经过 10 s 延时后，T13 常闭触点断开，使 M0 复位，输出继电器 Y3 线圈失电，Y3 常开触点断开，从而实现了从输入信号 X13 断开，经 10 s（定时器常数设定值决定）延时后，输出信号 Y3 才断开的延时功能。

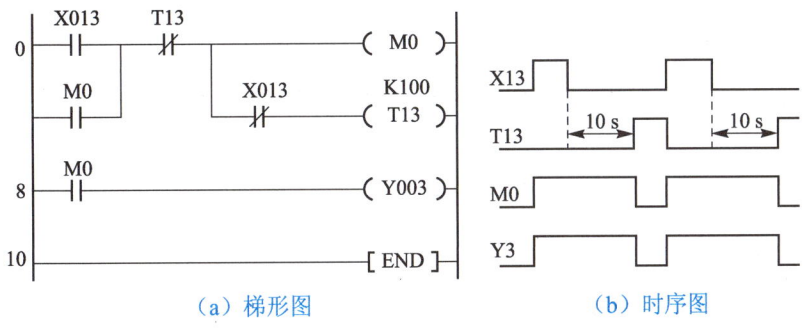

（a）梯形图　　　　　　　　　（b）时序图

图 4-11　断开延时控制程序

6）接通延时和断开延时控制程序

图 4-12 所示是接通延时和断开延时程序，该程序的运行过程是：

当启动信号 X13 接通时，M0 线圈接通并自锁，T12 线圈得电开始定时，若 X13 接通时间不到 10 s 即松开，Y3 不会工作；若 X13 接通时间超过 10 s，T12 触点闭合，Y3 工作。当启动信号 X13 断开时，X13 的常闭触点恢复闭合，T13 线圈得电开始定时，超过 10 s 后，T13 常闭触点断开，Y3 停止工作。从而实现了输入信号 X13 接通 10 s（定时器常数设定值决定）后 Y3 线圈工作，输入信号 X13 断开 10 s 后 Y3 线圈才不工作的延时功能。

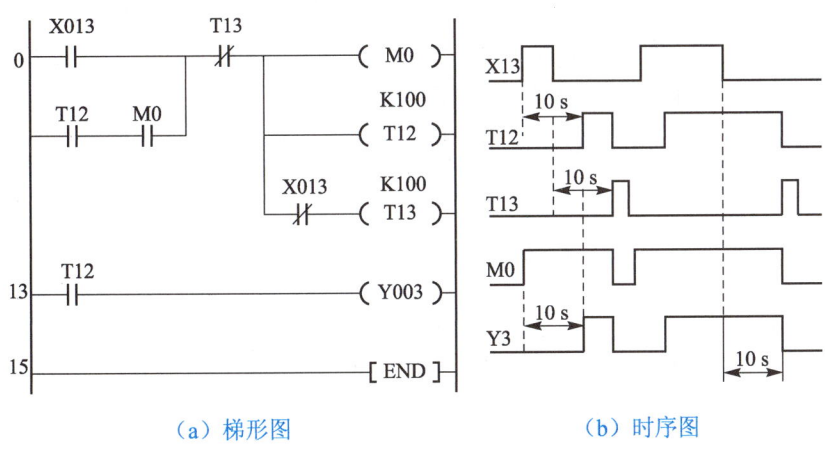

（a）梯形图　　　　　　　　　（b）时序图

图 4-12　接通延时和断开延时程序

7）限时控制程序

图 4-13 所示为限时控制程序，该程序的运行过程是：

当启动定时信号 X11 通后，定时器 T11 和输出继电器 Y1 线圈都得电，T11 定时器开始定时；经过 10 s 延时后，T11 的常闭触点断开，Y1 线圈失电，Y1 常开触点由闭合恢复为断开。

由图 4-13（b）所示的时序图可以看出，该段程序的特点是：当定时启动信号 X11 接通时间少于 10 s（T11 的常数设定值决定）时，输出继电器 Y1 的接通时间与 X11 相同；当 X11 的接通时间大于 10 s 时，Y1 接通时间为 10 s，即 Y1 最长接通时间为 10 s。该段程序属于限时控制程序，可将负载的工作时间限制在规定的时间内。

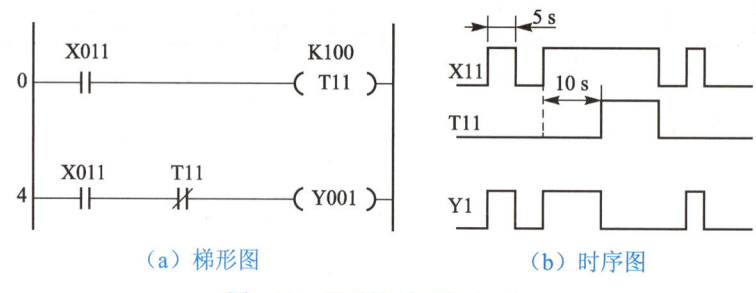

（a）梯形图　　　　　　　　　　　　　　（b）时序图

图 4-13　限时控制程序（一）

图 4-14 是另一种限时控制程序，该程序的运行过程是：

当定时启动信号 X12 接通并且接通时间大于 10 s 时，定时器 T12 和输出继电器 Y2 线圈都得电，Y2 常开触点闭合自锁，T12 开始定时；经过 10 s 延时后，T12 常闭触点断开，使 Y2 常开触点失去自锁作用；这样当 X12 常开触点断开后，T12 和 Y2 线圈随之失电，T12 和 Y2 的触点都复位。当 X12 接通时间小于 10 s 时，因 Y2 常开触点闭合自锁，使 T12 和 Y2 线圈在 X12 常开触点断开后能继续得电，经过 10 s 延时后，T12 常闭触点才断开，T12 和 Y2 线圈随之失电，T12 和 Y2 触点复位。

由图 4-14（b）所示的时序图可以看出这种限时控制程序的特点是：当定时启动信号 X12 接通时间少于 10 s 时，输出信号 Y2 接通时间保持 10 s；当 X12 接通时间大于 10 s 时，Y2 接通时间与 X12 接通时间相同，即输出信号 Y2 最少接通时间为 10 s。在工程上采用这种程序，可控制负载的最短工作时间。

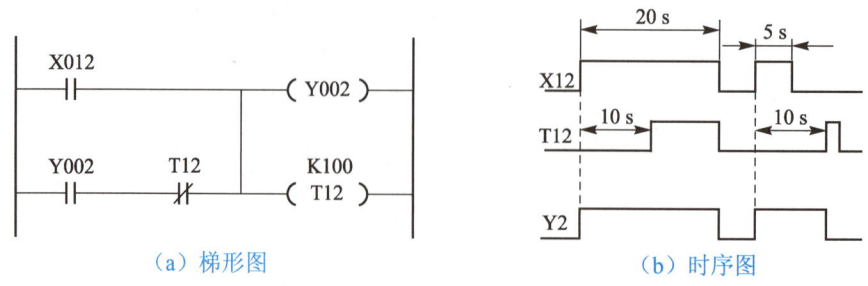

（a）梯形图　　　　　　　　　　　　　　（b）时序图

图 4-14　限时控制程序（二）

二、计数器指令的应用

1. 1 h 定时程序

（1）用计数器实现 1 h 定时程序的梯形图如图 4-15 所示，图中 X1 为启动按钮，X3 为停止按钮。

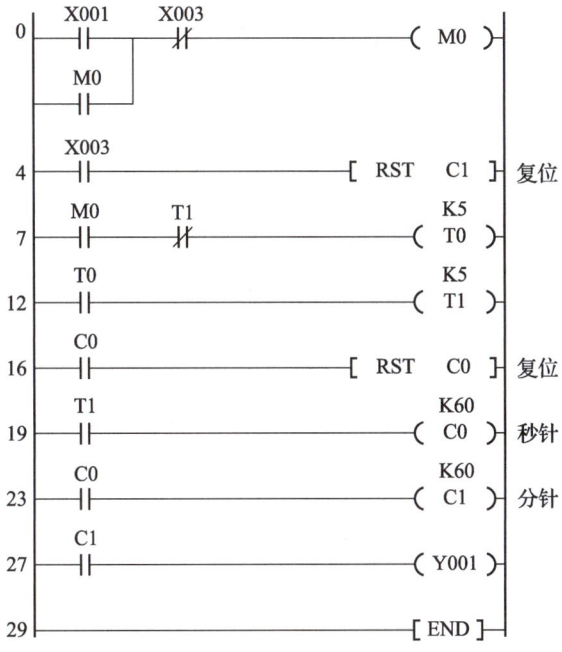

图 4-15　用计数器实现 1 h 定时程序梯形图

（2）用 M8014 和计数器配合实现 1 h 定时程序的梯形图如图 4-16 所示，图中以 M8014 作为分时钟脉冲。

图 4-16　用 M8014 和计数器配合实现的 1 h 定时程序梯形图

2. 24 h 时钟程序

24 h 时钟程序如图 4-17 所示。其中图 4-17（a）为错误程序，C1、C2 不计数，正确写法应该是将计数器的复位程序放在计数程序的上面，如图 4-17（b）所示。

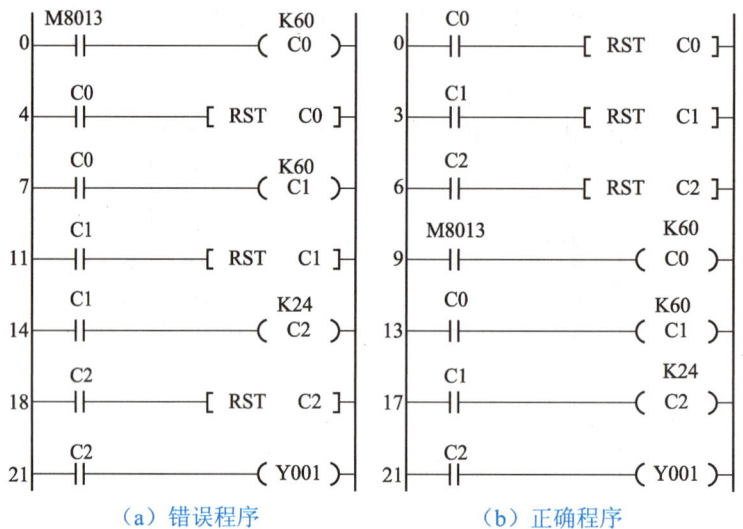

（a）错误程序　　　　　　　　（b）正确程序

图 4-17　24 h 时钟程序

3. 自动控制程序

早 8:00 启动和晚 11:00 停止的自动控制程序如下：

（1）用计数器实现自动控制程序，如图 4-18 所示。

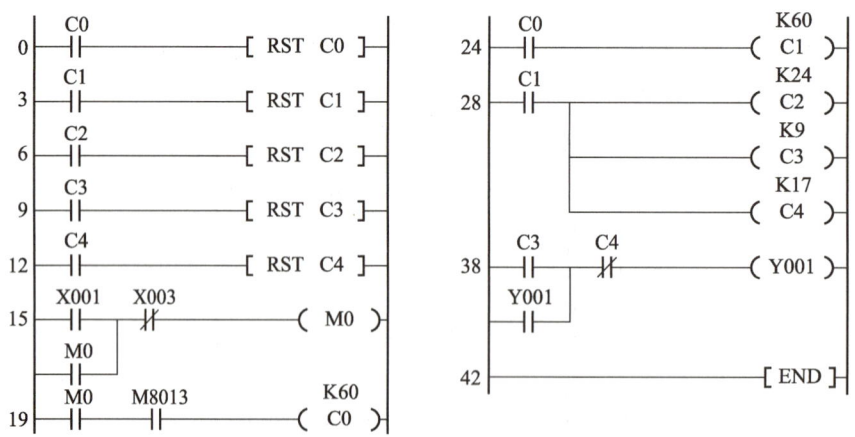

图 4-18　用计数器实现自动控制程序

（2）用比较指令实现自动控制程序，如图 4-19 所示。

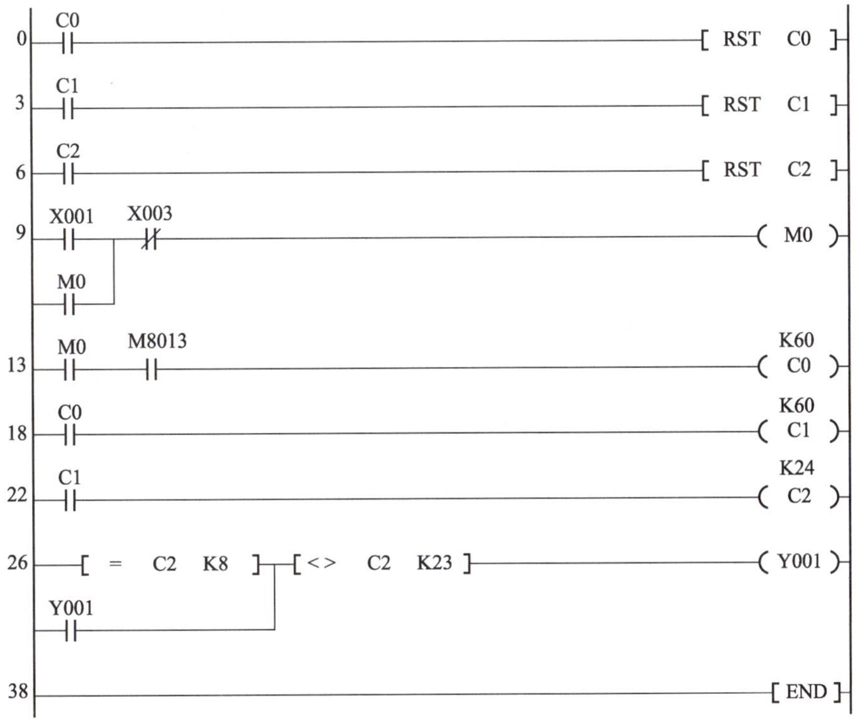

```
 0   ├C0├─────────────────────────────────[ RST   C0 ]
     │ │

 3   ├C1├─────────────────────────────────[ RST   C1 ]
     │ │

 6   ├C2├─────────────────────────────────[ RST   C2 ]
     │ │

 9   ├X001├─┬X003├────────────────────────────────( M0 )
     │ │   │ │/│
     ├─M0─┤
     │ │

13   ├M0├──┤M8013├──────────────────────────────K60
     │ │   │  │                                 ( C0 )

18   ├C0├──────────────────────────────────────K60
     │ │                                        ( C1 )

22   ├C1├──────────────────────────────────────K24
     │ │                                        ( C2 )

26   ─[ =  C2  K8 ]─┬─[ <>  C2  K23 ]───────────( Y001 )
     ├─Y001─┤       │
     │ │

38   ──────────────────────────────────────────[ END ]
```

图 4-19 用比较指令实现自动控制程序

项目实施

一、程序设计与仿真

1. 分析控制要求，分配输入点和输出点，写出 I/O 通道地址分配表

根据抢答器系统的控制要求，可确定 PLC 需要 5 个输入点，5 个输出点，其 I/O 通道分配表见表 4-1。

表 4-1 I/O 通道地址分配表

输　入			输　出		
元件代号	作用	输入继电器	元件代号	作用	输出继电器
SA	总电源开关	X0	HL4	电源指示灯	Y0
SB1	第 1 分台抢答按钮	X1	HL1	第 1 分台指示灯	Y1
SB2	第 2 分台抢答按钮	X2	HL2	第 2 分台指示灯	Y2
SB3	第 3 分台抢答按钮	X3	HL3	第 3 分台指示灯	Y3
SB4	抢答开始/复位按钮	X4	HL5	撤销抢答指示灯	Y4

2. 画出 PLC 接线图（I/O 接线图）

PLC 接线图如图 4-20 所示。

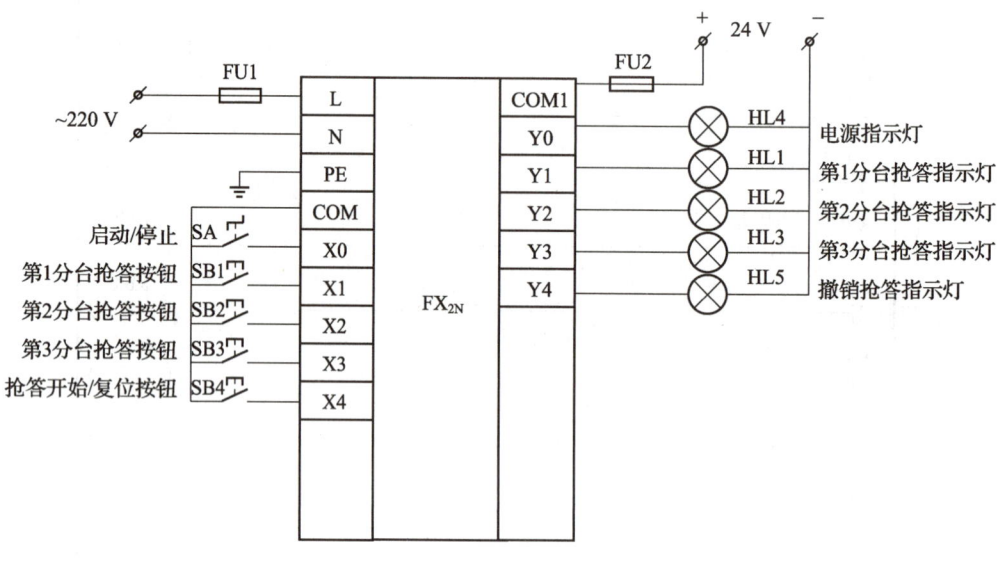

图 4-20　三路抢答器 I/O 接线图

3. 程序设计

1）本项目的编程思路

（1）先设计"抢答开始／复位"支路的梯形图

在设计抢答器"抢答开始／复位"支路的梯形图时，可以用微分指令中的 PLS 指令（上升沿脉冲微分输出指令）和复位／置位指令进行编程，如图 4-21 所示。

从图 4-21 中可以看出，当首次按下抢答器"抢答开始／复位"按钮 SB4 时，即上升沿脉冲微分输出指令 X4 接通（由 OFF→ON）时，M1 接通（ON）一个扫描周期；当松开 SB4 时，即 X4 断开（由 ON→OFF）时，通过置位指令 SET 使得辅助继电器线圈 M1 保持接通（ON），M1 的常开触点闭合；当再次按下按钮 SB4 时，X4 接通（由 OFF→ON），M2 接通（ON）一个扫描周期，辅助继电器 M2 线圈接通，其常闭触点断开，切断 M1 的置位支路，同时通过复位指令 RST 使 M1 复位；当松开 SB4 时，即 X4 断开（由 ON→OFF）时，M1 通过复位指令 RST 使得辅助继电器线圈 M1 保持断开状态，M1 的常开触点断开，为下一次抢答开始再次按下 SB4 做准备。

（2）设计各分台指示灯控制梯形图

图 4-22 所示为各分台指示灯控制梯形图。

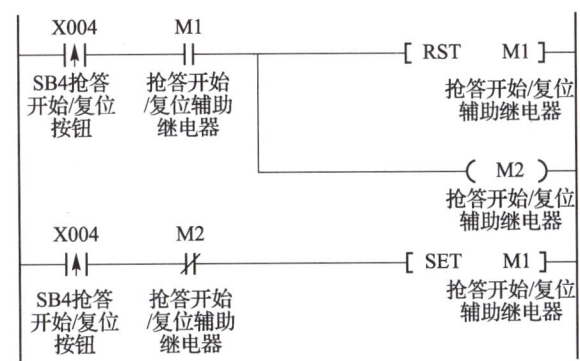

图 4-21 抢答器"抢答开始／复位"支路的梯形图

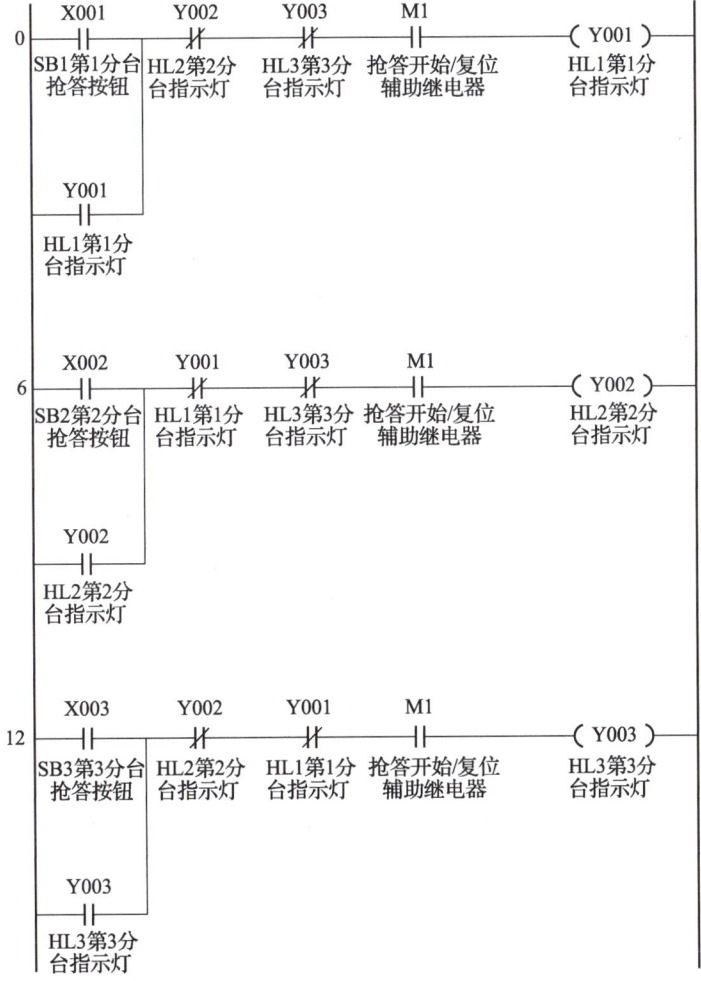

图 4-22 各分台指示灯控制梯形图

图中在各分台指示灯启动条件中串入 M1 的常开触点，体现了抢答器的一个基本原则：只有在主持人按下"抢答开始／复位"按钮并宣布开始时，各分台的抢答按钮才开始

有效。另外，在各分台指示灯支路中串入相邻分台指示灯输出继电器的常闭触点，起到抢答时封锁的作用，即在已有人抢答之后其他人再按抢答按钮无效。

（3）设计抢答时限控制和撤销抢答指示灯控制梯形图

如图 4-23 所示为抢答时限控制和撤销抢答指示灯控制梯形图。

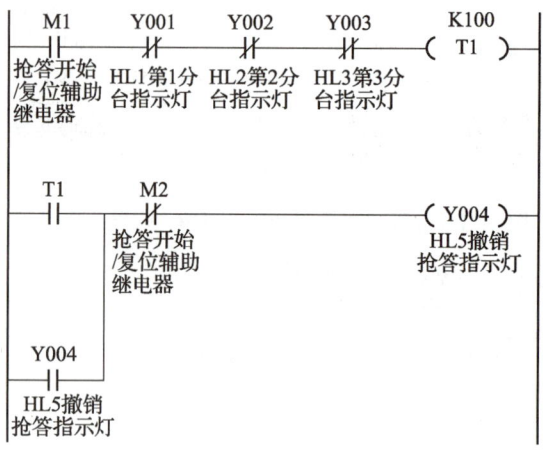

图 4-23　抢答时限控制和撤销抢答指示灯控制梯形图

图中通过定时器 T1 实现抢答器的抢答时限控制。当主持人按下抢答开始按钮后，辅助继电器 M1 得电，M1 常开触点闭合。在无人抢答的情况下，定时器 T1 线圈得电，延时 10 s 后，T1 常开触点闭合，接通撤销抢答指示灯输出继电器 Y4，撤销抢答指示灯亮；当按下复位按钮时，M2 接通一个扫描周期，M2 常闭触点断开，输出继电器 Y4 线圈断电，撤销抢答指示灯熄灭。若在抢答时限内有人抢答，则与定时器 T1 线圈串联的各分台指示灯输出继电器的常闭触点 Y1、Y2 和 Y3 当中的所有触点都会断开，定时器 T1 线圈也将断开，限时自动失效。

（4）设计总电源控制和电源指示灯控制梯形图

由于抢答器的控制系统必须在主持人合上总电源开关 SA 后才能开始工作，因此可运用 MC、MCR 指令进行编程设计。图 4-24 所示为总电源控制和电源指示灯控制梯形图。

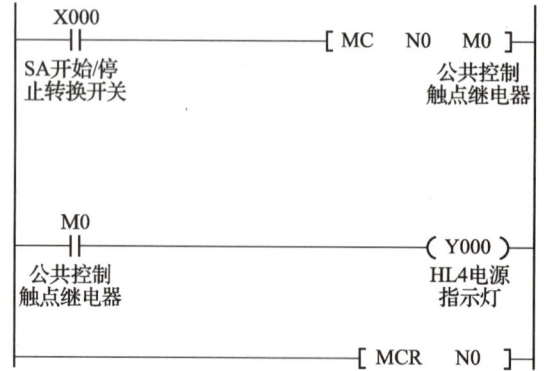

图 4-24　总电源控制和电源指示灯控制梯形图

2）本项目内容控制的完整梯形图

通过上述编程思路可设计出本项目内容控制的完整梯形图，如图 4-25 所示。

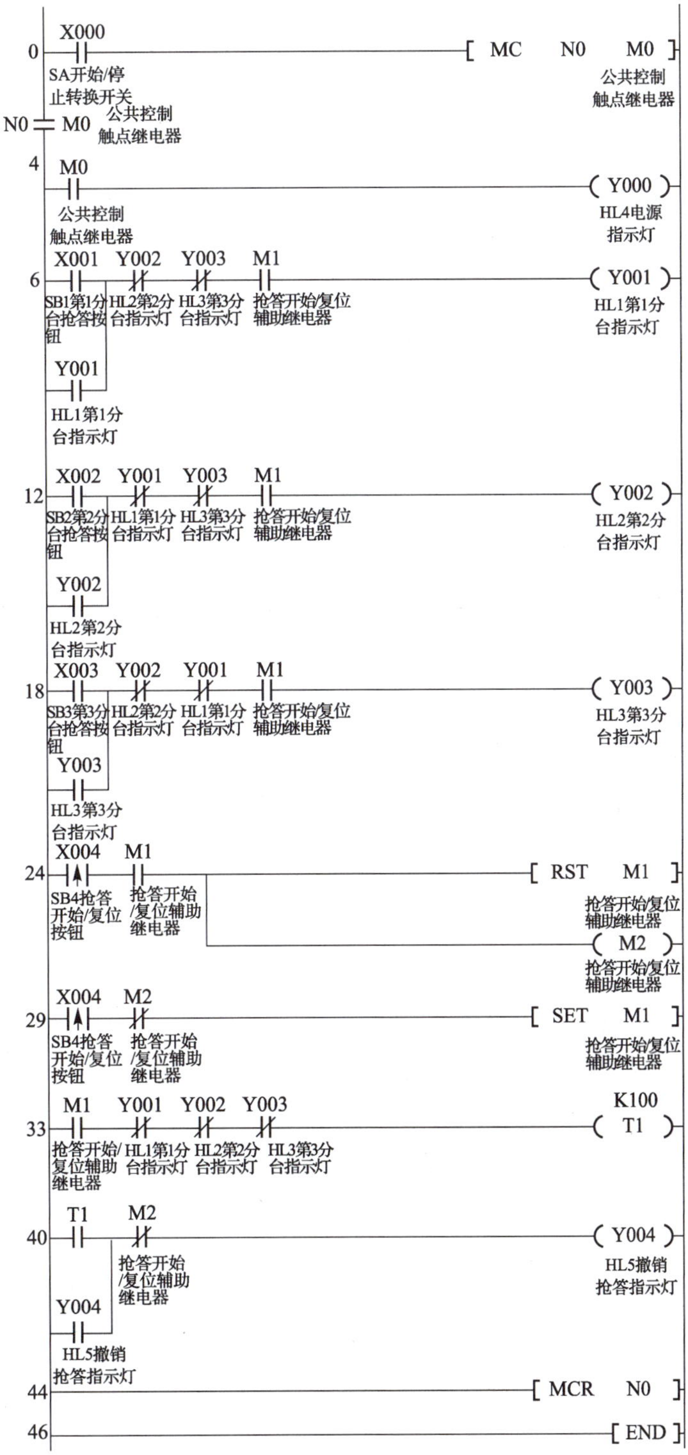

图 4-25 三路抢答器控制梯形图

3）本项目内容控制的指令表

本项目内容控制的指令表如图 4-26 所示。

0	LD	X000		23	OUT	Y003	
1	MC	N0	M0	24	LDP	X004	
4	LD	M0		26	AND	M1	
5	OUT	Y000		27	RST	M1	
6	LD	X001		28	OUT	M2	
7	OR	Y001		29	LDP	X004	
8	ANI	Y002		31	ANI	M2	
9	ANI	Y003		32	SET	M1	
10	AND	M1		33	LD	M1	
11	OUT	Y001		34	ANI	Y001	
12	LD	X002		35	ANI	Y002	
13	OR	Y002		36	ANI	Y003	
14	ANI	Y001		37	OUT	T1	K100
15	ANI	Y003		40	LD	T1	
16	AND	M1		41	OR	Y004	
17	OUT	Y002		42	ANI	M2	
18	LD	X003		43	OUT	Y004	
19	OR	Y003		44	MCR	N0	
20	ANI	Y002		46	END		
21	ANI	Y001					
22	AND	M1					

图 4-26　三路抢答器控制指令表

4.　程序输入及仿真运行

1）程序输入

（1）新工程的建立

启动系列 GX Developer 编程软件，选择 PLC 的类型为"FX2N"，程序类型选择"梯形图"，并将工程命名为"三路抢答器控制"，进入编程界面。

（2）梯形图的输入

利用前面项目所学的输入方法，将图 4-25 所示梯形图在编程界面中逐行输入。主控指令的输入如图 4-27 所示（左母线上的触点可选择"编辑"＞"读出模式"查看，无需输入），定时器的输入如图 4-28 所示。

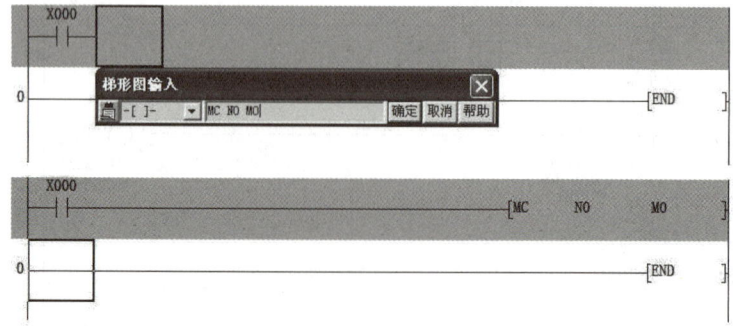

图 4-27　主控指令的输入

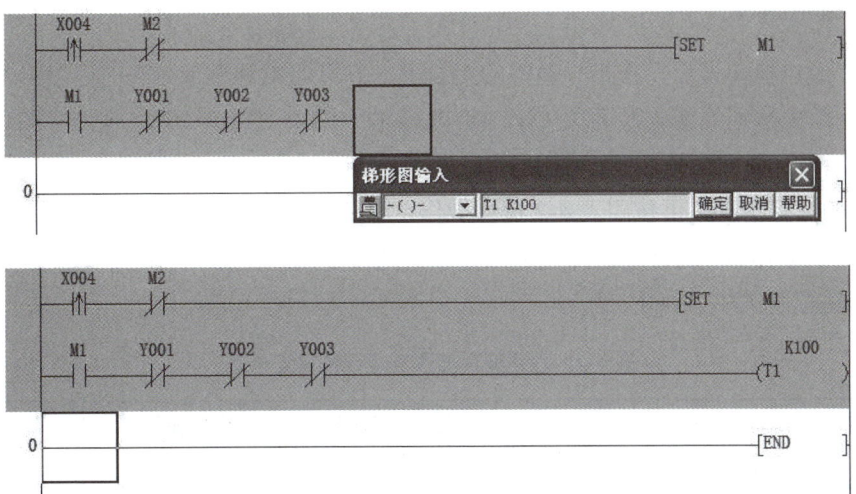

图 4-28　定时器的输入

2）仿真运行

参照前面项目介绍的仿真方法进行上机模拟仿真。

二、线路安装与调试

1. 识读接线图

根据 I/O 接线图，在模拟实物控制配线板上进行元件及线路安装。

2. 安装电路

（1）检查元器件

根据表 4-1 配齐元器件，检查元器件的规格是否符合要求，并用万用表检测元器件是否完好。

（2）固定元器件

固定好本项目所需元器件。

（3）配线安装

根据配线原则和工艺要求，进行配线安装。

（4）自检

对照接线图检查接线是否无误，再使用万用表检测电路的阻值是否与设计相符。

3. 程序下载

当安装完线路后，将仿真成功后的程序下载到 PLC 中。

4. 通电调试

（1）经自检无误后，在指导教师的指导下，方可通电调试。

（2）首先接通系统电源开关 QS，将 PLC 的"RUN/STOP"开关拨到"RUN"的位置，然后通过计算机上 GX Developer 软件中"在线"菜单下的"监视" > "监视模式"来监视程序的运行情况，再按照表 4-2 进行操作，观察系统运行情况并做好记录。若出现故障，应立即切断电源，检查电路或梯形图并分析故障原因，排除故障后方可重新进行调试，直到系统功能调试成功为止。

表 4-2　程序调试步骤及运行情况记录表

操作步骤	操作内容	观察内容	观察结果	思考内容
第一步	将 PLC 仿真成功的程序下载到 PLC 后，合上断路器 QS	"POWER"灯		
		所有"IN"灯		
第二步	将"RUN/STOP"开关拨到"RUN"的位置	"RUN"灯		
第三步	将"RUN/STOP"开关拨到"STOP"的位置	"RUN"灯		
第四步	将 SA 拨到开始位置			理解 PLC 的工作过程
第五步	按下 SB4			
第六步	按下 SB1			
第七步	按下 SB2	指示灯 HL1、HL2、HL3、HL4 和 HL5		
第八步	按下 SB3			
第九步	再次按下 SB4			
第十步	第三次按下 SB4			
第十一步	5 s 后再按下 SB4			

总结与练习

1. 总结

通过对工作任务的实施和观察，请总结出本项目与电动机正反转控制系统的区别。

2. 作业

（1）有一个指示灯，其控制要求为：按下启动按钮后，亮 5 s，熄灭 5 s，重复 5 次后停止工作，试设计梯形图并写出指令语句表。

（2）设计一个延时接通和延时断开电路，其时序图如图 4-29 所示，试设计梯形图。

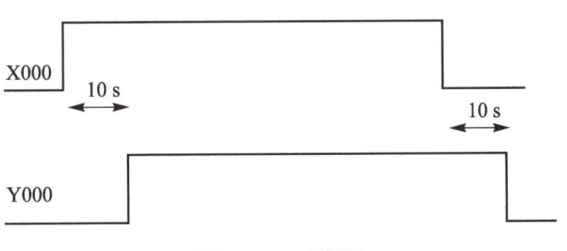

图 4-29 时序图

3. 技能拓展

用 PLC 来实现三台电动机的循环启停运转控制。其控制要求如下：三台电动机接于 Y1、Y2、Y3，要求它们相隔 5 s 启动，各运行 10 s 停止。试上机编程并调试。

项目拓展

可编程控制器的常用编程方法

PLC 编程是指以 PLC 指令为基础，结合被控对象工艺流程的控制要求和来自现场的控制信号，使用 PLC 软元件画出控制梯形图、步进顺序控制图或写出指令表的程序设计过程。可编程控制器的控制功能是通过控制程序来实现的，因此 PLC 编程极其重要。

PLC 编程可以分为直接设计法、逻辑设计法、状态表设计法、步进顺序功能图（流程图）设计法等。本课题重点介绍直接设计法、逻辑设计法和状态表设计法，关于步进顺序功能图设计法将在后面讲述。

1. 直接设计法

根据控制要求，利用各种继电接触器控制的典型控制环节和基本控制电路，或依靠经验设计满足电气控制要求的 PLC 控制程序，称为直接设计法（或经验设计法）。

1）根据电气控制线路设计控制程序

（1）根据电气控制线路设计控制程序的步骤

① 了解和熟悉被控设备的工艺过程和机械的动作状况，根据电气控制线路图分析和掌握控制系统的工作原理。

② 根据电气控制线路，定义 PLC 的输入和输出点（I/O 点分配），画出 PLC 外部接线图。

③ 定义与电气控制线路图的定时器、计数器、中间继电器等对应的 PLC 的定时器、计数器、辅助继电器等软元件。

④ 将电气控制线路转译为梯形图草图。

⑤ 根据梯形图编程原则修改草图：输出线圈右边的触点左移；垂直母线的触点移入

其下各分支或使用主控指令；与线圈并联的触点变换、转移到线圈前。

⑥ 完善梯形图，包括：使用现场信号的逻辑组合；使用辅助继电器；使用定时器、计数器；应用互锁条件；应用功能指令；应用保护条件。

（2）设计注意事项

① 根据电气控制线路设计控制程序时应注意梯形图的编程原则

在电气控制线路中，触点可以在线圈的左边、右边，与线圈并列，垂直母线上的任意位置等，但在梯形图中，所有触点只能放在线圈的左边。

② 尽量减少 PLC 的输入和输出信号

（a）减少输入和输出信号，可以减少 PLC 的 I/O 点，提高控制系统的性价比。

（b）采用分组输入、组合输入、矩阵输入等方法可以减少输入信号的数量。

（c）采用译码输出、矩阵扫描输出等方法可以减少输出信号的数量。

③ 在电气控制线路中设置辅助继电器

若多个线圈受同一组触点串并联的控制，在梯形图中可以设置该电路控制的辅助继电器来简化电路，该辅助继电器类似于电气控制线路中的中间继电器。例如，在电梯开门控制中，有本层按钮开门、轿厢内按钮开门、门区感应提前开门、碰触安全触板开门等，分别设置辅助继电器 M100、M101、M102、M103 代表本层按钮开门、轿厢内按钮开门等信号，再将 M100、M101、M102、M103 并联，可以合成电梯总的开门信号。

④ 在电气控制线路中分离复杂的线路

为了降低硬件成本，一般会尽量减少电器元件和常开、常闭触点的使用数量，并将多个线圈的控制电路互相关联、交结在一起。而在 PLC 控制梯形图中，元件的常开、常闭触点的使用次数不受限制，因此可以将各线圈的控制电路分离开，分别考虑每个线圈受到哪些触点和电路的控制，然后统一编程，还可以增加一些触点和指令以便于程序的编制。

⑤ 在电气控制线路中时间继电器瞬时动作触点的处理

时间继电器除了有延时动作的触点外，还有在线圈通电和断电时瞬时动作的触点。对于有瞬时动作触点的时间继电器，可以在梯形图中对应定时器线圈的两端并联辅助继电器，用辅助继电器的触点取代时间继电器的瞬时动作触点。

⑥ 在电气控制线路中常闭触点提供的输入信号的处理

有的输入电路必须采用常闭触点接入。例如电梯安全控制回路，多个安全条件常闭触点串联后控制安全运行继电器。而直接将电气控制线路转化为梯形图时，梯形图控制逻辑对应于所有常开输入的触点是正确的。

要注意，如果某个输入触点采用常闭接入，梯形图中对应的触点必须取反一次接入电路才能保证控制逻辑正确。

⑦ 梯形图的优化设计

（a）对于电气控制线路中线圈右边的触点，应将对应软元件的触点移到线圈的左边。

（b）对于电气控制线路中的垂直触点，在梯形图中应按照逻辑等效原则处理。

（c）将触点多的串联回路上移，以减少 ORB 指令的使用次数。

（d）将触点多的并联回路放在梯形图的最左边，以减少 ANB 指令的使用次数。

（e）对于可能出现双线圈输出的控制，可以将它们的控制并联后再驱动线圈。

⑧ 断电延时时间继电器的处理

断电延时时间继电器可以参考本课题中定时器的断电延时程序。

⑨ 外部联锁电路的设立需要相互禁止的联锁控制

除了梯形图软元件联锁控制外，还应在 PLC 外部接线中设置硬件联锁电路，防止由于联锁的两个接触器的同时动作而造成控制事故。

⑩ 热继电器过载信号的处理

对于手动复位型热继电器，其常闭触点接在 PLC 输出电路控制电动机的交流接触器回路中，可以实现过载保护。

对于自动复位型热继电器，其触点提供的过载信号必须通过接入 PLC 的输入端，用梯形图提供过载保护。

⑪ 外部负载的额定电压

PLC 的输出继电器、双向晶闸管输出模块一般只能驱动额定电压为 220 V 的交流负载。如果系统使用的交流接触器的额定电压为 380 V，应在 PLC 外部设置中间继电器来驱动 380 V 的交流接触器以保证负载的正常工作。

⑫ PLC 的程序运行与电气控制线路的差异

当电气控制线路中触点动作时，与其串联的输出线圈会立即响应，更新输出结果。而 PLC 的控制是顺序扫描执行程序，即成批扫描输入，顺序执行程序，成批更新输出。因此，要注意梯形图控制程序的顺序安排，注意前面控制程序的结果对后面执行程序的影响。

（3）设计实例

【例 4-1】 电动机延边三角形降压启动控制线路图如图 4-30 所示，试设计电动机延边三角形降压启动控制程序。

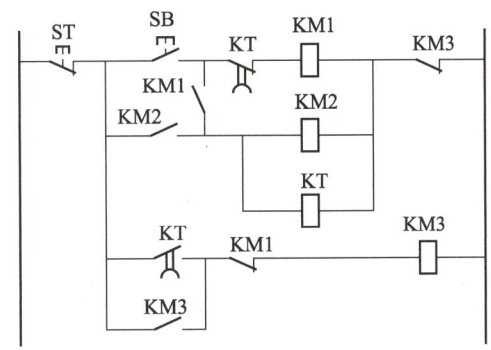

图 4-30　延边三角形降压启动控制线路图

解： 输入点和输出点分配见表 4-3

表 4-3　输入点和输出点分配

输　　入		输　　出	
启动	X1	KM1	Y1
停止	X3	KM2	Y2
		KM3	Y3

直接将电气控制线路转译为梯形图的草图如图 4-31（a）所示，根据梯形图编程原则修改完善的梯形图如图 4-31（b）所示。

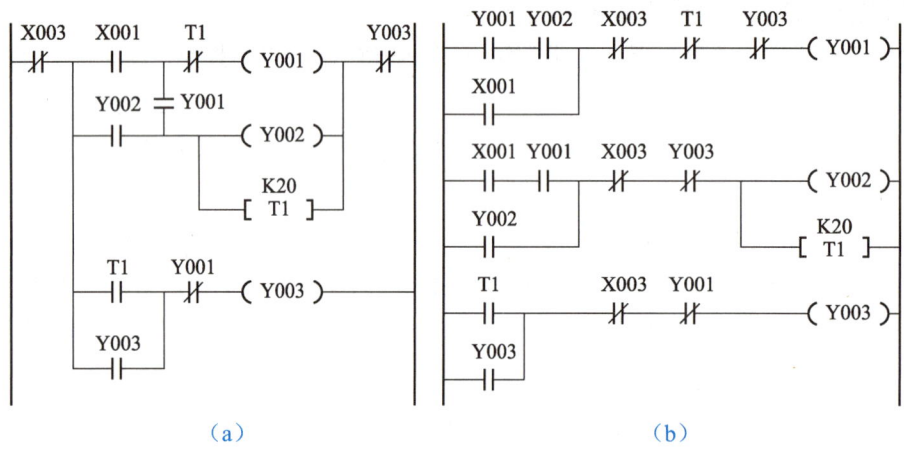

（a）　　　　　　　　　　　　　（b）

图 4-31　延边三角形降压启动控制线路图

2）根据控制要求直接设计控制程序

根据控制要求直接设计 PLC 控制程序的步骤如下：

（1）按控制要求，将生产机械的运动分解成各自独立的简单运动。

（2）根据运动状态选择控制原则，设计主令元件、检测元件、继电器等，确定输入、输出信号。

（3）用典型控制线路或部分改动的典型控制线路，分别设计这些简单运动的基本控制程序。根据制约关系选择自锁、联锁触点，设计自锁、联锁程序。

（4）设置必要的保护条件，修改、完善程序。

2. 逻辑设计法

1）逻辑设计法

逻辑设计法就是应用逻辑代数对控制系统及其控制要求进行逻辑分析，写出控制函数，再根据控制函数设计梯形图或程序的方法。

逻辑设计法的理论基础是逻辑代数，而继电接触器控制的本质是逻辑线路。对于任何

一个电气控制线路，线路的接通或断开都是通过各种开关、继电器的触点来实现的，故电气控制线路的各种功能必定取决于这些触点的断开和闭合两种状态。因此，从本质上来说，电气控制线路是一种逻辑线路，它可用逻辑函数来表示。

PLC 梯形图程序的基本形式也是逻辑运算与、或、非的逻辑组合，逻辑函数表达式与梯形图有对应关系，可以相互转化。

电路中常开触点用原变量表示，常闭触点用反变量表示。触点串联用逻辑与表示，触点并联用逻辑或表示，其他更复杂的电路，可用组合逻辑表示。

对于图 4-32 所示的梯形图，可以写出对应的逻辑函数表达式 $Y1 = (X0 + Y1) \cdot \overline{X1}$。

对于逻辑函数表达式 $Y2 = (X1 \cdot M0 + X2 \cdot M1) \cdot M3 \cdot \overline{M4}$，对应的梯形图如图 4-33 所示。

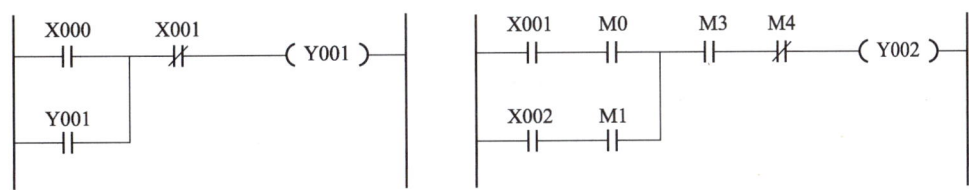

图 4-32　Y1 的梯形图　　　　　　　　图 4-33　Y2 的梯形图

2）用逻辑设计法设计 PLC 程序的步骤

（1）通过分析控制课题，明确控制任务和要求。

（2）将控制任务和控制要求转换为逻辑控制课题。

（3）分析输入、输出关系，写出控制逻辑函数。

（4）根据控制逻辑函数画出梯形图。

3）逻辑设计法应用

【例 4-2】　三层电梯控制的控制要求如下：

（1）当电梯停于一层或二层时，如果按 3AX 按钮呼叫，则电梯上升到三层，由行程开关 3LS 控制停止。

（2）当电梯停于三层或二层时，如果按 1AS 按钮呼叫，则电梯下降到一层，由行程开关 1LS 控制停止。

（3）当电梯停于一层时，如果按 2AS 按钮呼叫，则电梯上升到二层，由行程开关 2LS 控制停止。

（4）当电梯停于三层时，如果按 2AX 按钮呼叫，则电梯下降到二层，由行程开关 2LS 控制停止。

（5）当电梯停于一层时，如果按 2AS、3AX 按钮呼叫，则电梯先上升到二层，由行程开关 2LS 暂停 3 s，继续上升到三层，由 3LS 控制停止。

（6）当电梯停于三层时，如果按 2AX、1AS 按钮呼叫，则电梯先下降到二层，由行

程开关 2LS 暂停 3 s，继续下降到一层，由 ILS 控制停止。

（7）电梯上升途中，任何反方向的下降按钮呼叫无效；电梯下降途中，任何反方向的上升按钮呼叫无效。

试用逻辑设计法设计此电梯控制程序。

解： 三层电梯控制的输入和输出均为开关量，可直接逐条进行逻辑设计。

输入点和输出点分配见表 4-4。

表 4-4　输入点和输出点分配

输 入		输 出	
一层上行呼叫 1AS	X0	上行输出 KM1	Y1
二层上行呼叫 2AS	X1	下行输出 KM2	Y2
二层下行呼叫 2AX	X2		
三层下行呼叫 3AX	X3		
一层行程开关 1LS	X11		
二层行程开关 2LS	X12		
三层行程开关 3LS	X13		

（1）要求第一条中的输出为上升，其进入条件为 3AX 呼叫，且电梯停在一层或二层，用 1LS、2LS 表示停的位置，因此，进入条件可以表示为：

$$(1LS+2LS) \cdot 3AX = (X11+X12) \cdot X3$$

退出条件为 3LS 动作，因此逻辑输出方程为：

$$Y1 = [(1LS+2LS) \cdot 3AX + KM1] \cdot \overline{3LS} = [(X11+X12) \cdot X3 + Y1] \cdot \overline{X13}$$

（2）要求第二条中输出为下降，其进入条件为：

$$(2LS+3LS) \cdot 1AS = (X12+X13) \cdot X0$$

退出条件为 1LS 动作，逻辑输出方程为：

$$Y2 = [(2LS+3LS) \cdot 1AS + KM2] \cdot \overline{1LS} = [(X12+X13) \cdot X1 + Y2] \cdot \overline{X11}$$

（3）要求第三条中输出为上升，其进入条件为：

$$1LS \cdot 2AS = X11 \cdot X1$$

退出条件为 2LS 动作，逻辑输出方程为：

$$Y1 = (1LS \cdot 2AS + KM1) \cdot \overline{2LS} = (X11 \cdot X1 + Y1) \cdot \overline{X12}$$

（4）要求第四条中输出为下降，其进入条件为：

$$3LS \cdot 2AX = X13 \cdot X2$$

退出条件为 2LS 动作，逻辑输出方程为：

$$Y2 = (X13 \cdot X2 + Y2) \cdot \overline{X12}$$

（5）要求第五条中输出为上升，为了控制电梯到二层后暂停 3 s，要用定时器 T0，其进入条件为：

$$1LS \cdot 2AS \cdot 3AX + T0 = X11 \cdot X1 \cdot X3 + T0$$

退出条件为 2LS 或 3LS 动作，逻辑输出方程为：

$$Y1 = (1LS \cdot 2AS \cdot 3AX + T0 + Y1) \cdot \overline{2LS + 3LS} = (X11 \cdot X1 \cdot X3 + T0 + Y1) \cdot \overline{X12} \cdot \overline{X13}$$

为了保证电梯能在停止后重新启动，改用启动优先式，逻辑输出方程为：

$$Y1 = 1LS \cdot 2AS \cdot 3AX + T0 + Y1 \cdot \overline{2LS + 3LS} = X11 \cdot X1 \cdot X3 + T0 + Y1 \cdot \overline{X12} \cdot \overline{X13}$$

（6）要求第六条中输出为下降，为了控制电梯到二层后暂停 3 秒，要用定时器 T1，其进入条件为：

$$3LS \cdot 2AX \cdot 1AS + T1 = X13 \cdot X2 \cdot X0 + T1$$

退出条件为 2LS 或 1LS 动作，逻辑输出方程为：

为了保证电梯能在停止后重新启动，改用启动优先式，逻辑输出方程为：

$$Y2 = 3LS \cdot 2AX \cdot 1AS + T1 + Y2 \cdot \overline{2LS + 1LS} = X13 \cdot X2 \cdot X0 + T1 + Y2 \cdot \overline{X12} \cdot \overline{X11}$$

（7）要求第七条中，为了实现电梯上升途中任何反方向的下降按钮呼叫无效，只需在下降输出方程中串联 Y1 的"非"即可（即实现联锁），当 Y1 动作时，不允许 Y2 动作。

为了实现电梯下降途中任何反方向的上升按钮呼叫无效，可以通过在上升输出方程中串联 Y2 的"非"来实现。

由于 Y1、Y2 由多个逻辑表达式实现，画梯形图及编程不方便，因此使用辅助继电器 M41、M43、M45、M47 分别表示第（1）、（3）、（5）条控制要求的输出函数和 T0 的控制；使用辅助继电器 M42、M44、M46、M48 分别表示第（2）、（4）、（6）条控制要求的输出函数和 T1 的控制。

上升逻辑输出方程整理如下：

$$M41 = [(X11 + X12) \cdot X3 + M41] \cdot \overline{X13}$$

$$M43 = (X11 \cdot X1 + M43) \cdot \overline{X12}$$

$$M45 = X11 \cdot X1 \cdot X3 + T0 + M45 \cdot \overline{X12} \cdot \overline{X13}$$

$$M47 = (X12 \cdot M45 + M47) \cdot \overline{T0}$$

$$T0 = M47$$

$$Y1 = (M41 + M43 + M45) \cdot \overline{Y2}$$

下降逻辑输出方程整理如下：

$$M42 = [(X12 + X13) \cdot X0 + M42] \cdot \overline{X11}$$

$$M44 = (X13 \cdot X2 + M44) \cdot \overline{X12}$$

$$M46 = X13 \cdot X2 \cdot X0 + T1 + M46 \cdot \overline{X12} \cdot \overline{X11}$$

$$M48 = (X12 \cdot M46 + M48) \cdot \overline{T1}$$

$$T1 = M48$$

$$Y2 = (M42 + M44 + M46) \cdot \overline{Y1}$$

根据逻辑输出方程可画出三层电梯控制梯形图，如图 4-34 所示。

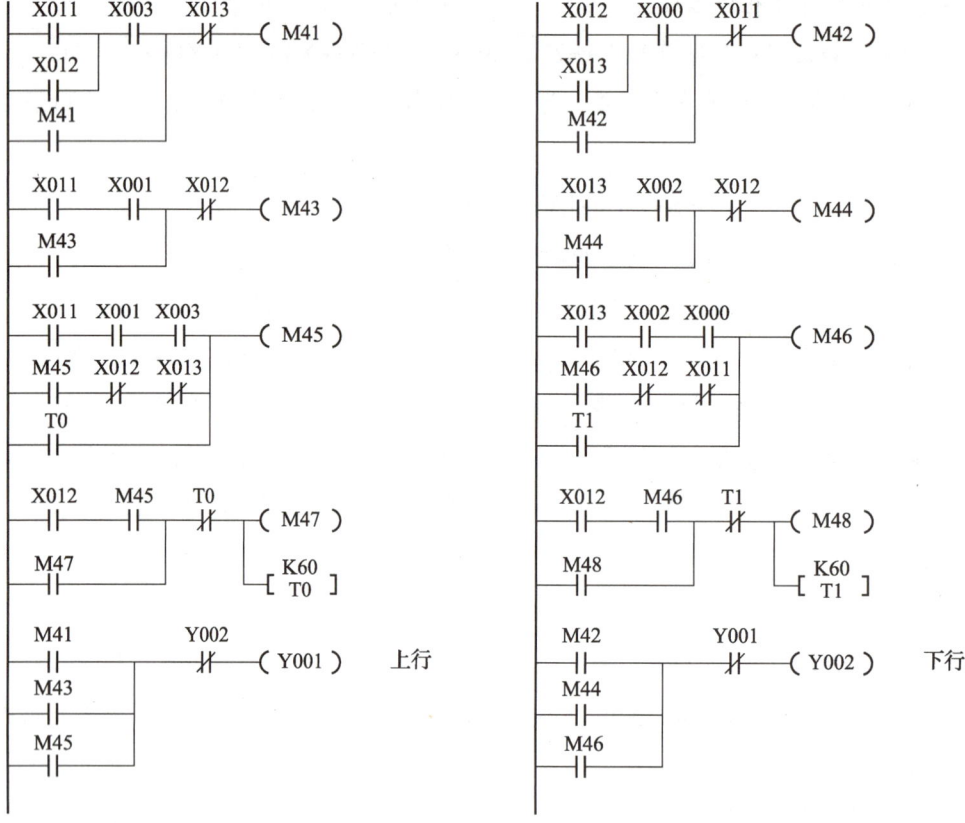

图 4-34　三层电梯控制梯形图

3.　状态表设计法

1）状态表

可编程控制器所控制的过程是由若干个稳定的状态组成的，每个状态的建立都是由于受到了某个主令信号的作用。该主令信号是由现场输入元件提供的，每个过程至少有一个主令信号，主令信号最多与状态数相同。

状态表是表示被控对象工作过程的一种矩形表格，表格由状态序号、主令信号、机械

动作、输出元件、输入元件、辅助继电器、约束等栏组成。

序号栏依序填入状态序号；主令信号栏填入该状态的切换用主令信号；机械动作栏填入状态对应的动作名称；输出元件栏填入对应该状态的各输出执行元件的状态（1或0）；输入元件栏填入各个现场输入元件的常开触点的状态（1或0）；辅助继电器栏填入将要设计的辅助继电器的状态，如何设计辅助继电器是控制程序设计的核心，设计完辅助继电器，就可以依序写出辅助继电器逻辑函数和执行元件逻辑函数，然后根据逻辑函数可以画出控制梯形图或直接写出助记符指令表程序；约束栏对主令信号进行约束，以确保状态按所需的顺序进行。

例如，某一冷加工自动线有一钻孔动力头，加工控制过程如下：

（1）动力头在原位，按下启动按钮，接通电磁阀Y1，主轴电动机启动，动力头快进。

（2）动力头快进，碰到限位开关SQ1后，接通电磁阀Y1和Y2，动力头由快进转为工进。

（3）动力头碰到限位开关SQ2后，Y1和Y2断开，并开始延时10 s。

（4）延时时间到后，接通电磁阀Y3，动力头快退。

（5）动力头退回原位，SQ0动作，主轴电机停止，动力头停止，完成一次循环。

根据上述控制要求可以画出该过程的状态表（见表4-5）。

表4-5　动力头控制状态表

状态序号	主令信号	机械动作	输出元件				输入元件				辅助元件			约束
			Y0	Y1	Y2	Y3	SQ0	SQ1	SQ2	SB	M2	M1	M0	
1	SB	快进	1	1						1 0				
2	SQ1	工进	1	1	1			1 0						
3	SQ2	延时	1						1 0					
4	T0	快退	1			1								
5	SQ0	停止					1 0				1 0			

通过上表可以清晰地看到整个过程的所有状态：第一栏中，共有5个状态，第二栏中有5个状态转换主令信号；第三栏为每个状态的动作名称；第四栏根据控制工艺要求，给出了输出执行元件的状态；第五栏是输入元件的状态变化情况，其中部分单元格中既有"1"又有"0"表示该输入元件的状态有一段时间为"1"，有一段时间为"0"，长短不定。例如按钮，按下时导通为"1"，松开时断开为"0"。第六栏为辅助继电器栏，根据设计需要来确定它们的数量和状态；第七栏为约束栏，提供整个过程顺序执行的约束条件。

状态表的含义：

（1）概述了自动机械运转一周的所有要求，清楚表述了状态的转换及所有元件的状

态。顺着状态分界线向右看，可以看到输出元件的状态和输入元件的动作情况。要注意，输入信号注明的是该输入元件常开触点的状态。

（2）用"0"和"1"标注了输入元件和输出元件的状态（表中空格表示"0"），状态表具有真值表的作用。

（3）第六、七栏留下的空格分别填写辅助继电器的状态和约束条件，这是可编程控制器程序设计的关键，辅助继电器的状态和约束条件确定后，状态就可以按照主令信号出现的顺序连续地转换，输出元件按状态转换准确地执行控制操作。

（4）状态表确定了 PLC 程序所有的逻辑关系，即确定了输出元件与辅助继电器之间的逻辑关系和辅助继电器与输入信号之间的逻辑关系。

状态表设计法首先将设计任务转化为逻辑命题，然后通过状态表转化为逻辑函数设计课题，最后将逻辑函数用 PLC 指令表示出来，由此完成程序设计。如何设计辅助继电器及如何确定辅助继电器的启动、自锁及关闭条件是 PLC 程序设计的关键。

2）状态的区分

（1）特征数

状态表用"1"、"0"记录了每个输入信号触点的状态，它们从左到右排成一行，组成一个二进制数，这些表示状态的输入信号触点的二进制数称为特征数。例如，在表 4-6 中，用 A、B、C 表示输入信号，表中空格表示"0"。其中，第 4 个状态特征数为 010；对于第 2 个状态，由于 B 在这个状态中既出现过"1"又出现过"0"，所以第 2 个状态要用两个特征数 010 和 000 来标注，只记一个不能表明这个状态中输入触点出现过的所有状态取值；第 3 个状态与第 2 个状态类似，其特征数是 101、100、001 和 000；第 1 个状态的特征数是 100 和 000。

某一状态的特征数的个数 n 可用 $n = 2^m$ 来计算，其中 m 为该状态中出现"$\frac{1}{0}$"的次数，如第三个状态，出现两次"$\frac{1}{0}$"即 $m = 2$，所以特征数的个数为 4。

表 4-6　输入信号状态表

状态序号	输入信号			特征数
	A	B	C	
1	$\frac{1}{0}$			100；000
2		$\frac{1}{0}$		010；000
3	$\frac{1}{0}$		$\frac{1}{0}$	101；100；001；000
4		1		010

各个状态的特征数记在特征数栏中，特征数表明：

① 特征数中每个数码表示一个输入信号元件常开触点的状态。如第 4 个状态特征数表明 A、C 处于断开状态，B 处于闭合状态。假如 B 是一个行程开关，而且有联动的常开、常闭两个触点，状态表中仅仅列出它的常开触点的状态，而另一个常闭触点的状态恰好与常开触点的状态相反，虽然表中没有表明其状态，但可以认为其状态是已知的。

② 每个特征数表明了它所代表的触点状态的一种取值，因此把这些触点（常开或常闭触点）任意组合之后接在梯形图中，驱动输出线圈，线路不是接通就是断开。也就是说，由这些逻辑变量构成的逻辑函数的取值是确定的，取"1"或者取"0"。

（2）可区分状态与不可区分状态

具有相同特征数的两个或多个状态不能用同样的逻辑函数输出不同的函数值，否则用这些输入元件的触点控制输出执行元件的状态必然有相同的结果，这样就不能达到不同的状态有不同控制结果的要求，除非这两个或多个状态有相同的控制要求。因此，把需要不同输出函数而又有相同特征数的状态称为不可区分状态，而相互之间有不同特征数的状态称为可区分状态。

分析表 4-6 中各个状态的特征数，可以知道哪些是可区分状态，哪些是不可区分状态。第 1 和第 3 状态都有相同的特征数 100，所以这两个是不可区分状态；第 2 和第 4 状态都有相同的特征数 010，这两个也是不可区分状态；第 1、2、3 状态中有相同的特征数 000，这三个状态也是不可区分状态；而第 4 和第 1、第 3 状态特征数不同，它们是可区分状态。把一组不可区分状态称为不可取分组，这个表中有三个不可区分组。

（3）通过辅助继电器区分状态

通过添加辅助继电器，并将其状态取值适当地尾缀在原特征数的后面，就可以构成一种新的完全能区分各个状态的"特征数"。特征数所对应的触点变量就相当于真值表中由双值变量所组成的最小项，用最小项表达式能够求得输出函数的逻辑式，也就是说，由特征数就能求得输出元件的逻辑函数。为此，将表 4-6 扩展为表 4-7。

表 4-7　扩展状态表

状态序号	输入信号			不可区分组		辅助继电器		特征数
	A	B	C					
1	1 0			D	F	1	0	10010；00010
2		1 0		E	F	1	1	01011；00011
3	1 0		1 0	D	F	0	1	10101；10001；00101；00001
4		1		E		0	0	01000

分析输入触点构成的特征数，可以看到，第 1、第 3 状态是第一个不可区分组；第 2、第 4 状态是第二个不可区分组；第 1、第 2、第 3 状态是第三个不可区分组。在表中插入不可区分组栏并分别用 D、E、F 标记它们。

为了区分 D、E、F 三个不可区分组，就必须为特征数加上由其他辅助继电器变量提供的尾缀数码，这是因为：

① 继电器能记忆使它启动或关闭的短信号，继电器的线圈状态切换时其触点也作相应的状态切换，因此一个继电器只要有了使它启动、关闭的主令信号，它的触点状态取值就可以用来充当尾缀数码，并用来区分状态。

② 理论上 n 个继电器应有 2^n 种独立状态，假如用它们的触点状态组成最小项，就可以区分 2^n 个状态。

③ 可编程控制器选好后，辅助继电器就可以任意使用。

在表 4-7 中设置了两个辅助继电器 M1、M2，M1 和 M2 构成的尾缀数码是 10、11、01、00，把它们尾缀在特征数之后，得到的新特征数见表 4-7 中最后一栏。辅助继电器的加入，使所有状态得到区分，并且可以利用特征数构成每个状态的输出逻辑函数。

3）应用状态表设计控制程序

通过状态表，使可编程控制器的程序设计问题转化为如何在状态表中设置辅助继电器和如何写这些继电器和输出元件的逻辑表达式的问题。有了逻辑表达式，就可以直接用助记符指令表语言或梯形图语言写出程序。

借助可编程控制器内部提供的辅助继电器的触点充当尾缀数码来区分所有状态，进行程序设计。只要设计的程序短而且可靠，可以不考虑使用辅助继电器的数量，这就是可编程控制器程序设计与硬件继电器控制系统设计的区别。

（1）辅助继电器的逻辑函数

辅助继电器的逻辑函数式为：

$$M_j = (SB1 + M) \cdot \overline{SB0}$$

或

$$M^{n+1} = (SB1 + M^n) \cdot \overline{SB0}$$

其中 M 或 M^n 为辅助继电器的当前状态，M_j 或 M^{n+1} 为下一个状态，SB1 为启动信号或进入信号，SB0 为关闭信号或退出信号，用如图 4-35 所示的梯形图表示。

从图 4-35 可以看出，一个辅助继电器接受启动信号 SB1 后，其状态由"0"变为"1"，接受关闭信号 SB0 后，其状态则从"1"变为"0"。要构成一个具有记忆特性的辅助继电器，必须满足启动、自保、关闭三个条件，这三个条件对于 PLC 程序设计是非常重要的。

$M_j = (SB1 + M) \cdot \overline{SB0}$ 为关断为主式，而另一种形式 $M_j = SB1 + M \cdot \overline{SB0}$，称为启动为主式。采用关断为主式比较方便，当然也可以采用启动为主式，它们在逻辑上无本质区别。启动为主式对应的梯形图如图 4-36 所示。

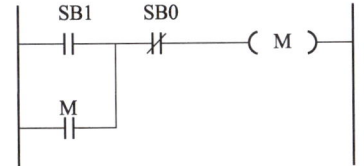

图 4-35　关断为主式

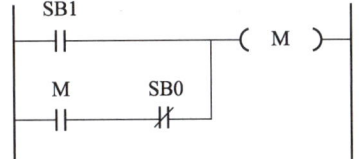

图 4-36　启动为主式

（2）辅助继电器的设置

① 阶梯形结构的状态顺序控制过程见表 4-8，为了区分状态，每个状态启动一个辅助继电器，最后一个状态将所有辅助继电器关闭。从表 4-8 可以看出，辅助继电器的设置就像楼梯的阶梯，因此将这种结构称为阶梯形结构。N 个状态需要使用 $N-1$ 个辅助继电器，而 $N-1$ 个辅助继电器可以区分 2^{N-1} 个状态，这样还有 $2^{N-1}-N$ 个状态没有使用。PLC 的辅助继电器有很多，因此设计程序时不必考虑使用了多少辅助继电器，主要考虑如何使程序设计方便、程序简单和运行速度快就可以。

表 4-8　五状态顺序控制状态表

状态序号	主令信号	输出执行元件			辅助元件				约束	最小项
		Y1	Y2	Y3	M1	M2	M3	M4		
1	X1	1			1					m8
2	X2	1	1	1	1	1			M1	m12
3	X3		1		1	1	1		M2	m14
4	X4			1	1	1	1	1	M3	m15
5	X5								M4	m0

② 约束条件　M1、M2、M3 分别为 M2、M3、M4 启动的约束条件，M4 动作为 M1 的退出条件。

③ 逻辑函数

辅助继电器的逻辑函数：

$$M1 = (X1+M1) \cdot \overline{X5} \cdot \overline{M4} = (X1+M1) \cdot (\overline{X5} + \overline{M4})$$

$$M2 = (M1 \cdot X2 + M2) \cdot M1$$

$$M3 = (M2 \cdot X3 + M3) \cdot M2$$

$$M4 = (M3 \cdot X4 + M4) \cdot \overline{X5}$$

执行元件的逻辑函数：

$$Y1 = M1 \cdot \overline{M2} + M2 \cdot \overline{M3}$$

$$Y2 = M2 \cdot \overline{M4}$$

$$Y3 = M2 \cdot \overline{M3} + M4$$

（3）根据逻辑函数设计程序

根据逻辑函数设计的梯形图如图 4-37 所示。

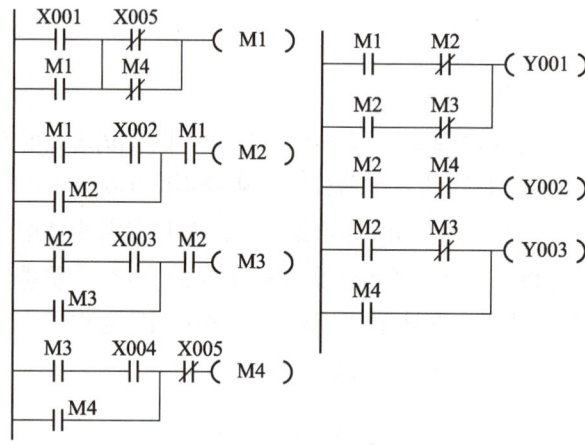

图 4-37　辅助顺控梯形图

课题五　简易汽车清洗装置

【学习目标】

1. 掌握根据控制要求画出顺序功能图的方法。
2. 能根据工艺要求画出单序列顺序功能图。
3. 能利用启—保—停电路将单序列顺序功能图改画为梯形图。
4. 能利用步进逻辑公式法进行步进顺序控制的设计，完成简易汽车自动清洗装置控制电路的设计与调试。

典型工作任务

工业自动清洗机是工业现场一种重要的工业设备，以前的自动清洗装置系统基本是通过继电器等元器件组成的，现在改进为由 PLC 控制的系统，系统的性能更先进，稳定性更好，系统的进一步改造也更加方便。图 5-1 所示为一简易的汽车自动清洗装置场景图，该装置的工作过程流程图如图 5-2 所示。

图 5-1　汽车自动清洗装置场景图

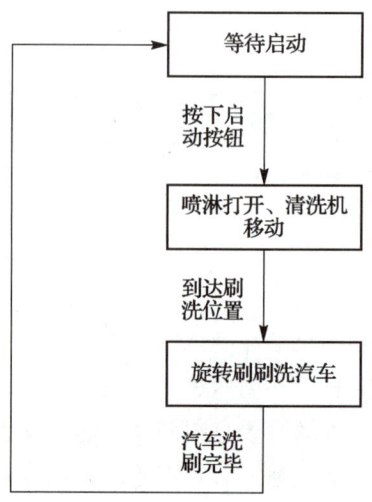

图 5-2　汽车自动清洗装置工作过程流程图

项目控制要求：

（1）车停在洗车机的输送轨道上，输送轨道带动汽车边走边洗。

（2）洗车时汽车可以不断进入洗车机的输送轨道。

（3）按下启动按钮，喷淋阀门打开，同时清洗机开始移动。

（4）当检测到汽车到达刷洗位置时，气动阀旋转刷刷洗汽车。

（5）当检测到汽车离开清洗机时，清洗机停止移动，刷子停止旋转，喷淋阀门关闭。

（6）当按下停止按钮时，汽车清洗机停止工作。

本项目的主要任务是应用顺序控制设计法中的单序列结构的基本指令编程方法，设计完成可实现上述控制要求的汽车自动清洗装置的 PLC 控制系统。

理论知识平台

顺序控制设计法

1. 顺序控制设计法的概念

前面各项目中的梯形图设计方法一般可称为经验设计法，它实际上是用输入信号 X 直接控制输出信号 Y，如果无法直接控制或为了实现联锁和互锁功能，只能被动地增加一些辅助元件和辅助触点。由于各系统输出量 Y 与输入量 X 之间的关系以及对联锁、互锁的要求千变万化，有时候设计起来难以得心应手。

本项目的工作过程是按一定的顺序在进行。而对于这些按流程作业的控制系统而言，一般都包含若干个状态（各个状态称为工序），当条件满足时，系统能够从一种状态转移

到另一种状态，这种控制称为顺序控制，对应的系统则称为顺序控制系统。

顺序控制系统就是按照生产工艺预先规定的顺序，在各个输入信号的作用下，根据内部状态和时间的顺序，使生产过程中各个执行机构自动而有序地进行工作的一种系统。从图 5-2 可以看出，该工作过程分解成若干个状态，各状态的任务明确而具体，各状态间的联系清楚，能清晰地反映整个控制过程。对于这种工作任务符合一定顺序的项目，可采用一种比经验设计法更简单通用的设计方法——顺序控制设计法。

顺序控制设计法实际上是用输入信号 X 控制代表各步的编程元件（例如辅助继电器 M 和状态继电器 S），再用它们控制输出信号 Y 的一种方法。步是根据输出信号 Y 的状态来划分的。顺序控制设计法又称为步进控制设计法，它是一种先进的设计方法，很容易被初学者接受，程序的调试、修改和阅读也很容易，可大大缩短设计周期，提高设计效率。

2. 顺序功能图的组成要素

使用顺序控制设计法时，首先应根据系统的工艺过程画出顺序功能图，然后根据顺序功能图画出梯形图。所谓顺序功能图，就是描述顺序控制的框图，如图 5-2 所示。顺序功能图主要由步、有向连线、转换、转换条件和动作（或命令）五大要素组成，如图 5-3 所示。

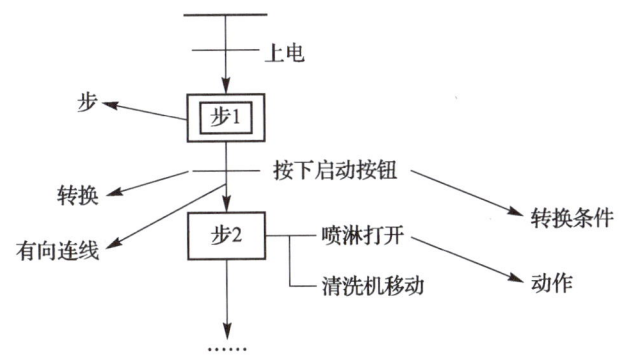

图 5-3　顺序功能图的组成要素

1）步及其划分

顺序控制设计法最基本的思想是分析被控对象的工作过程及控制要求，然后根据控制系统输出状态的变化将系统的一个工作周期划分为若干个顺序相连的阶段，这些阶段就称为步，可以用编程元件（如辅助继电器 M 和状态继电器 S）来表示。步是根据 PLC 输出量的状态变化来划分的，在每一步内各输出量的 ON / OFF 状态均保持不变。当系统的输出量状态发生变化时，系统就会从原来的步进入新的步，也就是说，如果 PLC 输出状态没有变化，就不存在程序的变化。步的这种划分方法使代表各步的编程元件的状态与各输出量的状态之间有着极为简单的逻辑关系。

（1）初始步

与系统的初始状态相对应的步称为初始步，初始状态一般是系统等待启动命令时相对

静止的状态。初始步用双线框表示，每一个顺序功能图至少应该有一个初始步。

（2）活动步

当系统处于某一步所在的阶段时，该步处于活动状态，称该步为活动步。步处于活动状态时，相应的动作被执行。如图 5-4 所示，根据控制要求分析简易汽车自动清洗装置的工作过程，可得出其一个工作周期可以分为喷淋打开、清洗机移动（M1），旋转刷刷洗汽车（M2）两个工作步，另外还有等待启动的初始步（M0）。

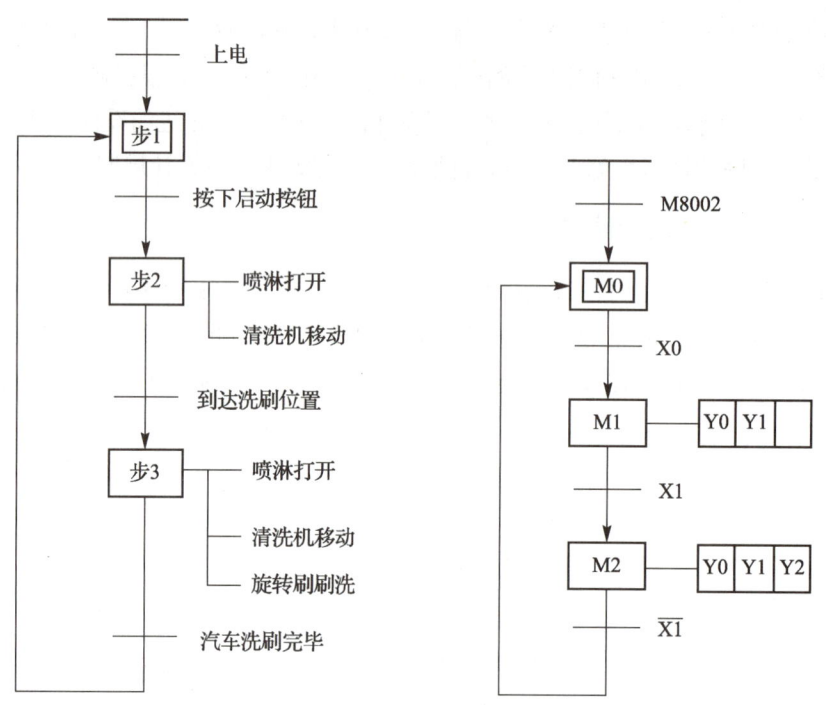

图 5-4　简易汽车自动清洗装置顺序功能图

2）与步对应的动作（或命令）

在某一步中要完成某些"动作"，"动作"是指某步活动时，PLC 向被控系统发出的命令或被控系统应执行的动作。动作用矩形框中的文字或符号表示，该矩形框应与相应步的矩形框相连。如果某一步有几个动作，可以用图 5-5 中的两种画法来表示，但这两种画法并不隐含这些动作之间的任何顺序。

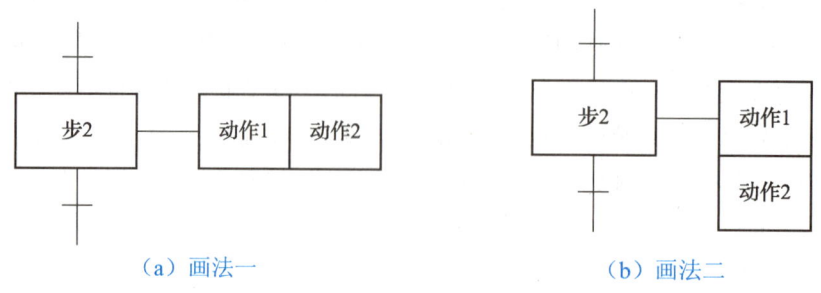

（a）画法一　　　　　　　　　（b）画法二

图 5-5　多个动作的表示方法

3）有向连线、转换和转换条件

步与步之间用有向连线连接，并且用转换将步分隔开。步的活动状态进展是按有向连线规定的路线进行。有向连线上无箭头标注时，其进展方向是从上而下、从左到右。若不是上述方向，应在有向连线上用箭头注明。

在顺序功能图中，步的活动状态的进展是由转换来实现的。转换的实现必须同时满足两个条件：① 该转换所有的前级步都是活动步；② 相应的转换条件得到满足。

转换用与有向连线垂直的短划线来表示，步与步之间不允许直接相连，必须由转换隔开，而转换与转换之间也同样不能直接相连，必须由步隔开。

转换条件是与转换相关的逻辑命题。转换条件可以用文字语言、布尔代数式或图形符号标在表示转换的短划线旁边，如图5-6所示。

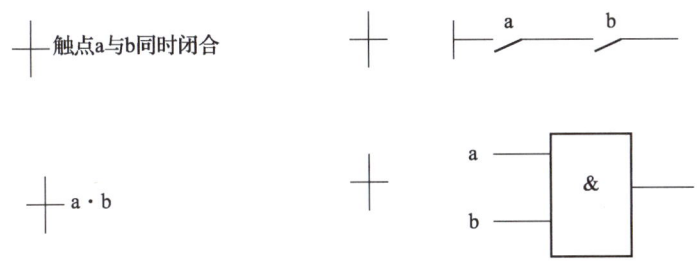

图5-6 转换与转换条件

3. 单序列结构形式的顺序功能图

根据步与步之间转换的不同情况，顺序功能图有三种基本结构形式：单序列结构、选择序列结构和并行序列结构。此项目所应用的顺序功能图为单序列结构形式。

顺序功能图的单序列结构形式没有分支，它由一系列按顺序排列、相继激活的步组成。每一步的后面只有一个转换，每一个转换后面只有一步，如图5-7所示。

4. 用"启—保—停"电路实现的单序列的编程方法

根据系统的顺序功能图设计出梯形图的方法称为顺序控制功能图编程方法。目前常用的顺序控制功能图编程方法有三种：使用"启—保—停"电路的编程方法、使用STL指令的编程方法和以转换为中心的编程方法。用户可以自行选择编程方法将顺序控制功能图改画为梯形图。本项目主要介绍利用"启—保—停"电路改画为梯形图的编程方法。

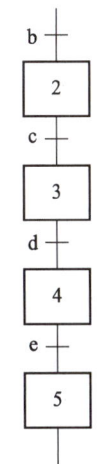

图5-7 单序列结构

"启—保—停"电路仅仅使用与触点和线圈有关的指令，任何一种PLC的指令系统

都有这一类指令，因此它是一种通用的编程方法，可以用于任意型号的 PLC。

利用"启—保—停"电路根据顺序功能图画出梯形图，要从步的处理和输出电路两方面来考虑。

1）步的处理

用辅助继电器 M 来代表步，当某一步为活动步时，对应的辅助继电器为 ON。当某一转换实现时，该转换的后续步变为活动步，前级步为不活动步。由于很多转换条件都是短信号，即它存在的时间比它激活后续步为活动步的时间短，因此，应使用有记忆（或保持）功能的电路（如"启—保—停"电路和"置位／复位"组成的电路）来控制代表步的辅助继电器。

图 5-8 所示的步 M_{i+1}、M_i、M_{i-1} 是顺序功能图中顺序连接的 3 步，X_i 是步 M_i 之前的转换条件。设计"启—保—停"电路的关键是找出它的启动条件和停止条件。转换实现的条件是它的前级步为活动步且满足相应的转换条件，所以 M_i 变为活动步的条件是它的前级步 M_{i-1} 为活动步且转换条件 $X_i = 1$。在"启—保—停"电路中，应将前级步 M_{i-1} 和转换条件 X_i 对应的常开触点串联，作为控制 M_i 的启动电路。

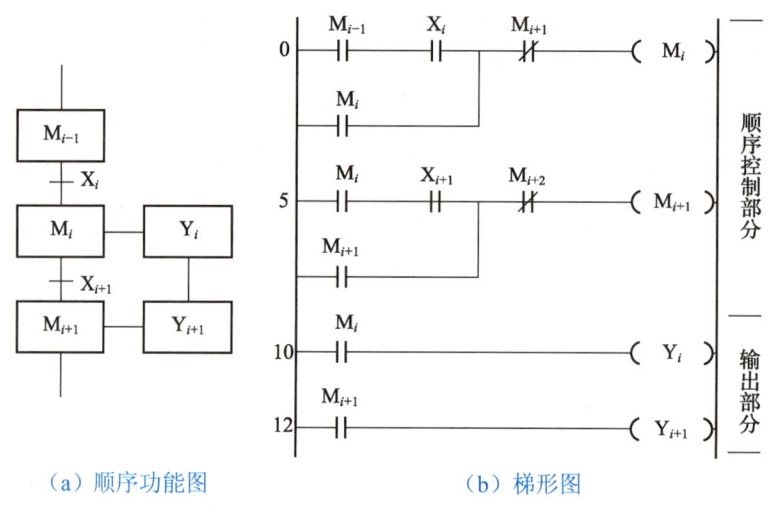

(a) 顺序功能图　　　　　　　　　　　(b) 梯形图

图 5-8　使用"启—保—停"电路的编程方法

当 M_i 和 X_{i+1} 均为 ON 时，步 M_{i+1} 变为活动步，这时步 M_i 应变为不活动步，因此可以将 $M_{i+1} = 1$ 作为使辅助继电器 M_i 变为 OFF 的条件，即将后续步 M_{i+1} 的常闭触点与 M_i 线圈串联，作为"启—保—停"电路的停止电路。

图 5-8 所示的梯形图也可以用逻辑代数式来表示，在列出每个程序步的逻辑代数式后，再利用"启—保—停"电路，通过 PLC 的基本指令，画出每个程序步的梯形图，这种设计方法叫做步进逻辑公式设计法。下面介绍该设计法的应用。

（1）步进逻辑公式

对于比较复杂的生产工艺要求，每个程序步之间都存在着如下关系：

每个程序步都随前一步压动行程开关或按下按钮（转换条件）而产生，每一步都随后一步的出现而消失。假设，i 表示第 i 程序步（本步），$i-1$ 表示第 $i-1$ 程序步（前一步），$i+1$ 表示第 $i+1$ 程序步（后一步），M 表示辅助继电器的线圈或触点。用逻辑代数式书写时，M_i 在等号的左端出现表示线圈符号，M_i 在等号的右端出现表示触点符号。

第 i 程序步用逻辑代数书写的过程为：

① 每一步 M_i 都是由前一步压动行程开关或按下按钮（转换条件）X_i 产生，则

$$M_i = X_i \cdot M_{i-1} \tag{5-1}$$

② 产生后应该有一段时间区域保持不变，故应该有自保（自锁）条件，则

$$M_i = X_i \cdot M_{i-1} + M_i \tag{5-2}$$

③ 每一步都是随后一步的出现而消失，则

$$M_i = (X_i \cdot M_{i-1} + M_i) \cdot \overline{M_{i+1}} \tag{5-3}$$

上式就是以后我们经常使用的步进逻辑公式。

（2）步进逻辑公式的使用方法

公式 $M_i = (X_i \cdot M_{i-1} + M_i) \cdot \overline{M_{i+1}}$，表示方法简单，不但容易记忆而且使用方便。其使用方法是：首先把运行轨迹分成若干步并定义转步信号（位置检测信号）；然后套用步进公式写出控制电路的逻辑代数方程组；最后通过"启—保—停"电路绘出其梯形图。

2）输出电路

由于步是根据输出量的状态变化划分的，它们之间的关系极为简单，可以分为两种情况来处理：

（1）当某一输出量仅在某一步中为 ON 时，既可以将它们的线圈分别与对应的辅助继电器的常开触点串联，也可以将它们的线圈分别与对应的辅助继电器并联。

此处使用辅助继电器不会增加硬件费用，在设计和键入程序时也不会花费很多时间。全部用辅助继电器来代表步具有概念清晰、编程规范、梯形图易于阅读和查错的优点。

（2）当某一输出继电器在几步中都为 ON 时，应将代表各有关步的辅助继电器的常开触点并联后，驱动该输出继电器线圈。

项目实施

一、程序设计与仿真

1. 通过分析控制要求，分配输入点和输出点，写出 I/O 通道地址分配表

根据简易汽车清洗装置的控制要求，可确定 PLC 需要 3 个输入点，3 个输出点，其 I/O 通道地址分配表见表 5-1。

表 5-1 I/O 通道地址分配表

输　入			输　出		
元件代号	作用	输入继电器	元件代号	作用	输出继电器
SB1	启动按钮	X0	YV	喷淋阀门	Y0
SQ	位置检测开关	X1	KM1	清洗机移动	Y1
SB2	停止按钮	X2	KM2	清洗刷刷洗	Y2

2. 画出 PLC 接线图（I/O 接线图）

PLC 接线图如图 5-9 所示。

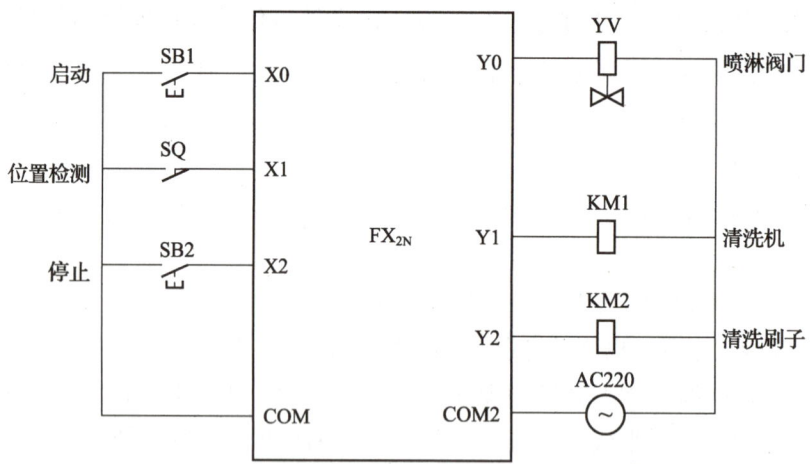

图 5-9 简易汽车清洗装置的 I/O 接线图

3. 程序设计

根据 I/O 通道地址分配表及对项目控制要求的分析，利用逻辑代数式，并通过"启—保—停"电路，绘出其梯形图。

1) **第一程序步**

汽车自动清洗装置在清洗汽车前首先处于等待启动的第一程序步（M0），这一程序可以从以下情况进行分析：

（1）第一种情况

在汽车自动清洗装置的输送机上，没有任何一辆汽车，清洗装置的等待启动状态可以通过 M8002 的脉冲指令作为输入信号，套用步进逻辑公式 $M_i = (X_i \cdot M_{i-1} + M_i) \cdot \overline{M_{i+1}}$，可列出逻辑代数方程式（5-4）：

$$M0 = (M8002 + M0) \cdot \overline{M1} \tag{5-4}$$

根据逻辑代数方程式（5-4），通过"启—保—停"电路绘出其梯形图，如图 5-10 所示。

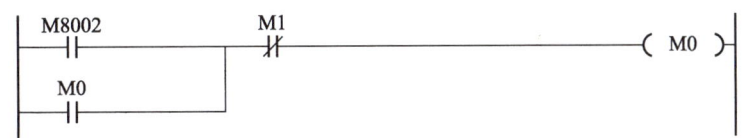

图 5-10　逻辑代数方程式（5-4）转换成的梯形图

（2）第二种情况

在汽车自动清洗装置的输送机上刚洗完一辆汽车，汽车位置检测（传感器）X1 检测到洗车完毕，清洗装置自动进入等待的启动状态，可以套用步进逻辑公式 $M_i = (X_i \cdot M_{i-1} + M_i) \cdot \overline{M_{i+1}}$ 列出逻辑代数方程式（5-5）：

$$M0 = (\overline{X1} \cdot M2 + M0) \cdot \overline{M1} \tag{5-5}$$

根据逻辑代数方程式（5-5），通过"启—保—停"电路，绘出其梯形图，如图 5-11 所示。

图 5-11　逻辑代数方程式（5-5）转换成的梯形图

（3）第三种情况

在汽车自动清洗装置的输送机上，正在清洗一辆汽车，无论在何种状态下，只要按下停止按钮（X2），清洗装置会自动进入等待的启动状态，可以套用步进逻辑公式 $M_i = (X_i \times M_{i-1} + M_i)\overline{M_{i+1}}$ 列出逻辑代数方程式（5-6）和（5-7）。

在喷淋打开、清洗机移动状态下，按下停止按钮的逻辑代数方程式为：

$$M0 = (X2 \cdot M1 + M0) \cdot \overline{M1} \tag{5-6}$$

根据逻辑代数方程式（5-6），通过"启—保—停"电路绘出其梯形图，如图 5-12 所示。

图 5-12　逻辑代数方程式（5-6）转换成的梯形图

在喷淋打开、清洗机移动及旋转刷子刷洗状态下，按下停止按钮的逻辑代数方程式为：

$$M0 = (X2 \cdot M2 + M0) \cdot \overline{M1} \tag{5-7}$$

根据逻辑代数方程式（5-7），通过"启—保—停"电路，绘出其梯形图，如图 5-13 所示。

图 5-13　逻辑代数方程式（5-7）转换成的梯形图

将上述逻辑代数方程式（5-4）、（5-5）、（5-6）和（5-7）列出方程式组，最后得到第一程序步的逻辑代数方程式（5-8）：

$$M0 = (\overline{X1} \cdot M2 + M8002 + X2 \cdot M1 + X2 \cdot M2 + M0) \cdot \overline{M1} \tag{5-8}$$

根据逻辑代数方程式（5-8），通过"启—保—停"电路，可绘出汽车自动清洗装置的第一程序步等待启动的梯形图，如图 5-14 所示。

图 5-14　第一程序步等待启动的梯形图

2）第二程序步

按下启动按钮 SB1（X0），汽车自动清洗装置进入喷淋打开、清洗机移动状态的第二程序步，套用步进逻辑公式，可列出逻辑代数方程式（5-9）：

$$M1 = (X0 \cdot M0 + M1) \cdot \overline{M2} \qquad (5-9)$$

考虑到在此过程中，若需要急停，只需按下停止按钮 SB2（X2），就能切断工作过程，可在 M1 的回路中串联 X2 的常闭触点，因此，逻辑代数方程式（5-9）可演变成逻辑代数方程式（5-10）：

$$M1 = (X0 \cdot M0 + M1) \cdot \overline{M2} \cdot \overline{X12} \qquad (5-10)$$

根据逻辑代数方程式（5-10），通过"启—保—停"电路可绘出汽车自动清洗装置喷淋打开、清洗机移动的第二程序步的梯形图，如图 5-15 所示。

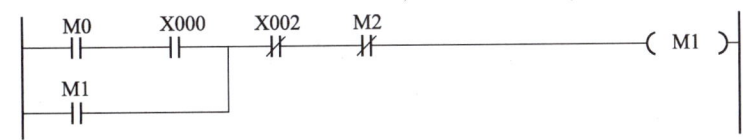

图 5-15　汽车自动清洗装置喷淋打开、清洗机移动的第二程序步的梯形图

3）第三程序步

汽车位置检测（传感器）X1 检测到要清洗的汽车后，汽车自动清洗装置进入喷淋打开、清洗机移动及清洗刷涮洗的第三程序步，其逻辑代数方程式和梯形图读者可自行分析，在此不再赘述。

4）输出电路

根据项目控制要求和上述分析可知，当按下启动按钮 SB1（X0），汽车自动清洗装置进入喷淋打开、清洗机移动状态的第二程序步（M1），与其对应的输出继电器 Y0（喷淋打开）和 Y1（清洗机移动）的线圈应得电，这时只要将它们所对应的辅助继电器 M1 的常开触点与 Y0 和 Y1 的线圈串联即可。也可套用逻辑代数式公式，得到在第二程序步时 Y0 和 Y1 的逻辑代数方程式（5-11）和（5-12）。

$$Y0 = M1 \qquad (5-11)$$

$$Y1 = M1 \qquad (5-12)$$

因为汽车自动清洗装置的喷淋打开、清洗机移动的状态必须一直保持到整个汽车清洗完毕为止，所以在第三程序步时，Y0 和 Y1 的线圈还要保持得电，因此上述逻辑代数方程式（5-11）和（5-12）可写成下面的逻辑代数方程式（5-13）和（5-14）。

$$Y0 = M1 + M2 \qquad (5-13)$$

$$Y1 = M1 + M2 \qquad (5-14)$$

根据逻辑代数方程式（5-13）和（5-14），通过"启—保—停"电路，可绘出汽车自动清洗装置喷淋打开、清洗机移动的第二程序步输出继电器 Y0 和 Y1 的梯形图，如图 5-16 所示。

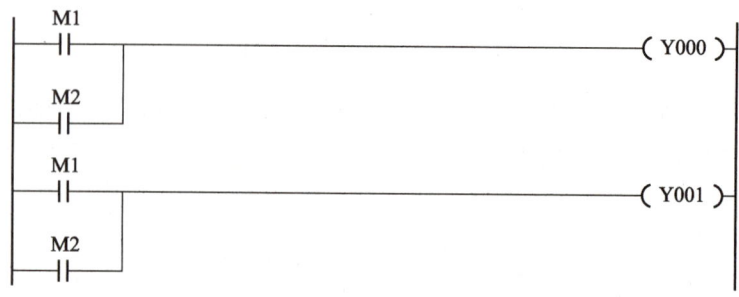

图 5-16　汽车自动清洗装置喷淋打开、清洗机移动输出继电器的梯形图

同理，汽车自动清洗装置的清洗刷子（Y2）只是在第三程序步才工作，因此其逻辑代数方程式应为：

$$Y2 = M2 \qquad\qquad (5-15)$$

其输出继电器（Y2）的梯形图如图 5-17 所示。

图 5-17　汽车自动清洗装置清洗刷子输出继电器的梯形图

5）绘制完整的梯形图

根据步进逻辑公式设计法，最后，将上述汽车自动清洗装置的步处理的梯形图和输出电路的梯形图进行综合处理，可以得到本项目任务的完整梯形图，完整的梯形图如图 5-18 所示。

4. 程序输入及仿真运行

1）程序输入

启动 GX Developer 编程软件，首先创建新文件，选择 PLC 的类型为"FX2N"，并将文件命名为"汽车自动清洗装置控制"，然后应用前面课题所学的梯形图输入法，输入如图 5-18 所示的梯形图，梯形图程序的输入过程在此不再缀述。

2）仿真运行

参照课题三中介绍的位元件逻辑测试方式进行仿真运行，仿真过程在此不再赘述。

3）程序下载

（1）PLC 与计算机连接

使用专用通信电缆 RS232/RS422 转换器将 PLC 的编程接口与计算机的 COM1 串口连接。

（2）程序写入

首先接通系统电源，将 PLC 的"RUN/STOP"开关拨到"STOP"的位置，然后通过 GX Developer 软件中"在线"菜单下的"PLC 写入"，把仿真成功的程序写入 PLC 中。

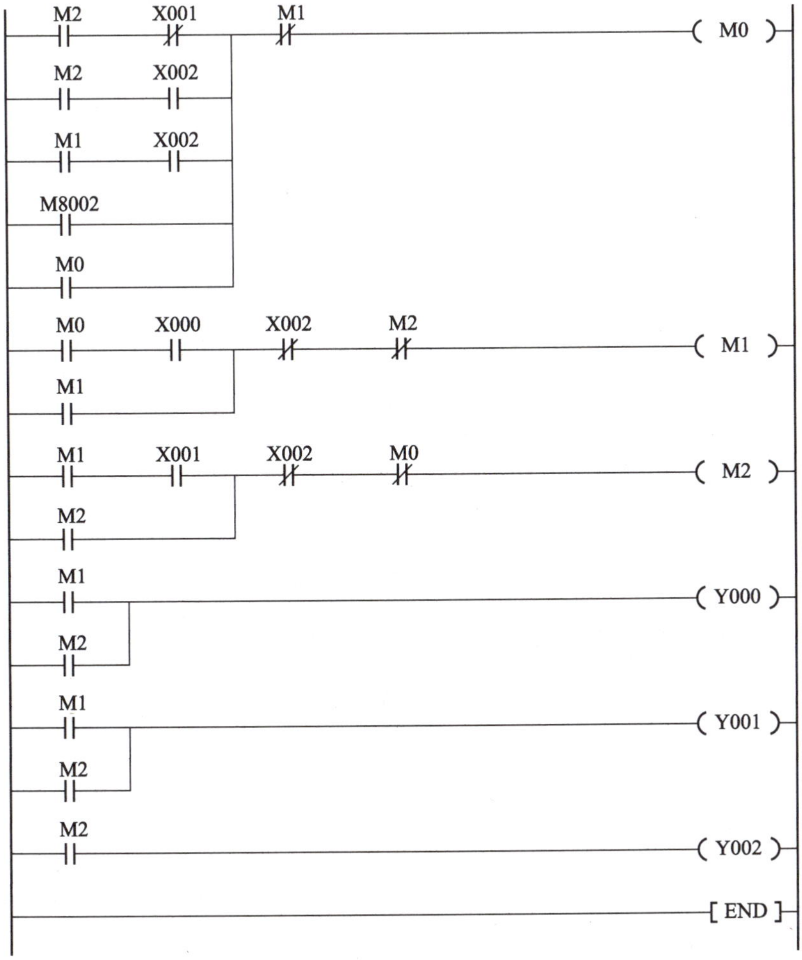

```
 M2    X001      M1                                    ( M0 )
 ─┤├──  ─┤/├──   ─┤/├──
 M2    X002
 ─┤├──  ─┤├──
 M1    X002
 ─┤├──  ─┤├──
 M8002
 ─┤├──
 M0
 ─┤├──

 M0    X000    X002    M2                              ( M1 )
 ─┤├──  ─┤├──  ─┤├──   ─┤/├──
 M1
 ─┤├──

 M1    X001    X002    M0                              ( M2 )
 ─┤├──  ─┤├──  ─┤/├──  ─┤/├──
 M2
 ─┤├──

 M1                                                   ( Y000 )
 ─┤├──
 M2
 ─┤├──

 M1                                                   ( Y001 )
 ─┤├──
 M2
 ─┤├──

 M2                                                   ( Y002 )
 ─┤├──

                                                      [ END ]
```

图 5-18 汽车自动清洗装置控制系统梯形图

二、线路安装与调试

1. 识读接线图

根据 I/O 接线图，在模拟实物控制配线板上进行元件及线路安装。

2. 安装电路

1）检查元器件

根据表 5-1 配齐元器件，检查元器件的规格是否符合要求，并用万用表检测元器件是否完好。

2）固定元器件

固定好本项目的所需元器件。

3）配线安装

根据配线原则和工艺要求，进行配线安装。

4）自检

对照接线图检查接线是否无误，再使用万用表检测电路的阻值是否与设计相符。

3. 通电调试

（1）经自检无误后，在指导教师的指导下，方可通电调试。

（2）首先接通系统电源开关 QS，将 PLC 的"RUN/STOP"开关拨到"RUN"的位置，然后通过计算机上 GX Developer 软件中"在线"菜单下的"监视">"监视模式"来监视程序的运行情况，再按照表 5-2 进行操作，观察系统运行情况并做好记录。若出现故障，应立即切断电源，检查电路或梯形图并分析故障原因，排除故障后方可重新进行调试，直到系统功能调试成功为止。

表 5-2　程序调试步骤及运行情况记录表

操作步骤	操作内容	观察内容	观察结果	思考内容
第一步	将仿真成功的程序下载到 PLC 后，合上断路器 QS	"POWER"灯		理解 PLC 的工作过程
		所有的"IN"灯		
第二步	将"RUN/STOP"开关拨到"RUN"的位置	"RUN"灯		
第三步	将"RUN/STOP"开关拨到"STOP"的位置	"RUN"灯		理解 PLC 的工作过程
第四步	按下 SB1	YV、KM1 和 KM2 的动作		
第五步	按下 SB2			

总结与练习

1. 总结

总结本项目的实践过程，写出实践报告。

2. 作业

（1）利用"启—保—停"电路根据顺序功能图画出梯形图后，启动下一步时应注意什么？

（2）线路设计：

有一小车，从 A 点向右运行到 B 点后，返回向左运行到 C 点，再向右运行到 B 点，再返回向左运行到 A 点，然后重复上述过程，其运行过程流程图如图 5-19 所示。

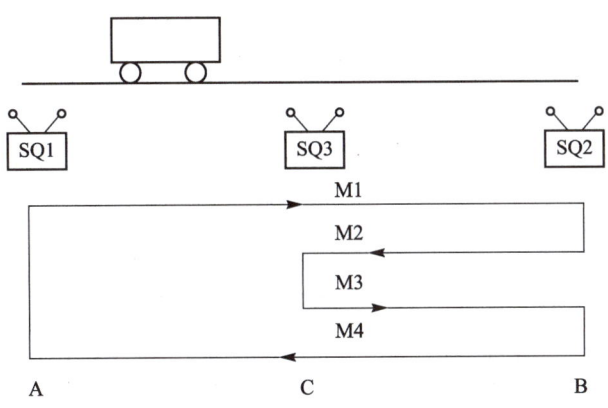

图 5-19　小车运行过程流程图

设计要求：

① 工作方式设置为自动循环，有必要的应加电气保护和联锁，自动循环时应按上述顺序动作。

② 应用步进逻辑公式法进行设计，列出各程序步的逻辑代数方程式，并画出梯形图。

③ 列出 PLC 控制 I/O 接口（输入/输出）元件地址分配表，根据生产工艺要求，画出 I/O 接口（输入/输出）接线图。

④ 安装与接线：将熔断器、接触器、继电器、转换开关、PLC 装在一块配线板上，而将方式转换开关、行程开关、按钮等装在另一块配线板上。按 PLC 控制 I/O 口（输入/输出）接线图，在模拟配线板上正确安装元器件。元器件装配时布置要合理，安装要准确、紧固，配线导线要紧固、美观，导线要进出线槽，导线要有端子标号，引出端要用别径压端子。

⑤ 上机操作：熟练操作 PLC 键盘，能正确地将所编程序输入 PLC；按照被控设备的动作要求进行模拟调试，达到设计要求。

⑥ 通电试验：正确使用电工工具及万用表，进行仔细检查，最好通电试验一次成功，并注意人身和设备安全。

3. 技能拓展

图 5-20 所示为机床动力头的工作示意图。绘制顺序功能图，并使用"启—保—停"电路的编程方法将其转换为梯形图。

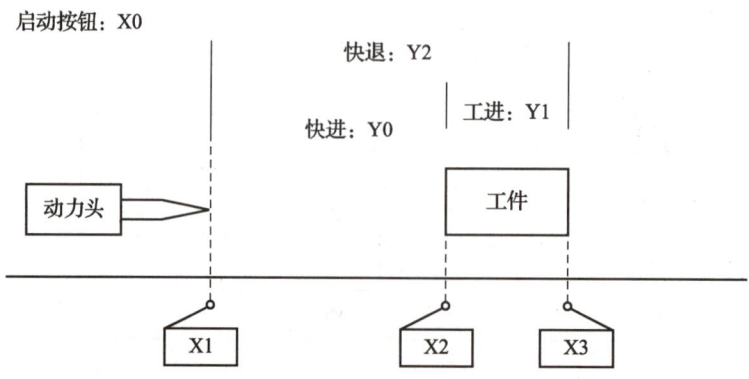

图 5-20　机床动力头的工作示意图

项目拓展

传感器的相关知识

1. 传感器的定义

传感器是一种检测装置，通常由敏感元件和转换元件组成，它酷似人类的"五官"（视觉、嗅觉、味觉、听觉和触觉），能感受到被测量的信息，并能将检测感受到的信号按一定规律变换成电信号或其他所需形式的信息输出，满足信息的传输、处理、存储、显示、记录和控制等要求。

2. 常用传感器

1）接近开关

本项目中用的是接近传感器，它包括：

（1）光电式接近开关

光电式接近开关的实物图如图 5-21 所示。

图 5-21　光电式接近开关实物图

（2）电感式接近开关

电感式接近开关实物图如图 5-22 所示。

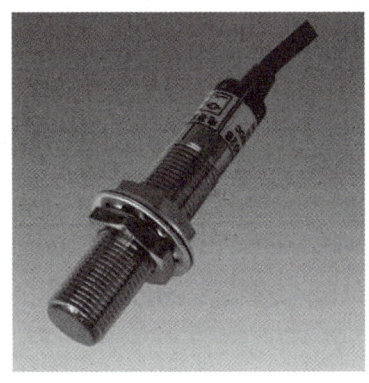

图 5-22　电感式接近开关实物图

（3）电容式接近开关

电容式接近开关的实物图如图 5-23 所示。

图 5-23　电容式接近开关实物图

（4）其他常见传感器

其他几种常见的传感器有：力传感器、温度传感器、液位传感器、气体传感器、湿度传感器等，如图 5-24 所示。

（a）力传感器　　　　　　　（b）温度传感器　　　　（c）液位传感器

（d）气体传感器　　　　　　　　（e）湿度传感器

图 5-24　几种常见的传感器

3. 传感器的符号

传感器的文字符号是 SQ，图形符号如图 5-25 所示。

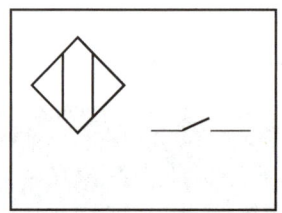

图 5-25　传感器的图形符号

4. 传感器的接线

双出线传感器的接线见表 5-3。

表 5-3　双出线传感器的接线

接线方法	接线示意图（BN：棕，BU：蓝）	接线情况说明
双出线	BN　　　　　　　　　+ 　　　　　　　　　电源 BU　负载　　　　　　−	负载与传感器串联接在电源两端，负载接在蓝线上。当没有感应信号时传感器的触点不动作，负载两端无信号。当有感应信号时传感器的触点动作，负载两端得到信号

　　首先看清传感器两根引出线的颜色，然后根据双出线传感器的接线图，将 24 V 直流电源、24 V 直流指示灯、传感器等用导线连接。

　　当接通电源，传感器前无感应物体时，指示灯不亮；当把感应物体慢慢靠近传感器，感应物体与传感器感应面的距离为 5 mm 左右时，传感器动作使指示灯亮。

课题六　液体混合控制系统

典型工作任务

液体混合机在医药、食品、化工等行业中有着广泛的应用。以前的液体混合机的控制系统一般都采用继电器控制系统，但使用继电器控制不易适应这些行业耐热、防潮、抗震等特殊生产环境的要求。因此以 PLC 为核心的液体混合控制系统的优势就体现出来了。另外，采用 PLC 控制系统还可以大大降低工人的劳动强度，减少操作误差，提高产品质量。图 6-1 所示为液体自动混合装置。

图 6-1　液体自动混合装置

本项目的主要任务是以图 6-1 所示的液体（药剂）混合机为例，运用 PLC 顺序控制设计中的步进顺控指令编程法，完成对液体自动混合装置的电气控制。

图 6-2 所示为液体自动混合装置的示意图，其控制要求如下：

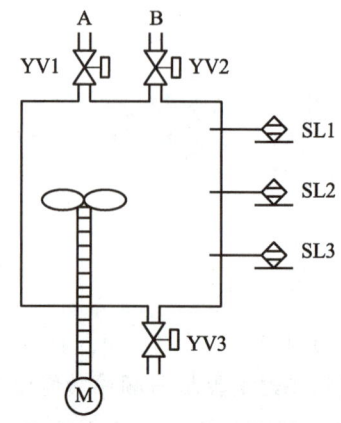

图 6-2 液体自动混合装置示意图

1. 初始状态

液体自动混合装置投入运行时，液体 A、B 阀门关闭，容器为放空关闭状态。

2. 周期操作

按下混合装置启动按钮 SB1，液体自动混合装置开始按以下顺序工作：

（1）液体 A 阀门打开，液体 A 流入容器，液位上升。

（2）当液位上升到 SL2 时，SL2 导通，关闭液体 A 阀门，同时打开液体 B 阀门，液体 B 开始流入容器。

（3）当液位上升到 SL1 时，关闭液体 B 阀门，搅拌电动机开始搅拌。

（4）搅拌电动机工作 20 s 后停止搅拌，混合液阀门 YV3 打开，放出混合液体。

（5）当液位下降到 SL3 时，开始计时，且装置继续放液，将容器放空，计时满 20 s 后，混合液阀门 YV3 关闭，自动开始下一个周期。

3. 停止操作

按下混合装置停止按钮 SB2，在完成当前的工作循环后装置才停止操作。

理论知识平台

一、状态继电器 S

状态继电器 S 用于记录系统的运行状态，是编制顺序控制程序的重要编程元件。状态继电器应与步进顺控指令 STL 配合使用。FX$_{2N}$ 系列 PLC 内部的状态继电器共有 1 000 个，其类型和地址编号见表 6-1。

表 6-1　状态继电器的类型和地址编号

类　型	地址编号	数　量	用途及特点
初始状态继电器	S0～S9	10	供初始化使用
回零状态继电器	S10～S19	10	供返回原点使用
通用状态继电器	S20～S499	480	没有断电保持功能，但是可以用程序将它们设定为有断电保持功能
断电保持状态继电器	S500～S899	400	具有停电保持功能，断电再启动后，可继续执行
报警用状态继电器	S900～S999	100	用于故障诊断和报警

在使用状态继电器时，需要注意以下几个方面：

（1）状态继电器的编号必须在指定的类别范围内使用。

（2）状态继电器与辅助继电器一样，有很多常开和常闭触点。

（3）不使用步进顺控指令时，状态继电器可与辅助继电器一样使用。

（4）供报警用的状态继电器可用于外部故障诊断的输出。

（5）通用状态继电器和断电保持状态继电器的地址编号分配可通过改变参数来设置。

二、步进顺控指令（STL、RET）

1. 指令功能

1）STL 指令

STL 指令称为“步进开始指令”，它与母线直接连接，表示步进顺控开始。STL 的操作元件为 S0～S899。

2）RET 指令

RET 指令称为“步进结束指令”，表示步进顺控结束，用于顺序功能图结束返回主程序。RET 无操作元件。

2. 编程实例

使用 STL 指令的状态继电器的常开触点称为 STL 触点。从图 6-3 可以看出顺序功能图、步进梯形图和指令表的对应关系。

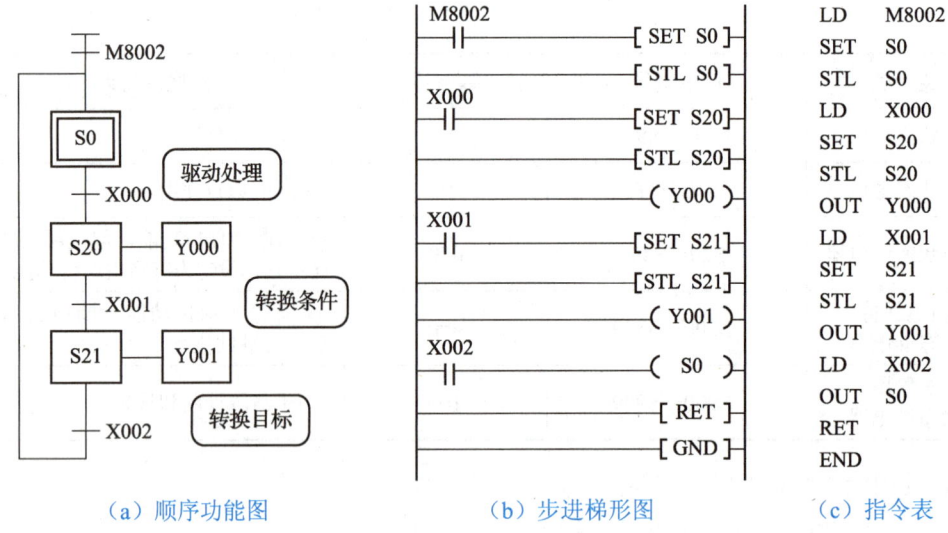

（a）顺序功能图   （b）步进梯形图   （c）指令表

图 6-3   顺序功能图、步进梯形图和指令表

3. 指令使用说明

（1）每一个状态继电器具有三种功能：对负载的驱动处理、指定转换条件和指定转换目标，如图 6-3（a）所示。

（2）STL 触点与左母线连接，与 STL 相连的起始触点要使用 LD 或 LDI 指令。使用 STL 指令后，相当于母线右移至 STL 触点的右侧，形成子母线，一直到出现下一条 STL 指令或者出现 RET 指令为止。RET 指令使右移后的子母线返回原来的母线，表示顺控结束。使用 STL 指令为新的状态置位时，前一状态自动复位。步进触点指令只用于常开触点。

每一状态的转换条件由指令 LD 或 LDI 引入，当转换条件有效时，该状态由置位指令激活，并由步进指令进入该状态，接着列出该状态下的所有基本顺控指令及转换条件。在 STL 指令后出现 RET 指令，则表明步进顺控过程结束。

（3）STL 触点可以直接驱动或通过别的触点驱动 Y、M、S、T 等元件的线圈和应用指令。

（4）由于 CPU 只执行活动步对应的电路块，所以使用 STL 指令时允许双线圈输出，即不同的 STL 触点可以分别驱动同一编程元件的一个线圈。但是，同一元件的线圈不能在同时为活动步的 STL 区内出现，在有并行序列的顺序功能图中应特别注意这一问题。

（5）在步进顺控程序中使用定时器时，不同状态内可以重复使用同一编号的定时器，但相邻状态除外。

三、步进顺控指令单序列结构的编程方法

如图 6-3 所示，该系统的一个周期由 3 步组成，它们分别是 S0、S20 和 S21，步 S0 代表初始步。

当 PLC 通电进入 RUN 状态时，初始化脉冲 M8002 的常开触点闭合一个扫描周期，梯形图第一行的 SET 指令将初始步 S0 置为活动步。除初始状态外，其余的状态必须用 STL 指令来引导。

在梯形图中，每一个状态的转换条件由指令 LD 或 LDI 引入，当转换条件有效时，该状态由置位指令 SET 激活，并由步进指令进入该状态，接着列出该状态下的所有基本顺控指令及转换条件。

在梯形图的第二、三行，S0 的 STL 触点与转换条件 X0 的常开触点代表转换实现的两个条件。当初始步 S0 为活动步，X0 的常开触点闭合，即转换实现的两个条件同时满足时，置位指令"SET S20"被执行，后续步 S20 变为活动步，同时 S0 自动复位为不活动步。

当 S20 的 STL 触点闭合后，该步的负载被驱动，Y0 线圈得电。当转换条件 X1 的常开触点闭合时，转换条件得到满足，下一步的状态继电器 S21 被置位，同时状态继电器 S20 被自动复位。当 S21 的 STL 触点闭合后，该步的负载被驱动，Y1 线圈得电。当转换条件 X2 的常开触点闭合时，用"OUT S0"指令使 S0 变为 ON 并保持，系统返回到初始步。

要注意，在上述程序中的一系列 STL 指令之后要有 RET 指令，意为步进顺控结束，返回主程序。

项目实施

一、程序设计与仿真

1. 通过分析控制要求，分配输入点和输出点，写出 I/O 通道地址分配表

根据液体混合控制系统的控制要求，可确定 PLC 需要 6 个输入点，4 个输出点，其 I/O 通道地址分配表见表 6-2。

表 6-2 I/O 通道地址分配表

输　入			输　出		
元件代号	作用	输入继电器	元件代号	作用	输出继电器
SL2	A 液面传感器	X0	YV1	A 液电磁阀	Y0
SL1	B 液面传感器	X1	YV2	B 液电磁阀	Y1
SL3	放液液面传感器	X2	KM	搅拌电动机控制	Y2
SB1	启动按钮	X3	YV3	混合液电磁阀	Y3
SB2	停止按钮	X4			
SA	单周/周期选择开关	X5			

2. 画出 PLC 接线图（I/O 接线图）

PLC 接线图如图 6-4 所示。

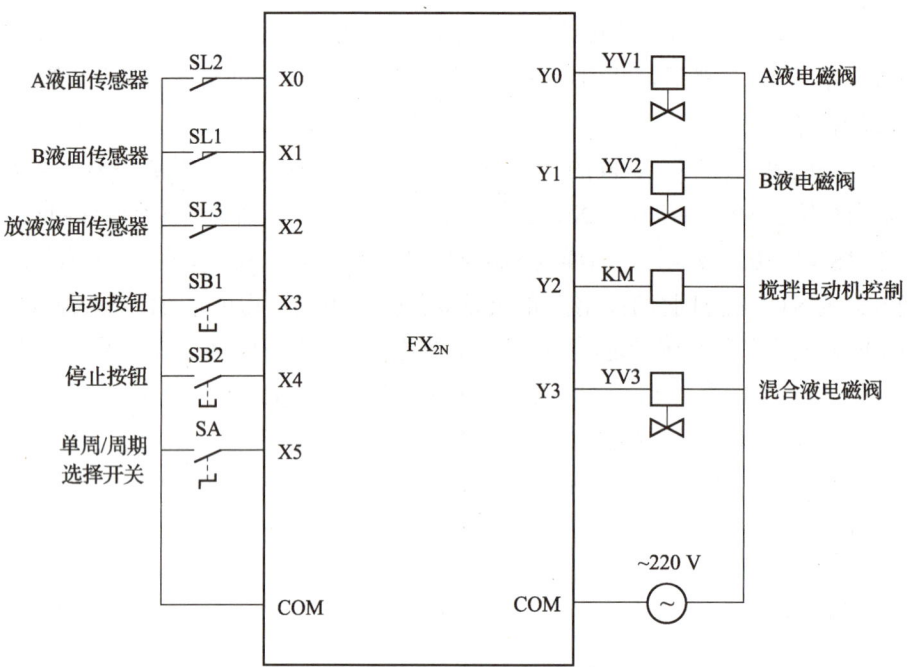

图 6-4　液体混合自动控制装置 I/O 接线图

3. 程序设计

根据 I/O 通道地址分配表及项目控制要求，画出本项目控制的顺序功能图。

顺序功能图（Sequential Function Chart）也称状态流程图，简称 SFC，在课题五中已有介绍，但在本项目内容中，顺序功能图中的步使用的是状态继电器（S）。

通过分析本项目的控制要求，可将液体自动混合装置的工作过程划分为：原位（SB1）、进 A 液体（SL2）、进 B 液体（SL1）、搅拌、放液 5 步。各步电磁阀 YV1、YV2、YV3 和接触器 KM 的状态见表 6-3。

（1）液体自动混合装置初始状态：液体排空。

（2）按下 SB1：进 A 液体。

（3）当液位达到传感器 SL2 的高度：进 B 液体。

（4）当液位达到传感器 SL1 的高度：搅拌机开始搅拌。

（5）搅拌电动机工作 20 s 后：放液。

（6）当液面下降到 SL3 时，SL3 由接通变成断开；再过 20 s 后，容器放空，混合液阀门关闭，返回初始状态开始下一个周期。

表 6-3 液体自动混合装置控制工作过程电磁阀和接触器的状态表

序号	工作过程	YV1	YV2	YV3	KM	转换主令
1	原位（停止）	—	—	—	—	SB1
2	进 A 液体	＋	—	—	—	SL2
3	进 B 液体	—	＋	—	—	SL1
4	搅拌	—	—	—	＋	T0
5	放液	—	—	＋	—	SL3、T1

（7）顺序功能图的绘制

① 步序的确定

整个过程分为 5 步：原位（初始状态）、进 A 液体、进 B 液体、搅拌、放液。

特殊继电器 M8002 用于初始步激活。

继电器 S0～S13 用于表示原位（初始状态）、进 A 液体、进 B 液体、搅拌、放液。

② 步的绘制

根据上述的步序确定进行步的绘制，如图 6-5 所示。

③ 转换条件和动作的绘制

根据对控制要求的分析，将各步的转换条件和输出继电器的动作在顺序功能图中绘出，如图 6-6 所示。

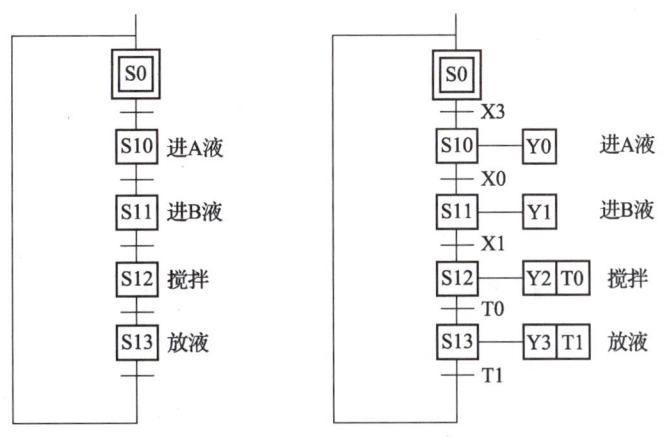

图 6-5 步的绘制   图 6-6 转换条件和动作的绘制

④ 初始条件的确定

当 PLC 刚进入程序运行状态时，由于 S0 的前步 S13 还未得电，S0 也无法得电，其所有的后续步均无法工作。因此刚开始时应该给初始步一个激活信号，且此信号在激活初始步以后就不能再出现，否则会同时出现两个活动步。

初始激活信号可以用 M8002 或其他满足要求的脉冲信号，初始状态确定后，液体混

合自动控制装置的顺序功能图就绘制完成了，如图 6-7 所示。

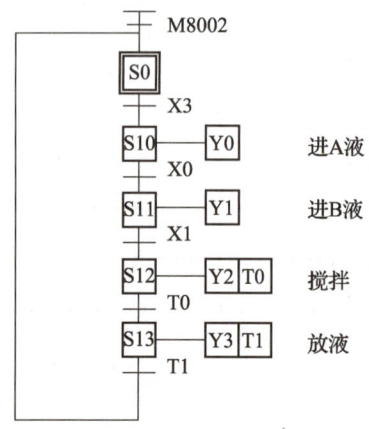

图 6-7　液体混合自动控制装置的顺序功能图

4. 程序输入及仿真运行

本项目的程序输入有别于前面项目所介绍的程序输入方法，它所采用的编程输入是顺序功能图输入法，即 SFC 块输入法。现通过对本项目的编程来说明 SFC 块输入法的应用。

1）程序输入

（1）新工程的建立

启动 GX Developer 编程软件，如图 6-8 所示，首先选择 PLC 的类型为"FX2N"，在程序类型框内选择"SFC"，并在"工程名"编辑框内输入"液体混合控制系统"，然后单击"确定"按钮，进入如图 6-9 所示的 SFC 块界面。

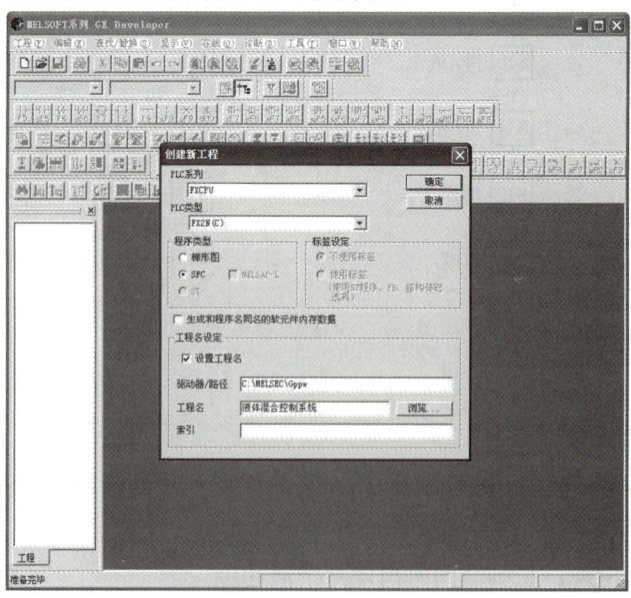

图 6-8　创建新工程

（2）程序初始化的建立

双击图 6-9 中块标题里的黑色框，弹出图 6-10 所示的"块信息设置"对话框，在"块标题"编辑框内输入"程序初始化"，并在"块类型"栏中选择"梯形图块"，然后单击"执行"按钮，进入如图 6-11 所示的界面。

然后在图 6-11 所示右边的梯形图编程界面中，输入初始化脉冲指令"M8002"及置位指令"SET S0"。然后利用"启—保—停"编程方法，输入本项目控制系统的启动、停止和单周／周期控制的梯形图，如图 6-12 所示。

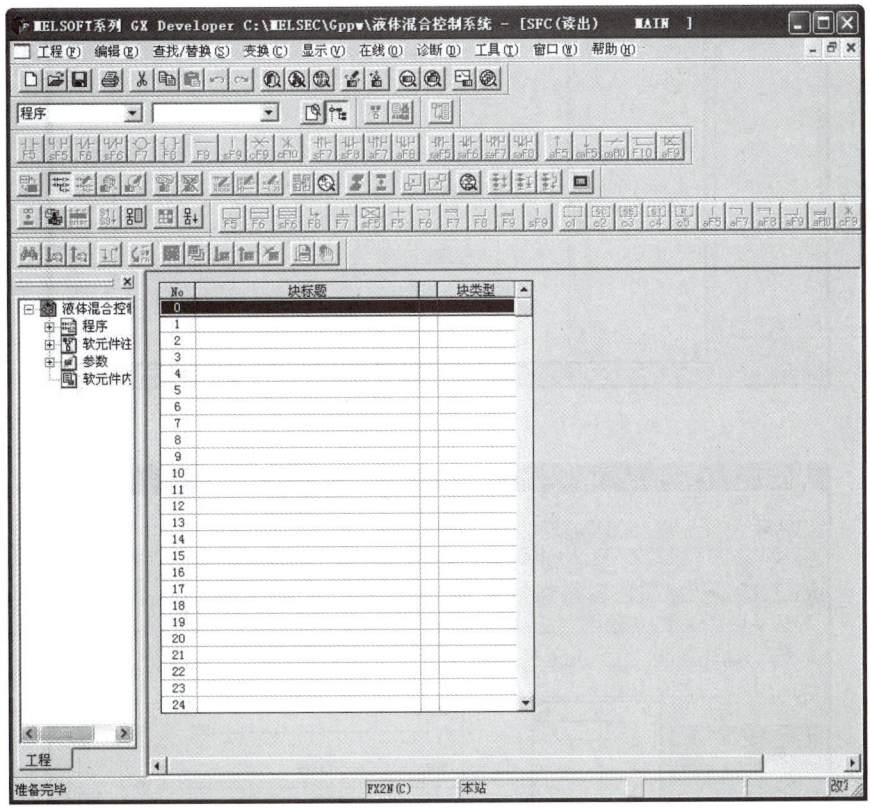

图 6-9　进入 SFC 块界面

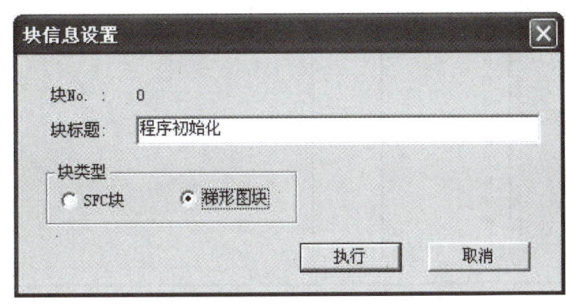

图 6-10　"块信息设置"对话框

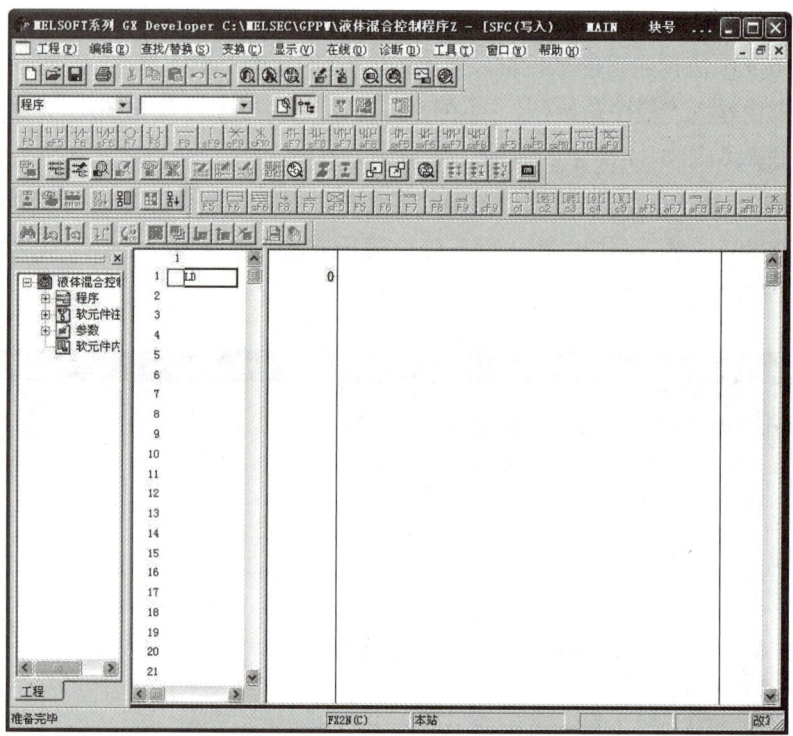

图 6-11　程序初始化梯形图编程界面

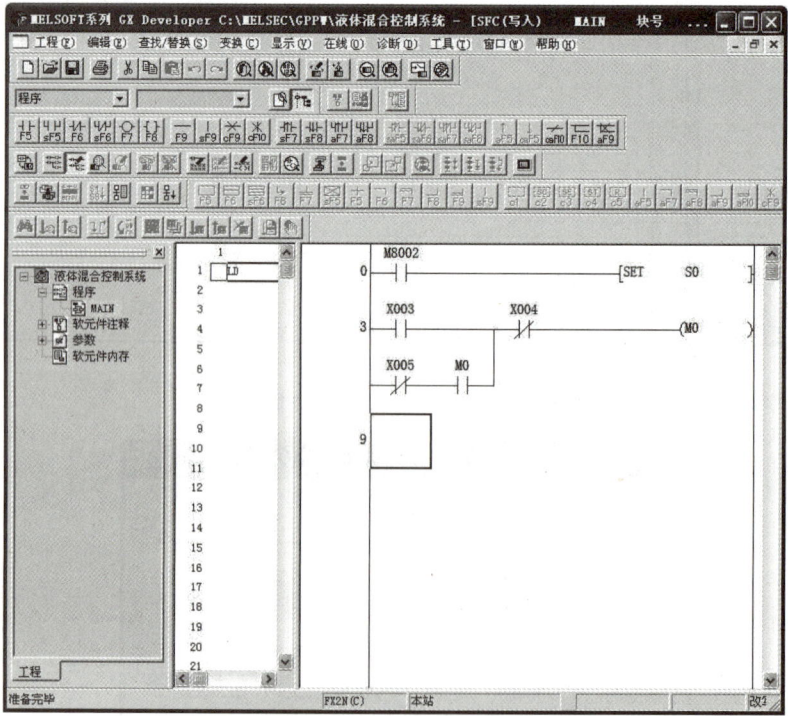

图 6-12　启动、停止和单周／周期控制的梯形图

（3）顺序功能图的输入

① 顺序功能图（SFC 块）的命名

双击图 6-12 所示界面中左侧工程栏中"程序"下的"MAIN"，出现如图 6-13 所示的界面。然后双击"块标题"栏中的"No.1"的黑色框，会出现其"块信息设置"对话框。在"块标题"编辑框内输入"自动混合控制"，单击"执行"按钮，进入如图 6-14 所示的界面。

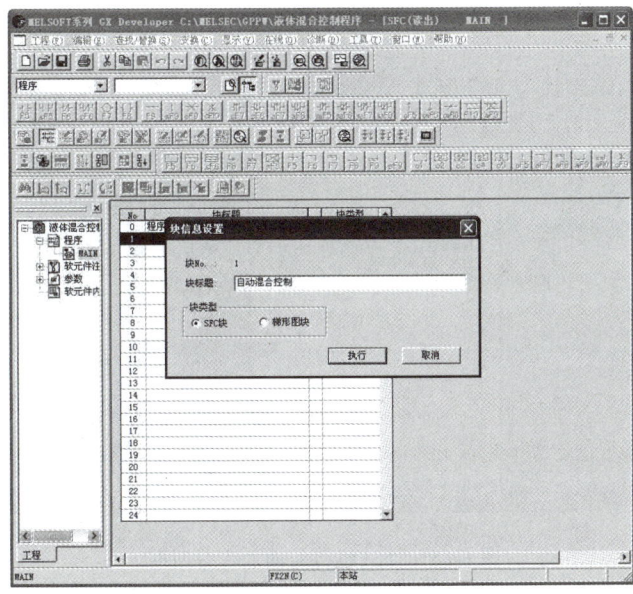

图 6-13 SFC 块的命名

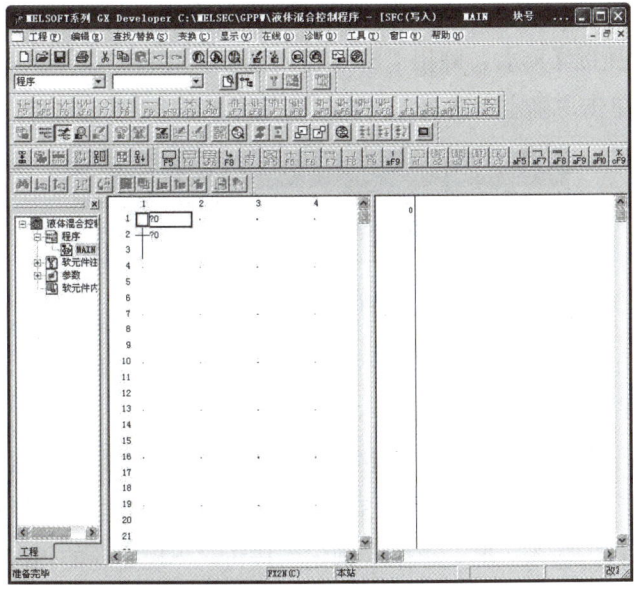

图 6-14 SFC 块的编程界面

② SFC 块的步符号（STEP）的输入

将光标移至图 6-14 所示界面中的 SFC 块的第 4 行，然后双击（也可单击工具栏中的 F5 按钮或按下键盘上的快捷键【F5】），弹出图 6-15 所示的"SFC 符号输入"对话框，将图标号设置为"STEP"，单击"确定"按钮完成步符号的输入。

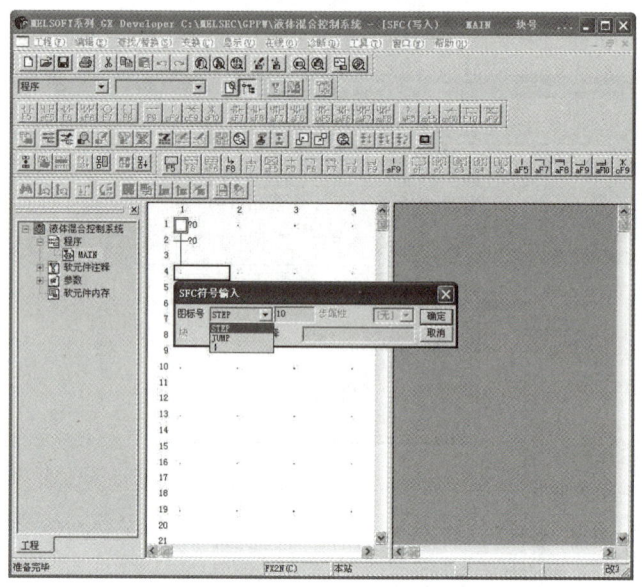

图 6-15　"SFC 符号输入"对话框

③ SFC 块的转移符号（TR）的输入

将光标移至 SFC 块的第 5 行蓝色线条框内，然后双击（也可单击工具栏中的 F5 按钮或按下键盘上的快捷键【F5】），弹出"SFC 符号输入"对话框，如图 6-16 所示，将图标号设置为"TR"，单击"确定"按钮，完成转移符号的输入。

图 6-16　SFC 块转移符号的输入

④ 运用上述输入法，将本项任务所需的各步和转移符号输入完毕，如图 6-17 所示。

⑤ SFC 块的跳符号（JUMP）的输入

在如图 6-17 所示界面中，单击工具栏中的 F8 按钮（或者按下键盘上的快捷键【F8】），会出现如图 6-18 所示的界面，然后在"SFC 符号输入"对话框中"跳（JUMP）"对应的"步属性"编辑框内，输入"0"，单击"确定"按钮，出现完整的 SFC 块输入界面，如图 6-19 所示。

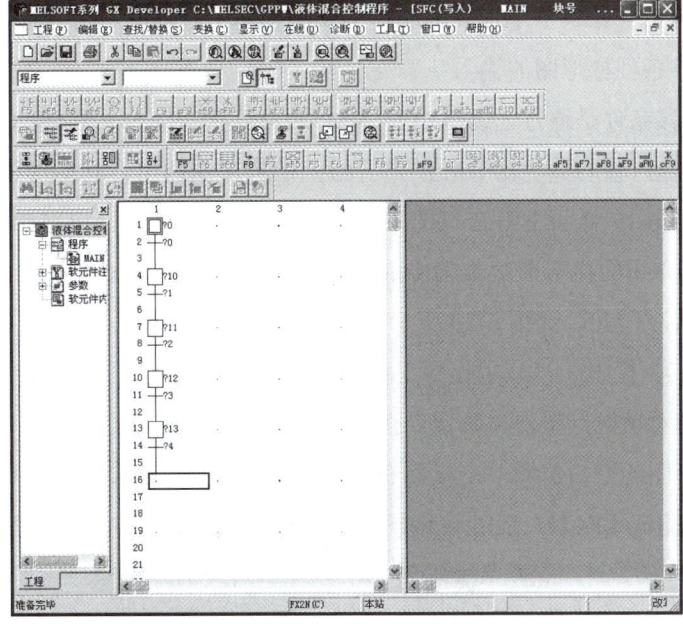

图 6-17　步和转移符号输入完成后的 SFC 界面

图 6-18　SFC 块的跳符号的输入

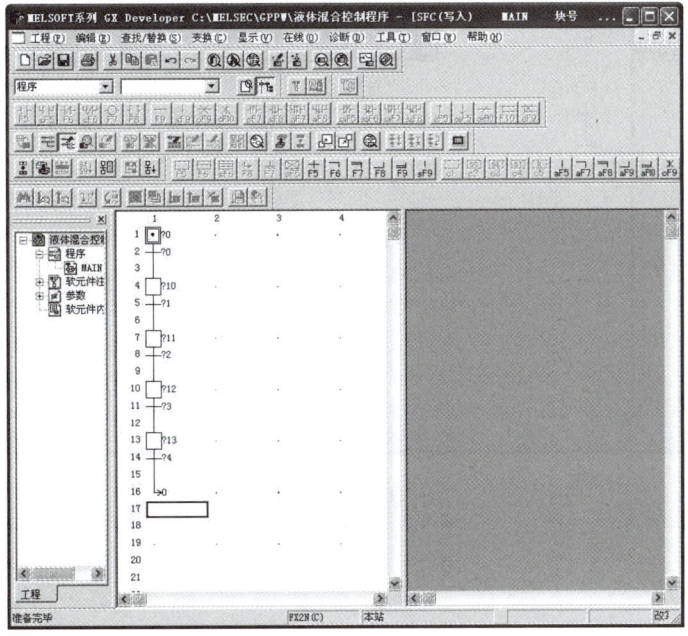

图 6-19　完整的 SFC 块输入界面

（4）SFC 块各步及转移条件对应的梯形图的输入

① 启动转移条件梯形图的输入

由于启动转移条件是通过辅助继电器 KM 的常开触点闭合来实现的，因此只要在第一个转移条件中输入辅助继电器 KM 的常开触点的梯形图即可。其梯形图的输入过程是：

（a）单击图 6-19 界面中第 2 行的 "2 —?0" 转移位置，出现梯形图编程栏，按照前面项目中所介绍的梯形图基本指令的编程方法，在梯形图编程栏中输入辅助继电器 KM 的辅助常开触点 M0，如图 6-20 所示。

（b）单击工具栏中的"应用指令"按钮（或按下键盘上的快捷键【F8】），弹出如图 6-21 所示的对话框，单击"确定"按钮（或按回车键）。

（c）在梯形图的空白位置单击鼠标右键，出现快捷菜单，选择菜单中的"变换（C）"选项（或按下快捷键【F4】），启动转移条件的梯形图即可输入完毕，如图 6-22 所示。

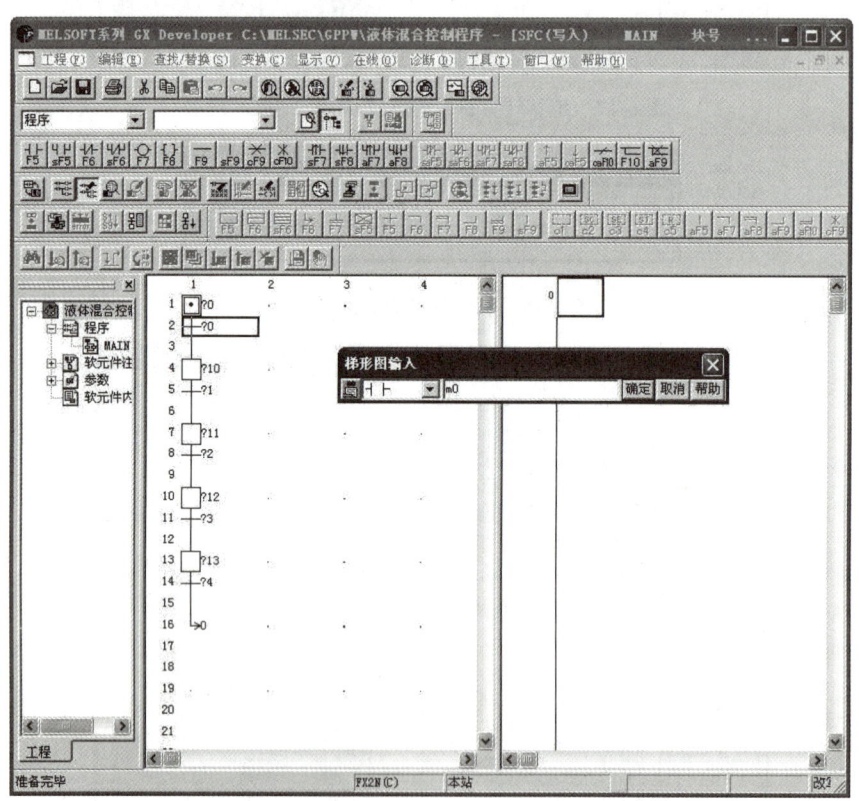

图 6-20　启动转移条件梯形图的输入面界一

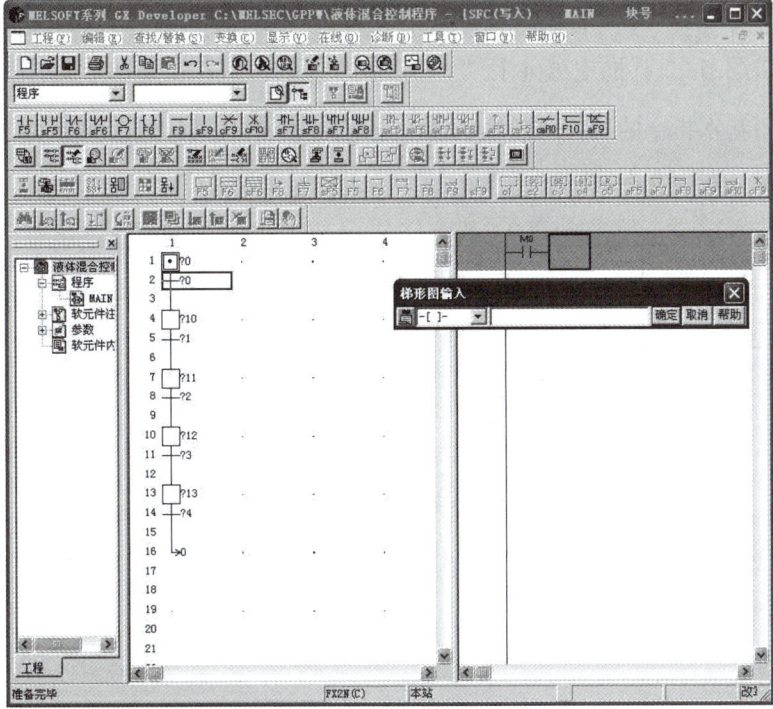

图 6-21 启动转移条件梯形图的输入界面二

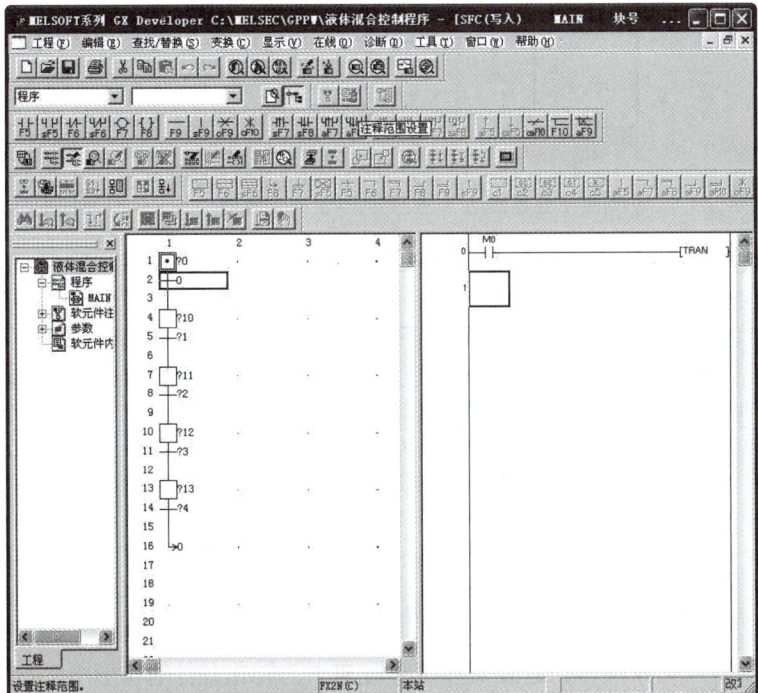

图 6-22 启动转移条件梯形图的输入界面三

② 驱动 A 液体电磁阀打开、流入 A 液体梯形图的输入

首先单击图 6-22 界面中第 4 行 " 4 □ ?10 " 步的位置，出现梯形图编程栏，然后按照上述梯形图基本指令的编程方法输入输出继电器 Y0 的线圈，最后按下快捷键【F4】进行梯形图变换，如图 6-23 所示。

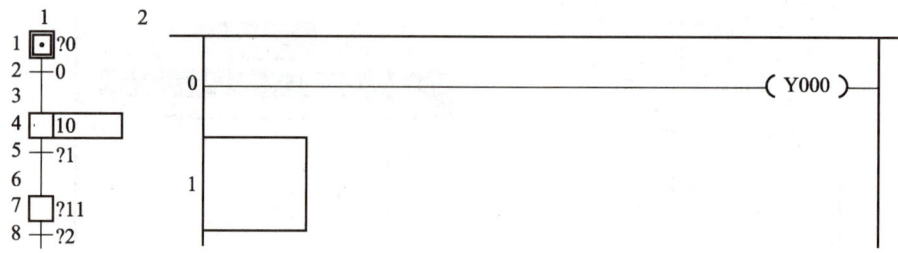

图 6-23　A 液体电磁阀（Y0）梯形图的输入

③ 用上述输入法，输入以流入的 A 液体到达 A 液面传感器 SL2 为转换条件的梯形图，如图 6-24 所示。

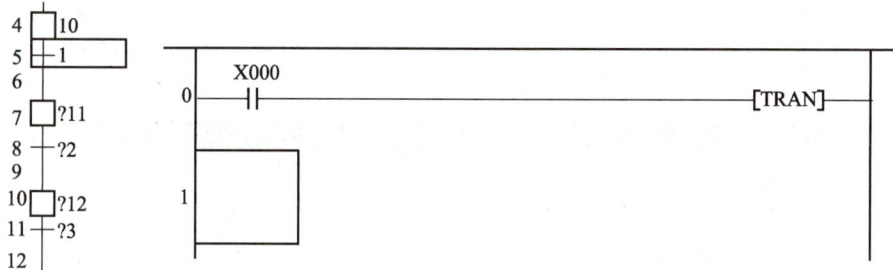

图 6-24　以流入的 A 液体到达 A 液面传感器 SL2 为转换条件的梯形图的输入

④ 输入驱动 B 液体电磁阀打开、流入 B 液体的梯形图，如图 6-25 所示。

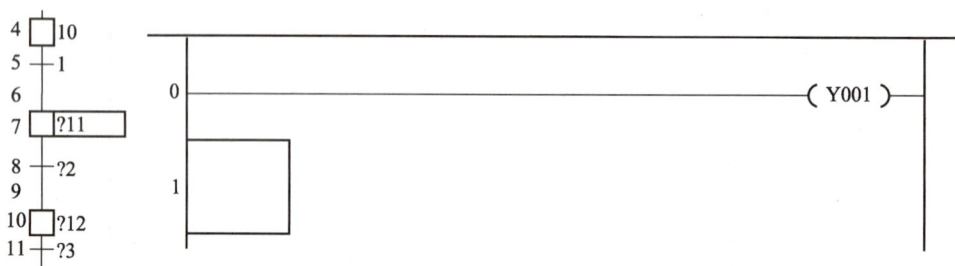

图 6-25　B 液体电磁阀（Y1）梯形图的输入

⑤ 输入以流入的 B 液体到达 B 液面传感器 SL1 为转化条件的梯形图，如图 6-26 所示。

⑥ 输入驱动搅拌机搅拌和定时器控制的梯形图，如图 6-27 所示。

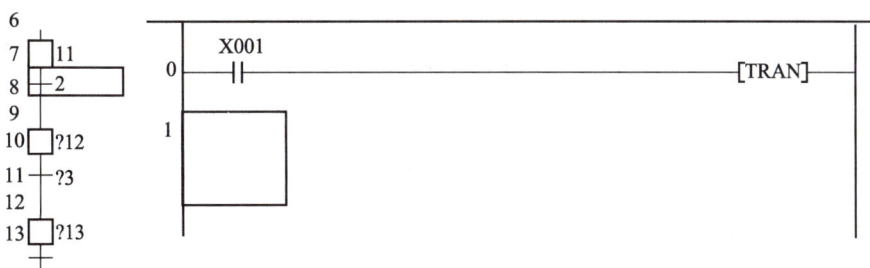

图 6-26　以流入的 B 液体到达 B 液面传感器 SL1 为转换条件的梯形图的输入

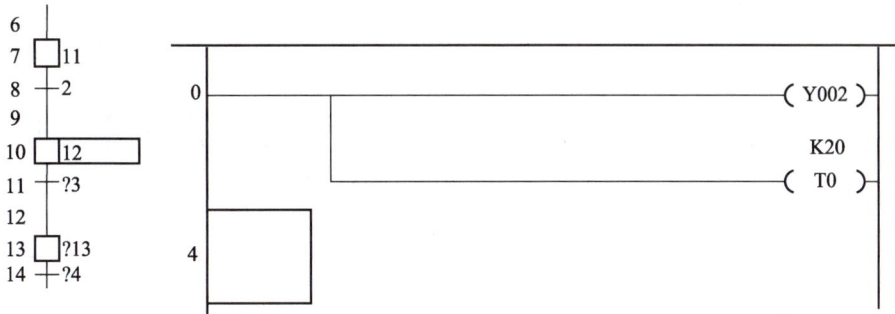

图 6-27　驱动搅拌机搅拌和定时器控制梯形图的输入

⑦ 输入以搅拌计时 20 s 为转换条件的梯形图，如图 6-28 所示。

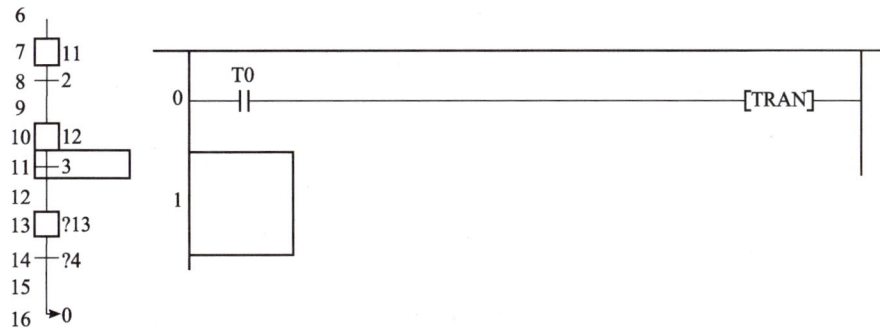

图 6-28　以搅拌计时 20 s 为转换条件的梯形图的输入

⑧ 输入驱动混合电磁阀打开和定时器 T1 延时控制的梯形图，如图 6-29 所示。

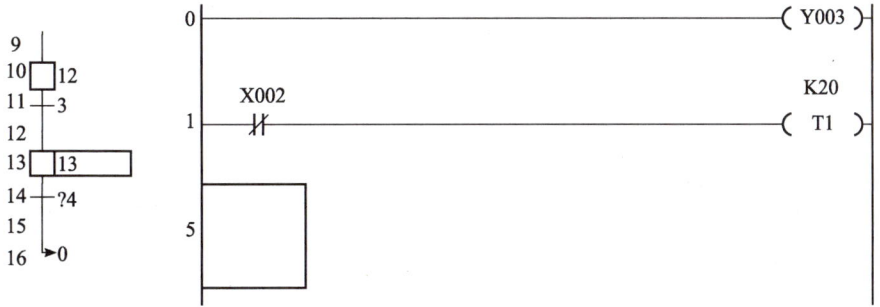

图 6-29　驱动混合电磁阀打开和定时器 T1 延时控制的梯形图输入画面

⑨ 输入当混合液体流出，液位下降到 SL3 时，以计时 20 s 为转换条件的梯形图，如图 6-30 所示。

图 6-30　液位下降到 SL3 时以计时 20 s 为转换条件的梯形图的输入

（5）SFC 块向梯形图的转换

SFC 块对应的梯形图输入完毕后，单击工具栏中的"程序批量变换／编译"按钮 。右击左侧工具栏中"程序"下的"MAIN"，在弹出的快捷菜单中选择"改变程序类型"选项，出现如图 6-31 所示的对话框。

图 6-31　"改变程序类型"对话框

选择"梯形图逻辑"，单击"确定"按钮后，双击左侧工程栏中"程序"下的"MAIN"即出现利用 SFC 块编程方法转换成的梯形图的界面，如图 6-32 所示。

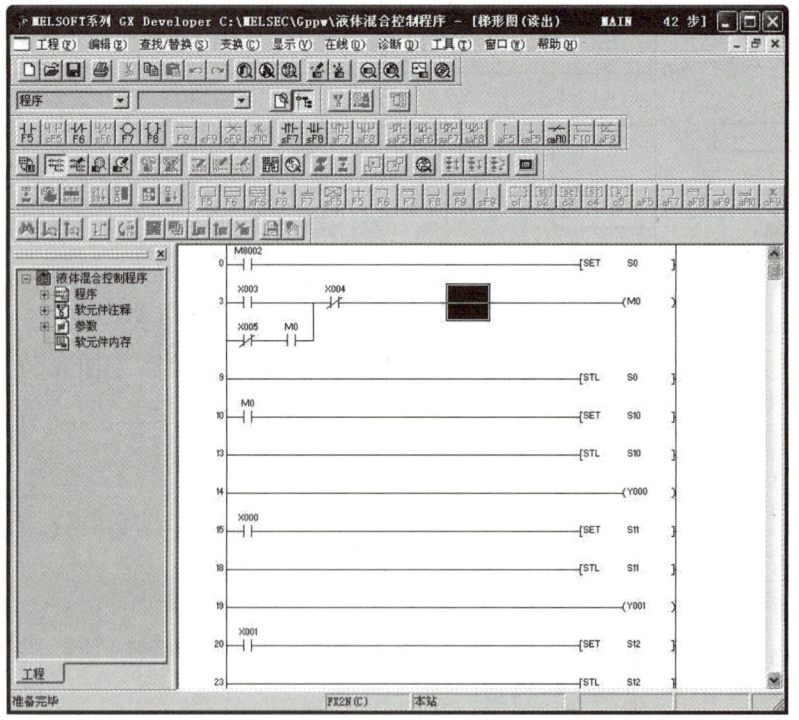

图 6-32　SFC 块对应的梯形图操作界面二

本项目 PLC 系统控制完整的梯形图如图 6-33 所示。

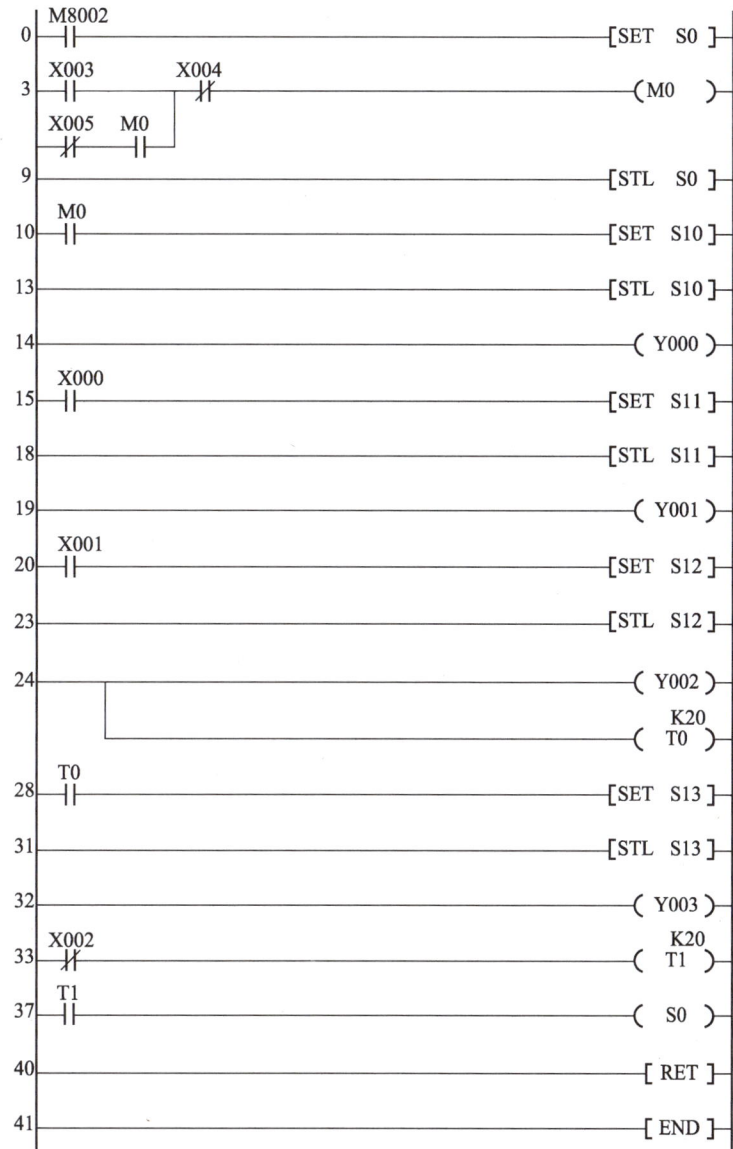

图 6-33　液体混合自动控制装置梯形图

（6）由梯形图向指令表的转换

单击快捷工具栏中的"梯形图／指示表显示切换"按钮，即可将梯形图转换为指令表，如图 6-34 所示。

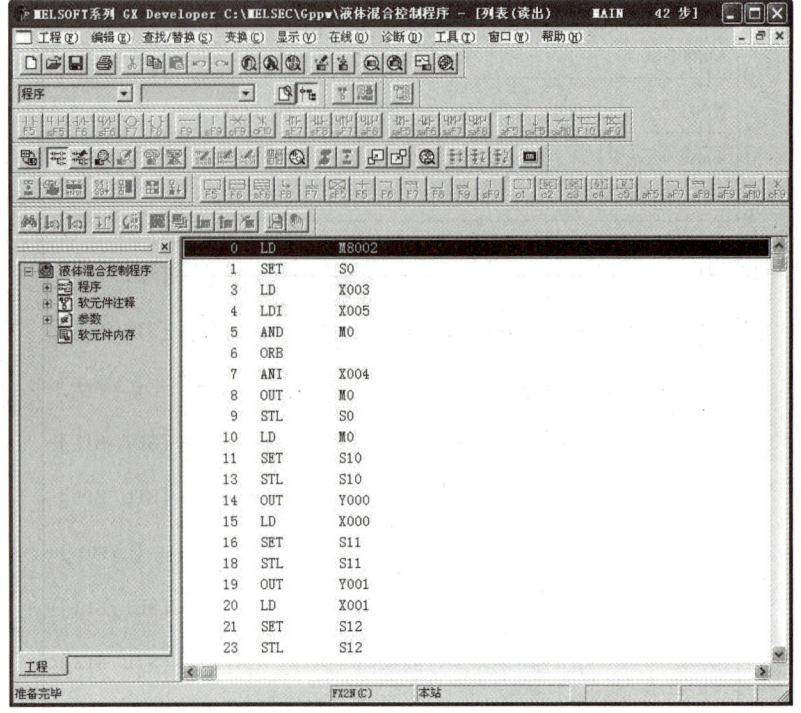

图 6-34　梯形图向指令表转换的界面

本项目 PLC 系统控制的完整步进顺控指令表如图 6-35 所示。

0	LD	M8002		19	OUT	Y001	
1	SET	S0		20	LD	X001	
3	LD	X003		21	SET	S12	
4	LDI	X005		23	STL	S12	
5	AND	M0		24	OUT	Y002	
6	ORB			25	OUT	T0	K20
7	ANI	X004		28	LD	T0	
8	OUT	M0		29	SET	S13	
9	STL	S0		31	STL	S13	
10	LD	M0		32	OUT	Y003	
11	SET	S10		33	LDI	X002	
13	STL	S10		34	OUT	T1	K20
14	OUT	Y000		37	LD	T1	
15	LD	X000		38	OUT	S0	
16	SET	S11		40	RET		
18	STL	S11		41	END		

图 6-35　液体混合自动控制装置的指令表

2）程序下载

（1）将 PLC 与计算机连接

使用专用通信电缆 RS232/RS422 转换器将 PLC 的编程接口与计算机的 COM1 串口连接。

（2）程序写入

首先接通系统电源，将 PLC 的 "RUN/STOP" 开关拨到 "STOP" 的位置，然后通过 GX Developer 软件中 "在线" 菜单下的 "PLC 写入"，就可以把仿真成功的程序写入到 PLC 中。

二、线路安装与调试

1. 识读接线图

根据 I/O 接线图了解元件及线路连接。

2. 安装电路

（1）检查元器件

根据表 6-2 配齐元器件，检查元器件的规格是否符合要求，并用万用表检测元器件是否合格。

（2）固定元器件

固定好本项目所需元器件。

（3）配线安装

根据配线原则和工艺要求，进行配线安装。

（4）自检

对照接线图检查接线是否无误，再使用万用表检测电路的阻值是否与设计相符。

3. 通电调试

（1）经自检无误后，在指导教师的指导下方可通电调试。

（2）首先接通系统电源开关 QS，将 PLC 的 "RUN/STOP" 开关拨到 "RUN" 的位置，然后通过计算机上 GX Developer 软件中 "在线" 菜单下的 "监视" > "监视模式" 来监视程序的运行情况，再按照表 6-4 进行操作，观察系统运行情况并做好记录。若出现故障，应立即切断电源，检查电路或梯形图，并分析故障原因，排除故障后方可重新进行调试，直到系统功能调试成功为止。

表 6-4　程序调试步骤及运行情况记录表

操作步骤	操作内容	观察内容	观察结果	思考内容
第一步	将仿真成功的程序下载到 PLC 后，合上断路器 QS	"POWER" 灯		理解 PLC 的工作过程
		所有的 "IN" 灯		
第二步	将 "RUN/STOP" 开关拨到 "RUN" 的位置	"RUN" 灯		

续表 6-4

操作步骤	操作内容	观察内容	观察结果	思考内容
第三步	将"RUN/STOP"开关拨到"STOP"的位置	电磁阀 YV1、YV2、YV3 和接触器 KM		理解 PLC 的工作过程
第四步	将 SA 拨到周期位置			
第五步	按下 SB1			
第六步	按下 SL2			
第七步	按下 SL1			
第八步	按下 SL3			
第九步	将 SA 拨到单周位置			
第十步	按下 SB1			
第十一步	按下 SL2			
第十二步	按下 SL1			
第十三步	按下 SL3			

总结与练习

1. 总结

总结本项目的实践过程，写出实践报告。

2. 作业

（1）有三个指示灯，按启动按钮后，要求：

① 第一个指示灯亮 10 s 后，第二个指示灯再亮；

② 第二个指示灯亮 10 s 后，第三个指示灯再亮；

③ 三个指示灯同时亮 10 s 后，全部熄灭；

④ 10 s 后，再开始循环工作。

按停止按钮后，指示灯全部熄灭。试设计控制程序。

（2）有三台电动机，控制要求为：

① 按下启动按钮后，M1 启动；10 min 后，M2 自行启动；再过 10 min 后，M3 自行启动。

② 按下停止按钮后，M3 停止运转；8 min 后，M2 自行停止运转；再过 8 min 后，M1 自行停止运转。

运用步进指令编写控制程序，绘出顺序功能图和梯形图，并写出指令语句表。

3. 技能拓展

有一台车自动往返控制系统的工作示意图，如图 6-36 所示。其控制要求如下：

（1）按下启动按钮 SB0，电动机 M 正转，台车前进；碰到限位开关 SQ1 后，电动机 M 反转，台车后退。

（2）台车后退碰到限位开关 SQ2 后，电动机 M 停转，台车停车 5 s 后，第二次前进，碰到限位开关 SQ3，再次后退。

（3）当后退再次碰到限位开关 SQ2 时，台车停止。

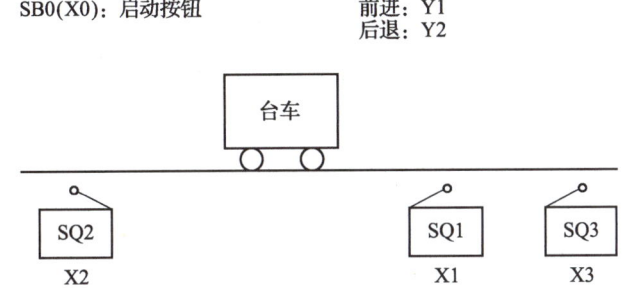

图 6-36　台车自动往返控制系统的工作示意图

对上述台车自动往返控制系统的控制要求进行分析，可以知道其一个工作周期有 5个工序，每个工序状态继电器的分配、功能与作用以及转换条件见表 6-5。

表 6-5　每个工序状态继电器的分配、功能与作用以及转换条件

工　序	分配的 状态继电器	功能与作用	转换条件
0. 初始状态	S0	PLC 上电做好准备	M8002
1. 第一次前进	S20	驱动输出线圈 Y1，M 正转	X0（SB0）
2. 第一次后退	S21	驱动输出线圈 Y2，M 反转	X1（SQ1）
3. 暂停 5 s	S22	驱动定时器 T0 延时 5 s	X2（SQ2）
4. 第二次前进	S23	驱动输出线圈 Y1，M 正转	T0
5. 第二次后退	S24	驱动输出线圈 Y2，M 反转	X3（SQ3）

根据表 6-5 可设计其顺序功能图，如图 6-37 所示。

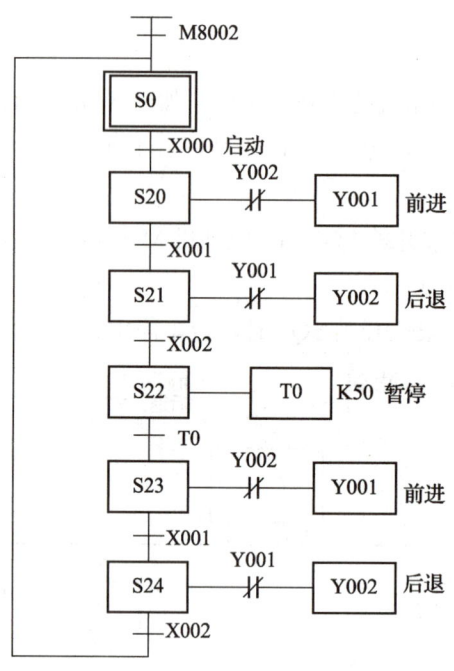

图 6-37　台车自动往返控制系统顺序功能图

试将图 6-37 所示的顺序功能图转换成梯形图，并写出指令语句表。

项目拓展

顺序功能图编程的注意事项

1. 栈操作指令在 STL 图中的使用

在 STL 触点后不可以直接使用 MPS 栈操作指令，需要引入 LD 或 LDI 指令，将栈操作指令用于其后，如图 6-38 所示。

图 6-38　栈操作指令在 STL 图中的使用

2. OUT 指令在 STL 图中的使用

OUT 指令和 SET 指令对 STL 指令后的状态继电器具有相同的功能，都会将原来的活动步对应的状态继电器自动复位。但在 STL 图中，分离状态（非相连状态）的转移必须使用 OUT 指令，如图 6-39 所示。

图 6-39　OUT 指令在 STL 图中的使用

在 STL 区内的 OUT 指令还用于闭环和跳步，如果想跳回已经处理过的步或向前跳过若干步，可对状态继电器使用 OUT 指令，如图 6-40 所示。OUT 指令还可以用于远程跳步，即从顺序功能图中的一个序列跳到另外一个序列。以上两种可以使用 SET 指令，但最好使用 OUT 指令。

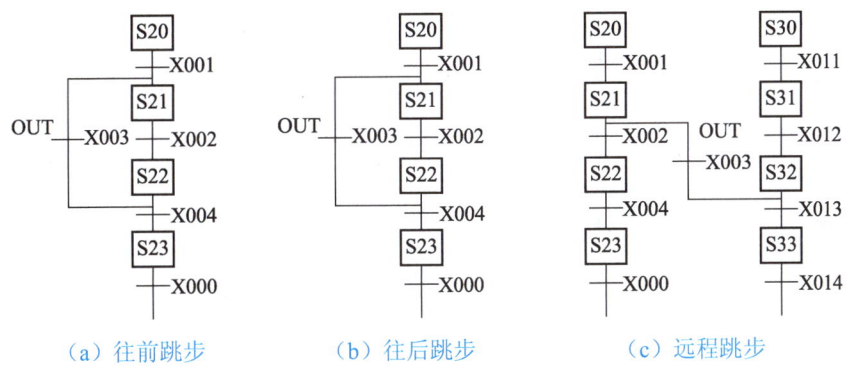

（a）往前跳步　　　　（b）往后跳步　　　　（c）远程跳步

图 6-40　STL 区内的闭环和跳步使用 OUT 指令

3. 用于顺序功能图的特殊辅助继电器

在顺序功能图中，经常会使用一些特殊辅助继电器，其名称和功能见表 6-6。

表 6-6　用于顺序功能图的特殊辅助继电器

元件编号	名称	功能和用途
M8000	RUN 运行	PLC 在运行中始终接通的继电器，可作为驱动程序的输入条件或作为 PLC 运行状态的显示来使用
M8002	初始脉冲	在 PLC 接通（由 OFF→ON）时，仅在瞬间（1 个扫描周期）接通的继电器，用于程序的初始设定或初始状态的置位/复位
M8040	禁止转移	该继电器接通后，禁止在所有状态之间转移。在禁止转移状态下，各状态内的程序继续运行，输出不会断开

元件编号	名称	功能和用途
M8046	STL 动作	任一状态继电器接通时，该继电器自动接通。用于避免与其他流程同时启动或者用于工序的动作标志
M8047	STL 监视有效	该继电器接通，编程功能可自动读出正在工作中的元件状态并加以显示

4. 单操作标志及应用

M2800～M3071 是单操作标志，当图 6-41 中 M2800 的线圈通电时，只有它后面第一个 M2800 的边沿检测点（2 号触点）能工作，而 M2800 的 1 号和 3 号脉冲触点不会动作。M2800 的 4 号触点是使用 LD 指令的普通触点。当 M2800 的线圈通电时，该触点闭合。

借助单操作标志可以用一个转换条件实现多次转换。如图 6-41（b）所示，当 S20 为活动步，X0 的常开触点闭合时，M2800 的第一个上升沿检测触点闭合一个扫描周期，实现了步 S20 到步 S21 的转换。当 X0 的常开触点下一次由断开变为接通时，因为 S20 是不活动步，所以没有执行图中的第一条"LDP M2800"指令。而 S21 的 STL 触点之后的触点是 M2800 的线圈之后遇到的它的第一个上升沿检测触点，所以该触点闭合一个扫描周期，系统由步 S21 转换到步 S22。

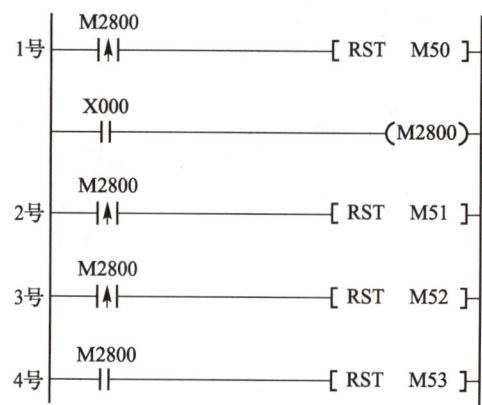

（a）单操作标志

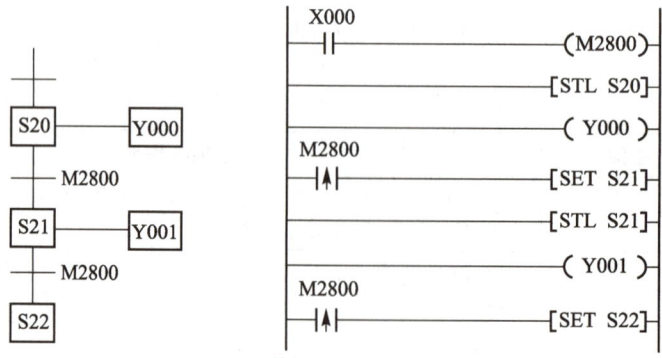

（b）单操作标志的应用

图 6-41　单操作标志及应用

课题七 带式运输机

【学习目标】

1. 掌握选择性分支与合并、并行性分支与合并的应用。
2. 能根据控制要求编写顺序功能图、梯形图，并上机调试。
3. 进一步提高 PLC 的编程能力，能将 PLC 与生产过程自动化联系起来。
4. 了解普通停止和紧急停止在步进顺控中的实现方法，熟悉以转换为中心的 SFC 编程方法。

典型工作任务

带式运输机具有输送量大、结构简单、维修方便、部件标准化等优点，广泛应用于矿山、冶金、煤炭等行业，用来输送松散物料或成件物品。根据输送工艺要求，可单台输送，也可由多台组成或与其他输送设备组成水平或倾斜的输送系统，以满足不同布置形式的作业线的需要。

图 7-1 所示是一组由三条运送带组成的带式运输机装置。带式运输机以前采用继电器控制系统，受环境的影响较大，故障频繁，加之元器件较多，线路复杂，不易维修，随着 PLC 的广泛应用，逐渐被 PLC 控制系统所取代。

图 7-1 带式运输机装置

本项目的主要任务是以图 7-1 所示的带式运输机装置为例，运用 PLC 顺序控制设计法中的选择序列及并行序列结构的状态编程法，完成对带式运输机装置的电气控制。

图 7-1 所示的带式运输机装置主要由三台带式运输机带 1、带 2 和带 3 组成，每台带式运输机分别由各自的电动机驱动，各台运输机之间有着密切的关系。其控制要求如下：

（1）带式运输机装置启动运行时，按下启动按钮后，首先启动运行带 3；经过 5 s 的延时，带 2 自动启动运行；再经 5 s 的延时，带 1 自动启动运行。

（2）带式运输机装置停止时的过程与启动相反。按下停止按钮后，先停止带 1；延时 5 s 后带 2 自动停止；再过 5 s 后带 3 自动停止。

（3）当带式运输机装置中的任意一台带式运输机发生故障时，该台带式运输机前面的带式运输机会立即停止工作，而该台带式运输机后面的带式运输机必须依次延时 5 s 停止运行。例如，若 M2 发生故障，M1、M2 立即停止，而 M3 在 M2 停止运行 5 s 后停止运行。

理论知识平台

顺序控制设计法除了在课题五、课题六中所介绍的单序列结构的编程方法外，还有选择序列结构的状态编程法和并行序列结构的状态编程法。本项目重点介绍选择序列结构状态编程法的应用。

一、用步进指令实现的选择序列的编程方法

1. 选择序列分支的编程方法

图 7-2 所示的步 S20 之后有一个选择序列分支。当步 S20 为活动步时，如果转换条件 X2 满足，将转换到步 S21；如果转换条件 X3 满足，将转换到步 S22；如果转换条件 X4 满足，将转换到步 S23。

如果某一步的后面有 N 条选择序列的分支，则该步的 STL 触点开始的电路中应有 N 条分别指明各转换条件和转换目标的串联电路。对于图 7-2 中步 S20 之后的这三条支路，有三个转换条件 X2、X3 和 X4，可能进入步 S21、步 S22 和步 S23，所以在步 S20 的 STL 触点开始的电路块中，有三条由 X2、X3 和 X4 作为置位条件的串联电路。STL 触点具有与主控指令（MC）相同的特点，即 LD 点移到了 STL 触点的右端，这对于选择序列分支对应的电路设计来说是很方便的。用 STL 指令设计复杂系统的梯形图，更能体现其优越性。

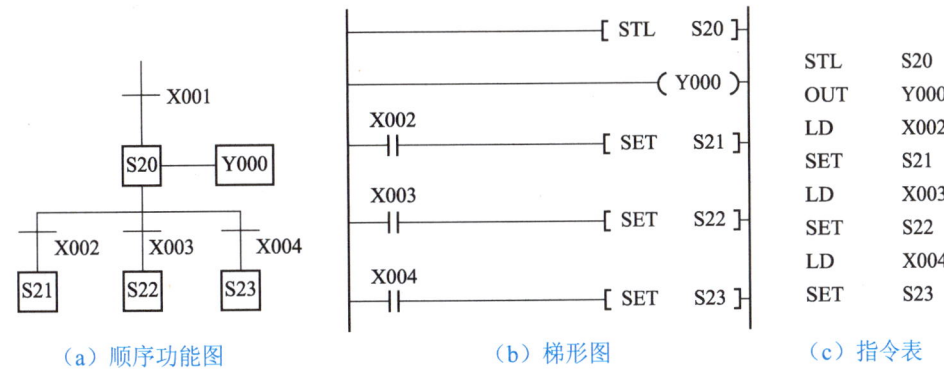

（a）顺序功能图　　　　　（b）梯形图　　　　　（c）指令表

图 7-2　选择序列分支的编程法示例

2. 选择序列合并的编程方法

图 7-3 所示的步 S24 之前有一个由三条支路组成的选择序列的合并。当步 S21 为活动步且转换条件 X1 得到满足；或者步 S22 为活动步且转换条件 X2 得到满足；或者步 S23 为活动步且转换条件 X3 得到满足时，都将使步 S24 变为活动步，同时将步 S21、步 S22 和步 S23 变为不活动步。

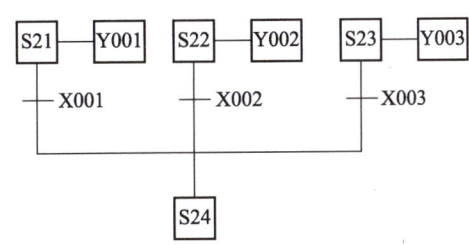

（a）顺序功能图

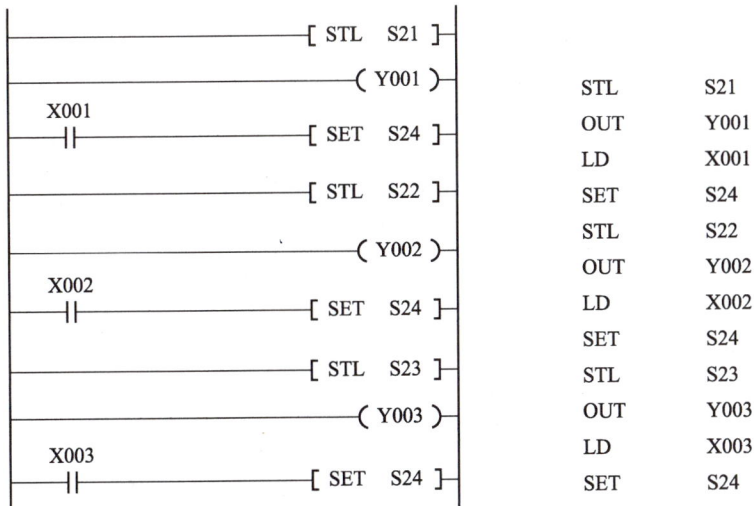

（b）梯形图　　　　　　　　　　　（c）指令表

图 7-3　选择序列合并的编程方法示例

在梯形图中，由 S21、S22 和 S23 的 STL 触点驱动的电路块中均有转换目标 S24，对它们的后续步 S24 的置位是用 SET 指令来实现的，对相应的前级步的复位是由系统程序自动完成的。其实在设计梯形图时，没有必要特别留意如何处理选择序列的合并，只要正确地确定每一步的转换条件和转换目标，就能自然地实现选择序列的合并。

要注意，在分支、合并的处理程序中，不能用 MPS、MRD、MPP、ANB、ORB 指令。

二、用步进指令实现并行序列的编程方法

1. 并行序列分支的编程方法

在图 7-4（a）所示的顺序功能图中，步 S20 之后有一个并行序列的分支，即 S21、S31 和 S41。当步 S20 是活动步且转换条件 X0 满足时，步 S21、步 S31 和步 S41 同时变为活动步，这三个序列同时开始工作。在图 7-4（b）所示的梯形图中，用 S20 的 STL 触点和 X0 的常开触点组成的串联电路控制 SET 指令对 S21、S31 和 S41 同时置位，同时系统程序将前级步 S20 变为不活动步，三个序列同时开始工作。

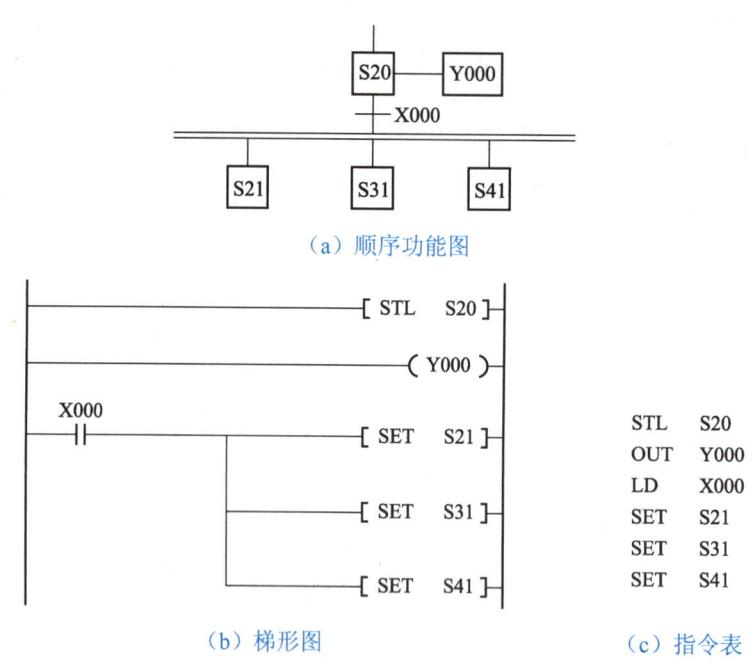

（a）顺序功能图

（b）梯形图   （c）指令表

图 7-4　选择序列合并的编程方法示例

2. 并行序列合并的编程方法

在图 7-5（a）所示的顺序功能图中，并行序列合并处的转换有三个前级步，即 S21、S31 和 S41，根据转换实现的基本原则，当它们均为活动且转换条件 X10 得到满足时，实

现并行序列合并。在图 7-5（b）所示的梯形图中，用 S21、S31 和 S41 所对应的 STL 触点和 X10 的常开触点组成串联电路使 S42 置位，S21、S31 和 S41 的 STL 触点均出现了两次。如果不涉及并行序列合并，同一状态继电器的 STL 触点只能在梯形图中使用一次，串联的 STL 触点的个数不能超过八个，也就是说，一个并行序列中的序列数不能超过八个。

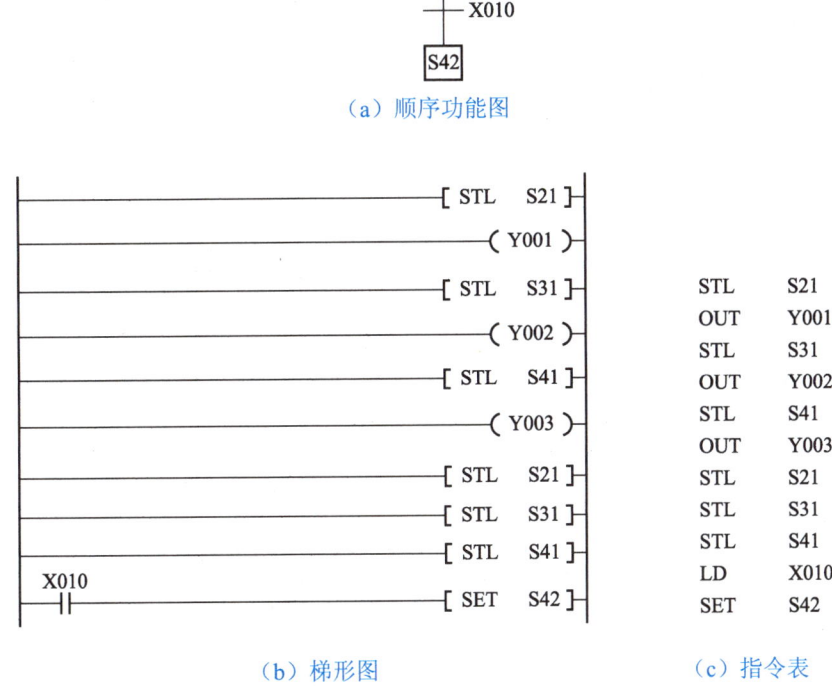

（a）顺序功能图

（b）梯形图 （c）指令表

图 7-5 并行序列合并的编程方法示例

项目实施

一、程序设计与仿真

1. 通过分析控制要求，分配输入点和输出点，写出 I/O 通道地址分配表

根据带式运输机的控制要求，可确定 PLC 需要 5 个输入点，3 个输出点，其 I/O 通道地址分配表见表 7-1。

表 7-1　I/O 通道地址分配表

输　入			输　出		
元件代号	作用	输入继电器	元件代号	作用	输出继电器
SB1	启动按钮	X0	KM1	带 1 控制	Y1
SA1	带 1 故障检测	X1	KM2	带 2 控制	Y2
SA2	带 2 故障检测	X2	KM3	带 3 控制	Y3
SA3	带 3 故障检测	X3			
SB2	停止按钮	X6			

2. 画出 PLC 接线图（I/O 接线图）

PLC 接线图如图 7-6 所示。

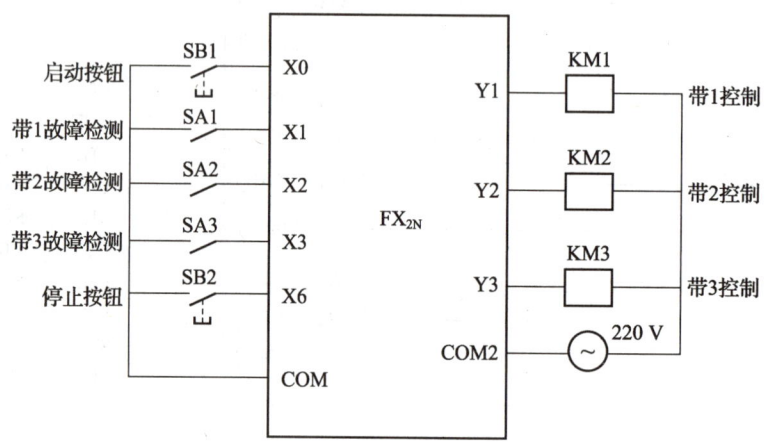

图 7-6　带式运输机装置 I/O 接线图

3. 程序设计

根据 I/O 通道地址分配表及项目控制要求，画出本项目控制的顺序功能图，并写出指令语句表，再转换成对应的梯形图。

1）顺序功能图

根据对项目控制要求的分析，采用单序列结构和选择序列分支的编程方法，画出本项目的顺序功能图。

（1）带式运输机装置的正常启动和停止的程序设计

根据对项目任务的控制要求进行分析可知，装置中的带式运输机是典型的顺启逆停的顺序控制，可用前面项目中介绍的单序列结构的编程方法画出其顺序功能图，如图 7-7 所示。

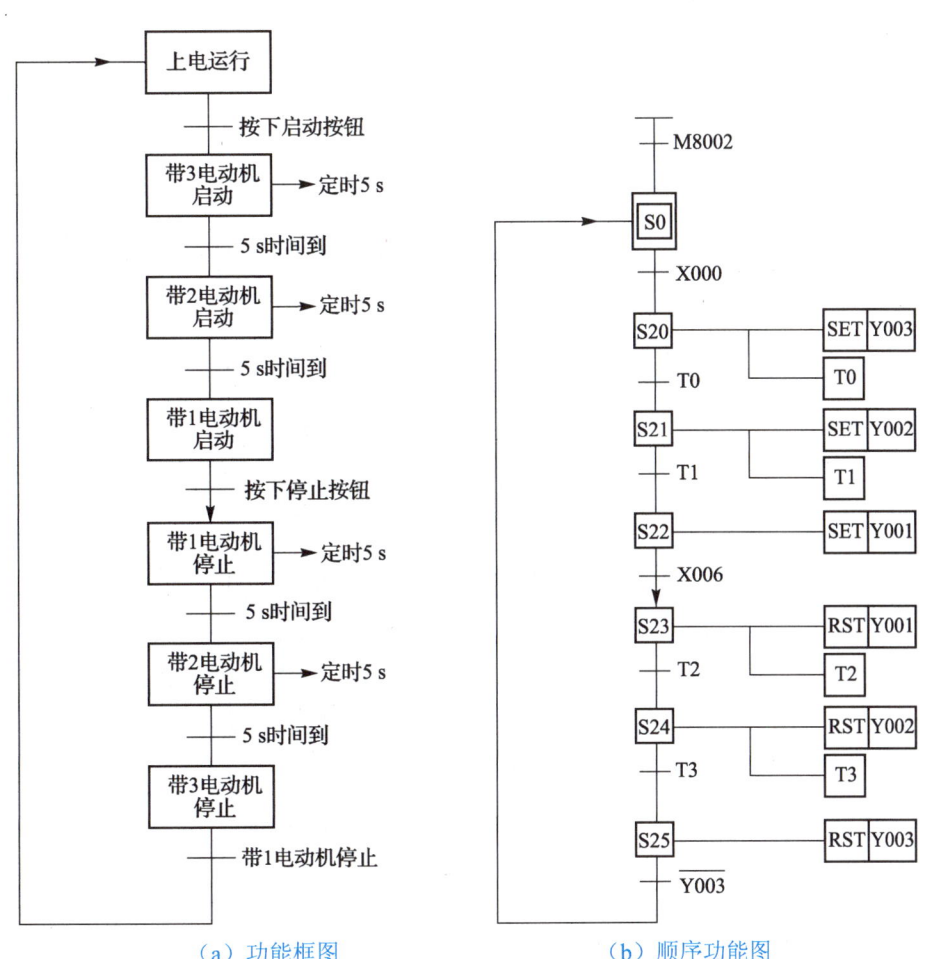

(a) 功能框图　　　　(b) 顺序功能图

图 7-7　带式运输机装置功能框图与顺序功能图对照

（2）带式运输机装置的非正常（出现故障）停止的程序设计

通过对项目任务的控制要求进行分析可知，带式运输机装置出现非正常（即任何一台带式运输机出现故障）停止时，其他两台将按照控制要求进行停止，对此可用选择序列分支的编程方法进行程序设计。其分析设计过程时应考虑以下几种情况：

① 当三台带式运输机都在正常运行时，假如带 1 突然出现故障。

分析过程：当出现该故障现象时，按照控制要求可知，此时带 1 应立即停止，而带 2、带 3 会依次延时 5 s 后停止。

从图 7-7 中可知，三台带式运输机都在正常运行工作时，系统处于步 S22 状态，即 S22 为活动步。如果带 1 出现故障，检测开关 SA1 闭合，转换条件 X1 得到满足，将转换到步 S23，这一过程和正常停止时一样，所以只要将 X1 和停止按钮 X6 的常开触点并联即可，其顺序功能图如图 7-8 所示。

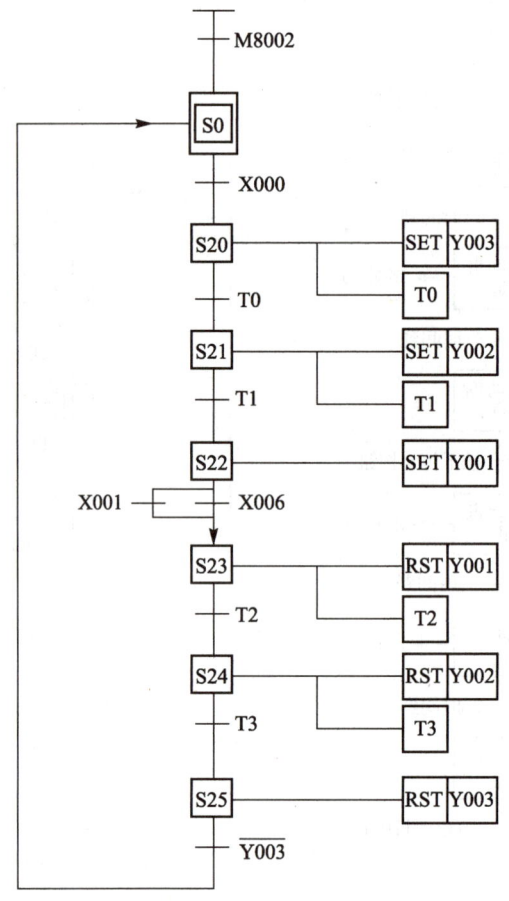

图 7-8　带 1 出现故障时的顺序功能图

②　当三台带式运输机都在正常运行时，假如带 2 突然出现故障。

分析过程：当出现该故障现象时，按照控制要求可知，此时带 2 和它前面的带 1 应立即停止，而带 3 会延时 5 s 后再停止。

从图 7-7 中可知，三台带式运输机都在正常运行时，系统处于步 S22 状态，即 S22 为活动步。如果带 2 出现故障，检测开关 SA2 闭合，转换条件 X2 得到满足，将转换到步 S26，这时采用选择序列分支进行编程，其顺序功能图如图 7-9 所示。

无论是带 1 或者是带 2 发生故障停止，都要回到初始状态 S0，也就是说在 S0 之前有前级步 S25、S27，这时 S25、S27 为活动步，只要转换条件 Y3 常闭触点得到满足，将使初始步 S0 变为活动步，而使步 S25、S27 变为不活动步，这时运用选择序列合并的编程方法，其顺序功能图如图 7-10 所示。

从图 7-9 和图 7-10 可得到带 1、带 2 任何一台出现故障时的顺序功能图，如图 7-11 所示。

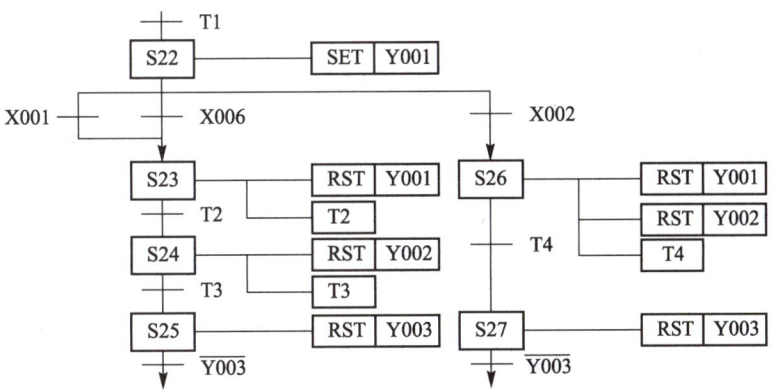

图 7-9　带 1、带 2 任何一台出现故障时的选择序列分支顺序功能图

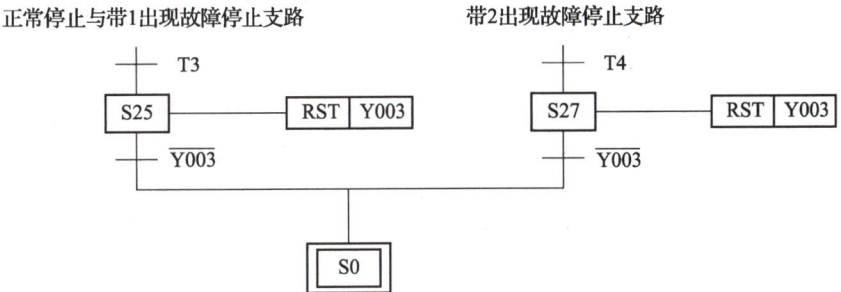

图 7-10　带 1、带 2 任何一台出现故障时的选择序列合并顺序功能图

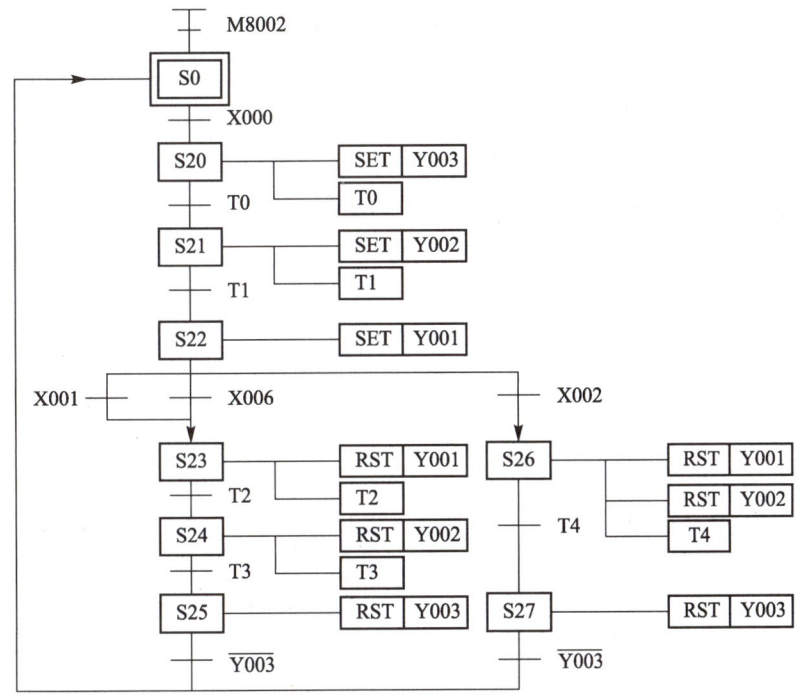

图 7-11　带 1、2 任何一台出现故障时的选择序列顺序功能图

③ 当三台带式运输机都在正常运行工作时，假如带 3 突然出现故障。

分析过程：当出现该故障现象时，按照控制要求可知，此时带 3 和它前面的带 2、带 1 应立即全部停止。

从图 7-7 中可知，三台带式运输机都在正常运行时，系统处于步 S22 状态，即 S22 为活动步。如果带 3 出现故障，检测开关 SA3 闭合，转换条件 X3 得到满足，将转换到步 S28，此处采用选择序列分支进行编程，其顺序功能图如图 7-12 所示。

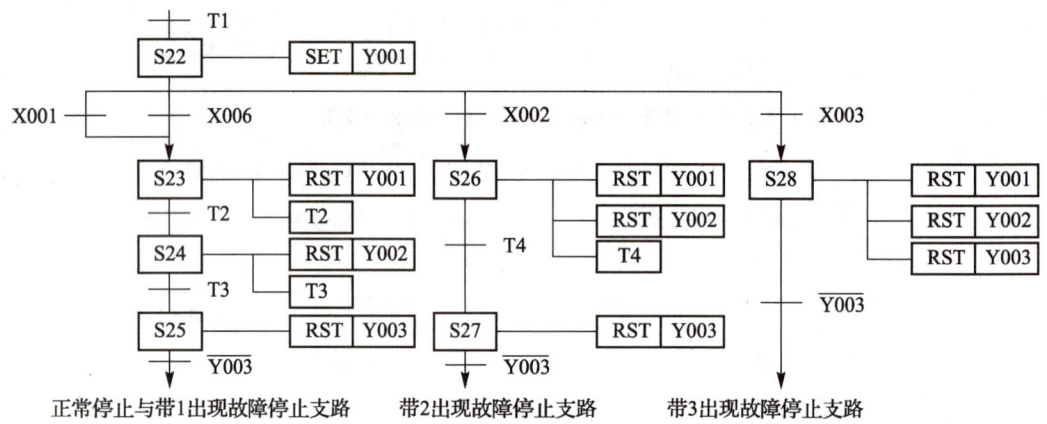

图 7-12　带 1、带 2、带 3 任何一台出现故障时的选择序列分支顺序功能图

若采用选择序列合并进行编程，顺序功能图如图 7-13 所示。

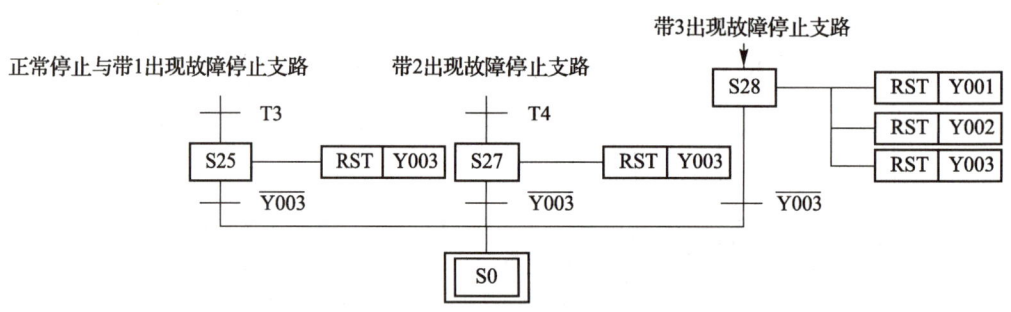

图 7-13　带 1、带 2、带 3 任何一台出现故障时的选择序列合并顺序功能图

图 7-14 所示为带 1、带 2、带 3 任何一台出现故障时的顺序功能图。从图 7-14 可以看出，当步 S22 为活动步时，如果转换条件 X1（带 1 故障）满足，将转换到步 S23；如果转换条件 X2（带 2 故障）满足，将转换到步 S26；如果转换条件 X3（带 3 故障）满足，将转换到步 S28。

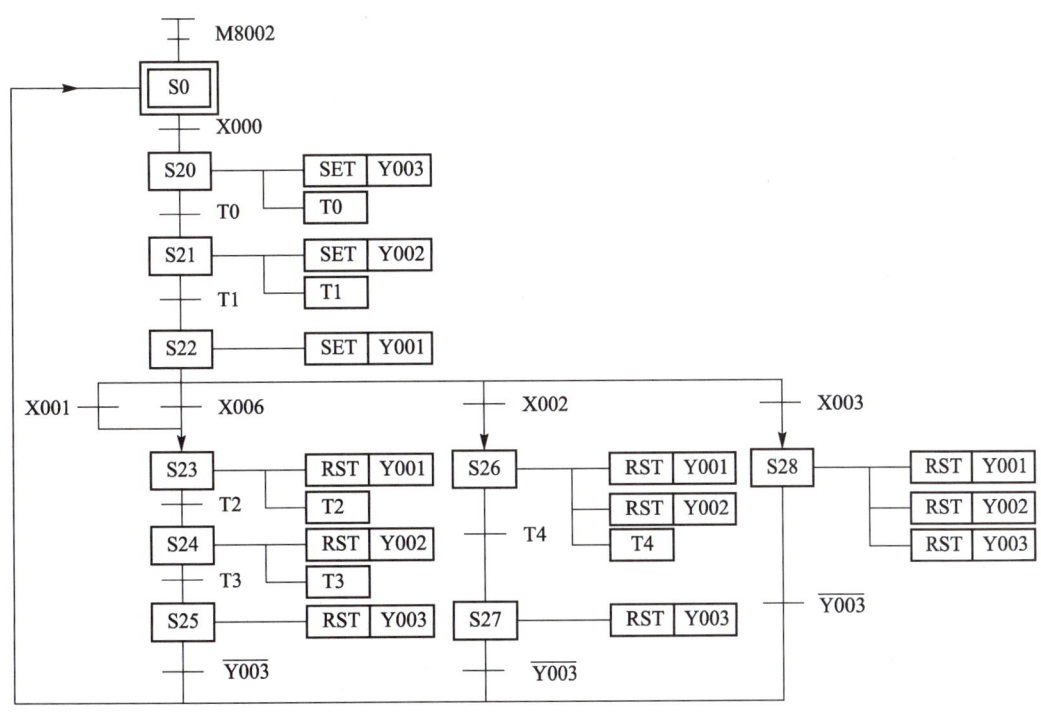

图 7-14　带 1、带 2、带 3 任何一台出现故障时的顺序功能图

对于图 7-14 中步 S22 之后的这三条支路，有三个转换条件 X1、X2 和 X3，可能进入步 S23、步 S26 和步 S28，所以在步 S22 的 STL 触点开始的电路块中，有三条由 X1、X2 和 X3 作为置位条件的串联电路。

另外，从图 7-14 还可以看出，在步 S0 之前有一个由三条支路组成的选择序列的合并。当步 S25、步 27 或者 S28 为活动步（即步 25、步 27、步 28 至少有一个为活动步），且转换条件 Y3 得到满足时，将使步 S0 变为活动步，同时将步 S25、步 S27 和步 S28 变为不活动步。

2）指令表

根据图 7-14 所示的顺序功能图，运用选择序列分支的指令编写方法，可以编写出本项目的指令表，如图 7-15 所示。

0	LD	M8002	
1	SET	S0	
3	STL	S0	
4	LD	X000	
5	SET	S20	
7	STL	S20	
8	SET	Y003	
9	OUT	T0	K50
12	LD	T0	
13	SET	S21	
15	STL	S21	
16	SET	Y002	
17	OUT	T1	K50
20	LD	T1	
21	SET	S22	
23	STL	S22	
24	SET	Y001	
25	LD	X001	
26	OR	X006	
27	SET	S23	
29	LD	X002	
30	SET	S26	
32	LD	X003	
33	SET	S28	
35	STL	S23	
36	RST	Y001	
37	OUT	T2	K50
40	LD	T2	
41	SET	S24	
43	STL	S24	

44	RST	Y002	
45	OUT	T3	K50
48	LD	T3	
49	SET	S25	
51	STL	S25	
52	RST	Y003	
53	LDI	Y003	
54	OUT	S0	
56	STL	S26	
57	RST	Y001	
58	RST	Y002	
59	OUT	T4	K50
62	LD	T4	
63	SET	S27	
65	STL	S27	
66	RST	Y003	
67	LDI	Y003	
68	OUT	S0	
70	STL	S28	
71	RST	Y001	
72	RST	Y002	
73	RST	Y003	
74	LDI	Y003	
75	OUT	S0	
77	RET		
78	END		

图 7-15　带式运输机装置指令表

3）梯形图

根据图 7-15 所示的指令表，可将其转换为梯形图，如图 7-16 所示。

4. 程序输入及仿真运行

本项目的程序输入有三种方法，即梯形图输入法、指令表输入法和顺序功能图输入法。读者可根据自己的习惯选用不同的输入法。在进行步进顺序控制编程设计时，采用顺序功能图输入法的较多，因为采用顺序功能图输入法，用 STL 指令设计复杂系统的梯形图更能体现其优越性。

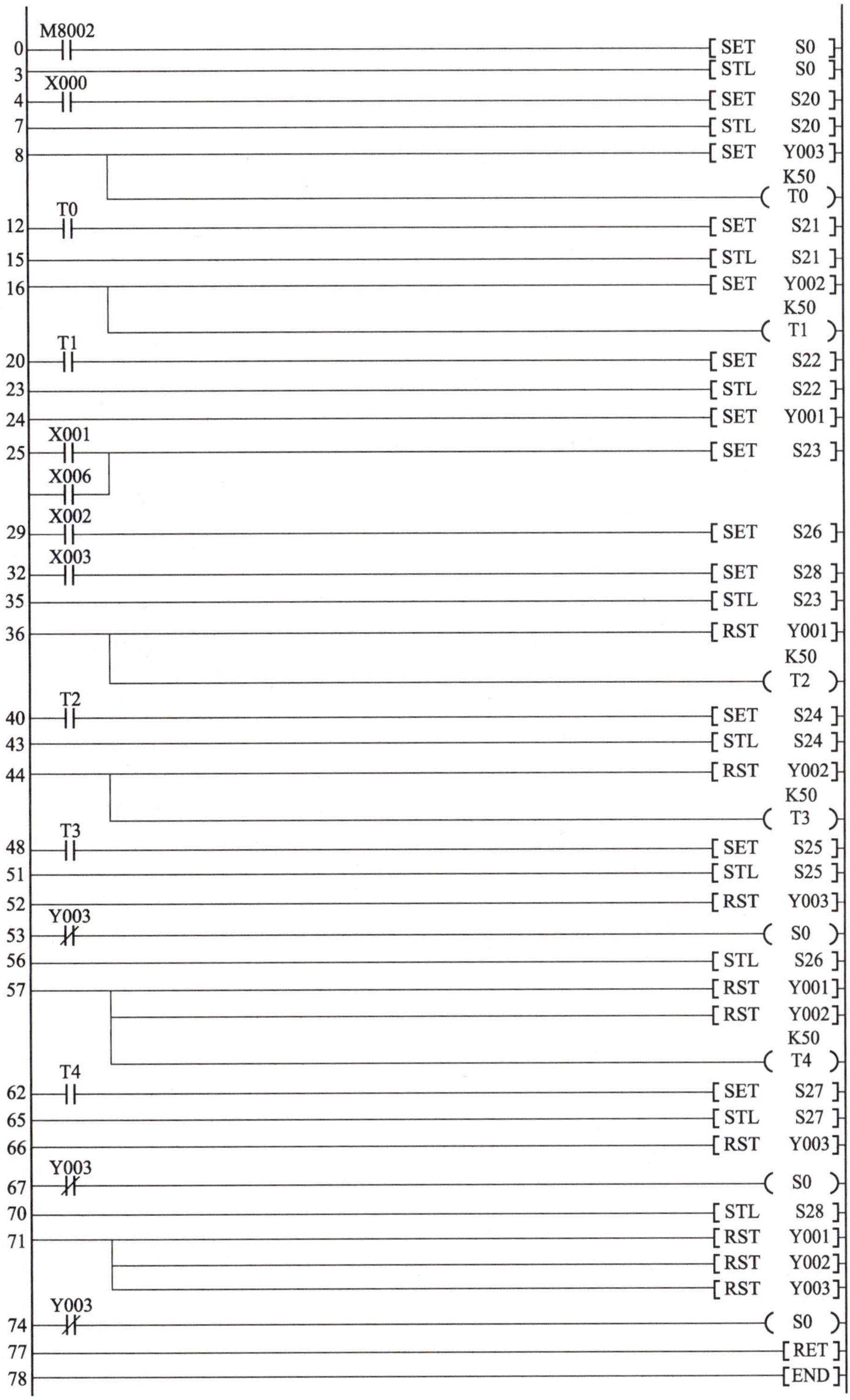

```
      M8002
0 ────┤├─────────────────────────────────────────[ SET    S0   ]
3                                                  [ STL    S0   ]
      X000
4 ────┤├─────────────────────────────────────────[ SET    S20  ]
7                                                  [ STL    S20  ]
8                                                  [ SET    Y003 ]
                                                            K50
                                                         ──(  T0  )
      T0
12 ───┤├─────────────────────────────────────────[ SET    S21  ]
15                                                 [ STL    S21  ]
16                                                 [ SET    Y002 ]
                                                            K50
                                                         ──(  T1  )
      T1
20 ───┤├─────────────────────────────────────────[ SET    S22  ]
23                                                 [ STL    S22  ]
24                                                 [ SET    Y001 ]
      X001
25 ───┤├─────────────────────────────────────────[ SET    S23  ]
      X006
   ───┤├───
      X002
29 ───┤├─────────────────────────────────────────[ SET    S26  ]
      X003
32 ───┤├─────────────────────────────────────────[ SET    S28  ]
35                                                 [ STL    S23  ]
36                                                 [ RST    Y001 ]
                                                            K50
                                                         ──(  T2  )
      T2
40 ───┤├─────────────────────────────────────────[ SET    S24  ]
43                                                 [ STL    S24  ]
44                                                 [ RST    Y002 ]
                                                            K50
                                                         ──(  T3  )
      T3
48 ───┤├─────────────────────────────────────────[ SET    S25  ]
51                                                 [ STL    S25  ]
52                                                 [ RST    Y003 ]
      Y003
53 ───┤/├───────────────────────────────────────────────( S0  )
56                                                 [ STL    S26  ]
57                                                 [ RST    Y001 ]
                                                   [ RST    Y002 ]
                                                            K50
                                                         ──(  T4  )
      T4
62 ───┤├─────────────────────────────────────────[ SET    S27  ]
65                                                 [ STL    S27  ]
66                                                 [ RST    Y003 ]
      Y003
67 ───┤/├───────────────────────────────────────────────( S0  )
70                                                 [ STL    S28  ]
71                                                 [ RST    Y001 ]
                                                   [ RST    Y002 ]
                                                   [ RST    Y003 ]
      Y003
74 ───┤/├───────────────────────────────────────────────( S0  )
77                                                       [ RET  ]
78                                                       [ END  ]
```

图 7-16 带式运输机装置梯形图

1）程序输入

（1）新工程的建立

启动 GX Developer 编程软件，首先选择 PLC 的类型为"FX2N"，在程序类型框内选择"SFC"，并在"工程名编辑框中输入"带式运输机装置控制"；然后单击"确定"按钮，创建新文件，如图 7-17 所示。

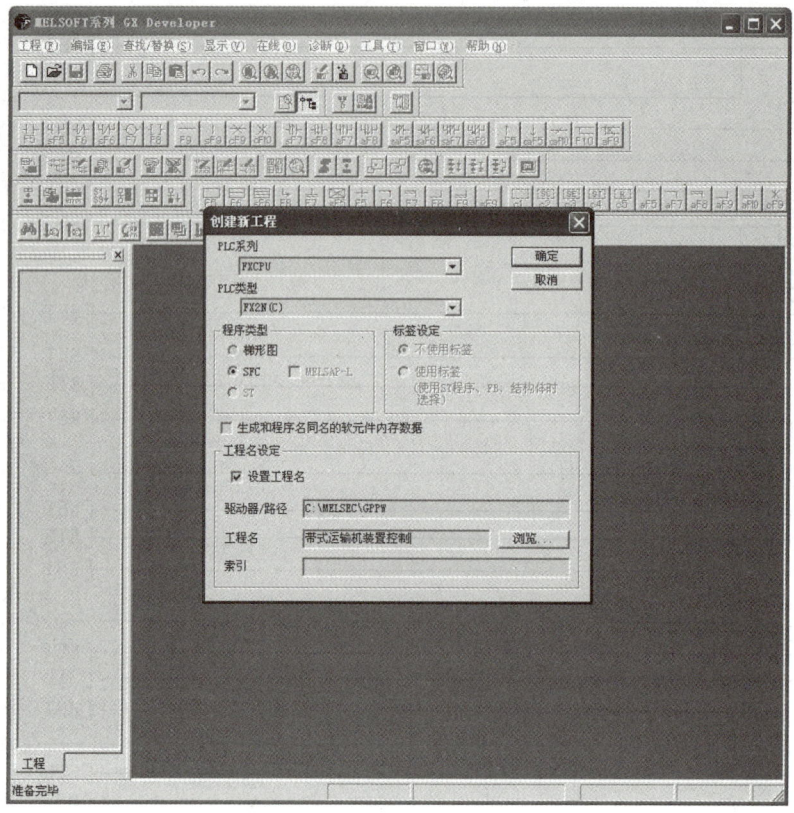

图 7-17　创建新工程界面

（2）顺序功能图输入法

参照课题六介绍的顺序功能图的输入方法，将图 7-14 所示的顺序功能图（状态流程图）通过编程软件输入计算机，输入过程在此不再赘述。

（3）指令表输入法

参照课题二中介绍的指令表的输入方法，将图 7-15 所示指令表中的指令语句通过编程软件输入计算机，输入过程在此不再赘述。

（4）梯形图输入法

梯形图输入法是最基本的方法，在此不再赘述，读者可自行完成。

要注意，在这三种输入法相互转换的过程中，只能实现"指令表→梯形图→顺序功能图"、"指令表→梯形图"、"指令表—顺序功能图"、"梯形图→顺序功能图"、"梯形图→指令表"、"顺序功能图→梯形图"和"顺序功能图→梯形图→指令表"的转换，而不能实现"顺序功能图→指令表"的直接转换。

2）仿真运行

按照课题六所介绍的顺序功能图的仿真监控方法进行仿真运行，在此不再赘述，读者可自行完成。

3）程序下载

把 PLC 与计算机连接，将程序写入 PLC 中。

二、线路安装与调试

1.　识读接线图

根据 I/O 接线图在模拟实物控制配线板上进行线路连接。

2.　安装电路

1）检查元器件

根据表 7-1 配齐元器件，检查元器件的规格是否符合要求，并用万用表检测元器件是否合格。

2）固定元器件

固定好本项目所需元器件。

3）配线安装

根据配线原则和工艺要求，进行配线安装。

4）自检

对照接线图检查接线是否无误，再使用万用表检测电路的阻值是否与设计相符。

3.　通电调试

（1）经自检无误后，在指导教师的指导下方可通电调试。

（2）首先接通系统电源开关 QS，将 PLC 的"RUN/STOP"开关拨到"RUN"的位置，然后通过计算机上 GX Developer 软件中"在线"菜单下的"监视">"监视模式"来监视程序的运行情况，再按照表 7-2 进行操作，观察系统运行情况并做好记录。若出现故障，应立即切断电源，检查电路或梯形图并分析故障原因，排除故障后方可重新进行调试，直到系统功能调试成功为止。

表 7-2　程序调试步骤及运行情况记录表

操作步骤	操作内容	观察内容	观察结果	思考内容
第一步	将仿真成功的程序下载到 PLC 后，合上断路器 QS	"POWER" 灯		理解 PLC 的工作过程
		所有的 "IN" 灯		
第二步	将 "RUN/STOP" 开关拨到 "RUN" 的位置	"RUN" 灯		
第三步	将 "RUN/STOP" 开关拨到 "STOP" 的位置	"RUN" 灯		
第四步	将 SA 拨到周期位置	KM1、KM2 和 KM3 的动作		
第五步	按下 SB1			
第六步	三台运输机启动完毕后，按下 SB2			
第七步	三台运输机启动完毕后，按下 SA1			
第八步	三台运输机启动完毕后，按下 SA2			
第九步	三台运输机启动完毕后，按下 SA3			

总结与练习

1. 总结

总结本项目的实践过程，写出实践报告。

2. 作业

画出图 7-18 所示顺序功能图的梯形图，并写出指令语句表。

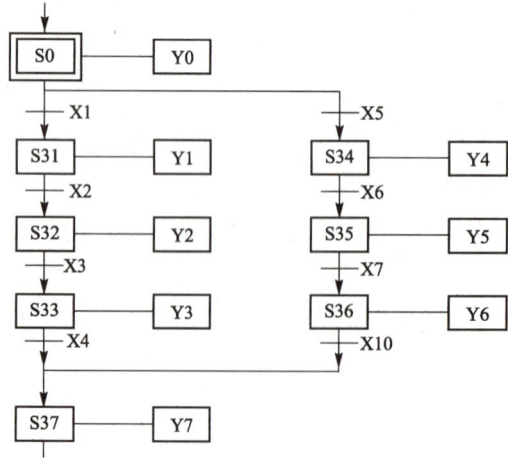

图 7-18　顺序功能图

3. 技能拓展

用以转换为中心的 SFC 编程方法对图 7-19 所示的顺序功能图进行梯形图转换。

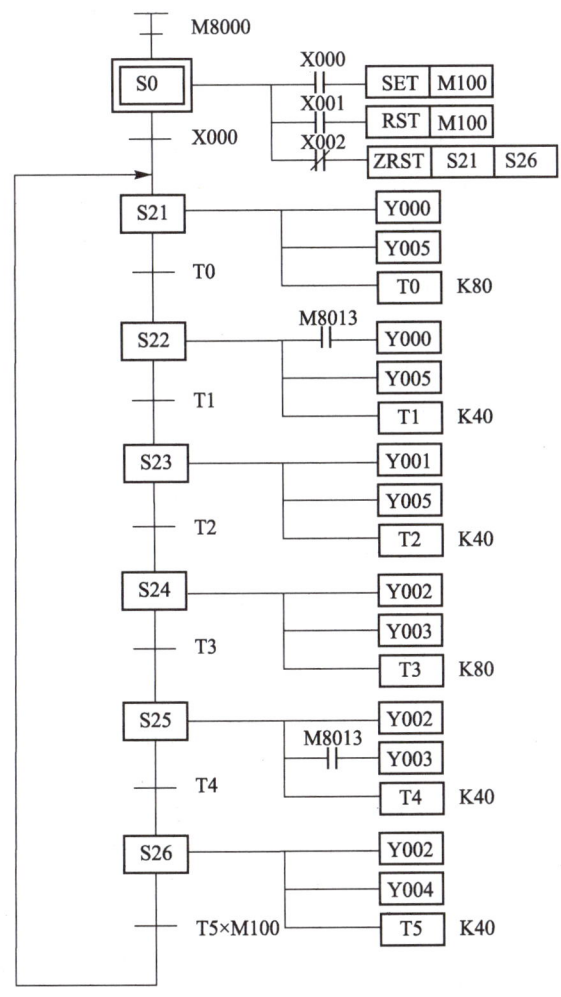

图 7-19 顺序功能图

项目拓展

一、各种停止的实现

在步进顺控应用中，停止的处理比较复杂，可分为普通停止和紧急停止两种。

1. 普通停止

普通停止在此约定是指在执行完当前运行周期后的停止。

图 7-20（a）所示是两盏灯交替点亮控制的 SFC 图。控制系统使用一个开关（X0）控制启、停。当 X0 为 ON 时，系统运行；当 X0 为 OFF 时，系统则在执行完当前周期后停止输出，X0 在这里实现了普通停止。

若系统使用一个启动按钮（X0），使用一个停止按钮（X1），对应的 SFC 图如图 7-20（b）所示。在图 7-20（b）中，初始状态 M0 一直处于激活状态，启动时按下启动按钮，X1 为 ON，状态 M1 激活。由于初始状态 M0 之前的转换条件变成了 M8000，它在 PLC 运行期间一直为 ON，故 T0 延时时间到，M2 激活，M1 变为非激活状态；当 T1 延时时间到时，T1 常开触点变为 ON。由于停止按钮没有按下，X1 为 OFF，故 M100 为 ON，其常开触点闭合，M2 到 M1 的转换条件 T1×M100 为 ON，转换正常进行，系统处于运行状态。若某个时刻 X1 变为 ON，则转换条件不能成立，系统不能正常转换，将在执行完当前周期后停止，为普通停止。

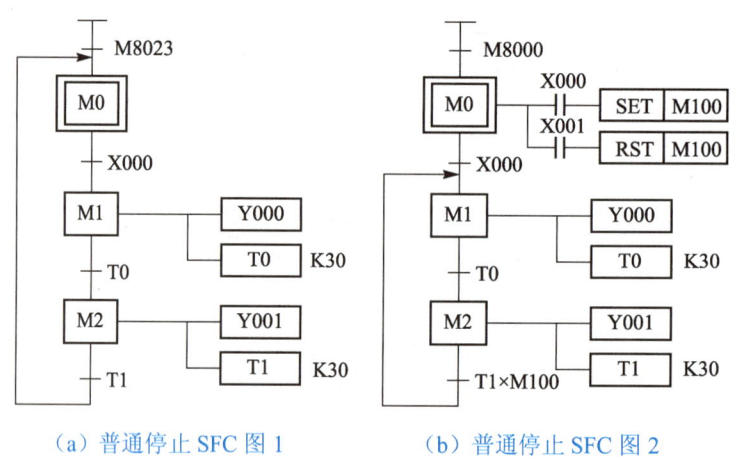

(a) 普通停止 SFC 图 1　　　　　(b) 普通停止 SFC 图 2

图 7-20　普通停止的处理

2. 紧急停止

紧急停止在此约定是指立即结束当前系统的运行，所有状态复位。紧急停止一般使用保持型输入元件，如开关、带保持功能的按钮等，并且一般使用常闭触点。在上述例子中，添加一个紧急停止按钮（带保持），接在输入 X2 上，使用常闭触点，其 SFC 图如图 7-21 所示。当 X2 为 OFF 时，除初始状态 M0 外，其他状态都复位，实现了紧急停止。

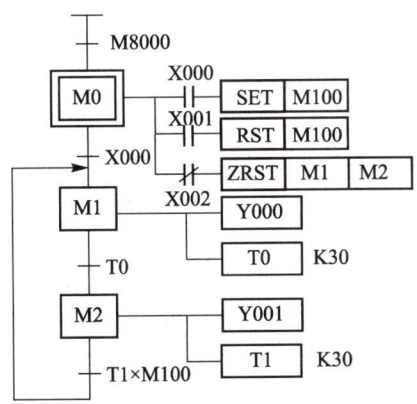

图 7-21　紧急停止的处理

以上仅对基于 M 的 SFC 停止情况作了介绍，基于 S 的 SFC 停止处理与此类似，读者可自行分析。

二、以转换为中心的 SFC 编程方法

本书在前面课题中以"启—保—停"电路为重点，介绍了 SFC 的编程方法。正如 SET、RST 指令可以完成"启—保—停"电路的功能一样，也可以使用 SET、RST 指令实现步进顺控指令编程，这种编程方法称为以转换为中心的步进顺控编程法。现以图 7-22 所示的两个电路为例进行说明。

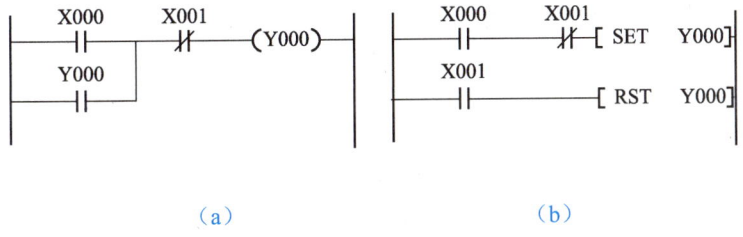

（a）　　　　　　　　　　　　（b）

图 7-22　两种连续运行电路的比较

在图 7-22（a）中，当 X0 接通时，Y0 得电自锁；当 X1 接通时，Y0 失电断开。在图 7-22（b）中，当 X0 接通时，对 Y0 置位并保持，Y0 得电运行；当 X1 接通，对 Y0 复位并保持，Y0 停止。这两个电路是等效的，图 7-22（b）中用图 7-22（a）中的启动条件作为输出的置位条件，用停止条件的常开触点作为输出的复位条件，实现了与图 7-20（a）相同的功能。

课题八　十字路口交通灯控制

【学习目标】

1. 掌握根据控制要求编写并行序列结构流程图、梯形图的方法，并上机调试。
2. 通过对综合项目的练习，进一步提高 PLC 的编程能力，并掌握其应用。
3. 了解磁性开关、气源组件和气缸以及方向控制阀的相关知识。

典型工作任务

汽车数量的不断增加给交通管理带来了很大的困难，因此对十字路口交通灯的控制要求也越来越高。用 PLC 控制系统能准确地实现对十字路口交通灯的控制，图 8-1 所示是某十字路口交通灯示意图。

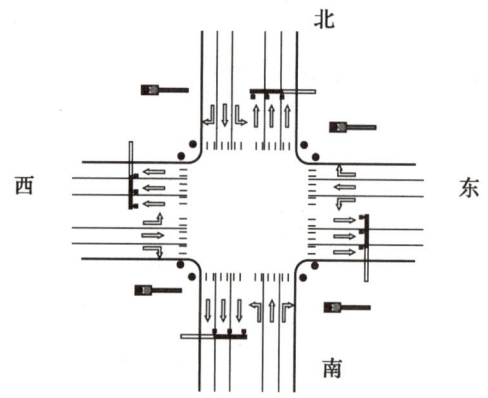

图 8-1　十字路口交通灯示意图

当 PLC 运行后，东西、南北方向的交通信号灯按照图 8-2 所示的时序运行。东西方向上首先绿灯亮 8 s，闪动 4 s 后熄灭，然后黄灯亮 4 s 后熄灭，最后红灯亮 16 s 后熄灭；与此同时，南北方向上首先红灯亮 16 s 后熄灭，然后绿灯亮 8 s，闪动 4 s 后熄灭，最后黄灯亮 4 s 后熄灭，如此循环下去。

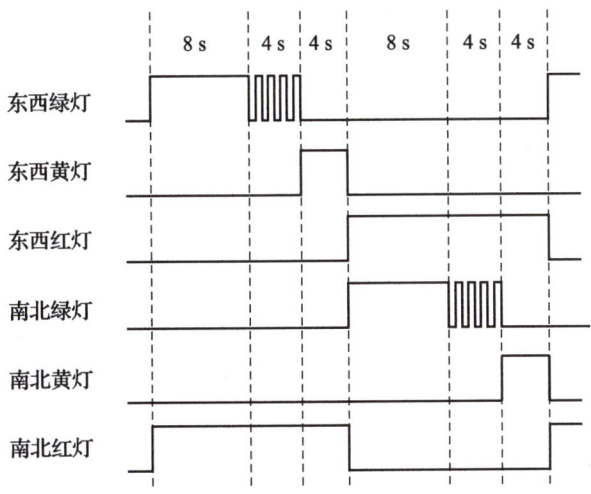

图 8-2　交通信号灯时序图

根据上述控制要求可以看出，十字路口交通灯的控制是一个典型的由时间控制的顺序进行的循环过程，可以使用多种方法来实现控制要求。

本项目任务的主要内容是用 PLC 顺序控制设计法中的并行序列结构编程方法进行十字路口交通信号灯控制系统的设计。

理论知识平台

一、并行序列结构形式的顺序功能图

顺序过程进行到某步，该步后面有多个分支；当该步结束后，若转移条件满足，则同时开始所有分支的顺序动作；若全部分支的顺序动作同时结束后，汇合到同一状态。这种顺序控制过程的结构就是并行序列结构。

并行序列也有开始和结束之分，并行序列的开始称为分支，并行序列的结束称为合并。图 8-3（a）所示为并行序列的分支，它是指当转换实现后，将同时激活多个后续步，每个序列中活动步的进展将是独立的。为了区别于在课题七中介绍过的选择序列顺序功能图，强调转换的同步实现，并行序列顺序功能图的水平线用双线表示，转换条件放在水平双线之上。如果步 3 为活动步且转换条件 c 成立，则 4、6、8 三步同时变成活动步，而步 3 变为不活动步。步 4、6、8 被同时激活后，每一序列接下来的转换将是独立的。

图 8-3（b）所示为并行序列的合并。用双线表示并行序列的合并，将转换条件放在双线之下。当同时满足直接连在双线上的所有前级步 5、7、9 都为活动步，步 5、7、9 的顺序动作全部执行完成，转换条件下 d 成立这三个条件时，才能使转换实现。即步 10 变为活动步，而步 5、7、9 同时变为不活动步。

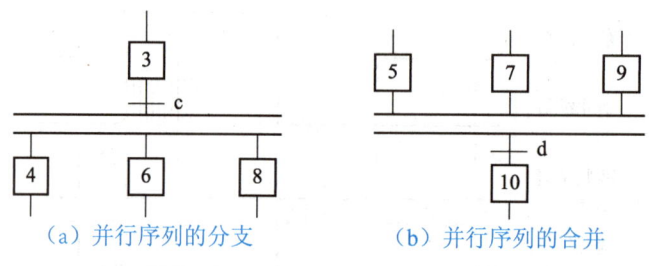

（a）并行序列的分支　　　　　　（b）并行序列的合并

图 8-3　并行序列结构

二、用"启—保—停"电路实现的并行序列的编程方法

1. 并行序列分支的编程方法

并行序列中各单序列的第一步应同时变为活动步。对控制这些步的"启—保—停"电路使用同样的启动电路，就可以实现这一要求。如图 8-4（a）所示，步 M1 之后有一个并行序列的分支，当步 M1 为活动步并且转换条件 X1 满足时，步 M2 和步 M3 同时变为活动步，即 M2 和 M3 应同时变为 ON。如图 8-4（b）所示，步 M2 和步 M3 的启动电路相同，都为逻辑关系式 $M1 \times X1$。

2. 并行序列合并的编程方法

如图 8-4（a）所示，步 M6 之前有一个并行序列的合并，该转换实现的条件是所有的前级步（即步 M4 和步 M5）都是活动步且转换条件 X4 满足。由此可知，应将 M4、M5 和 X4 的常开触点串联，作为控制 M6 的"启—保—停"电路的启动电路，如图 8-4（c）所示。

3. 并行序列编程法的基本编程原则

从上述的并行序列分支的编程方法和并行序列合并的编程方法可知，在并行序列中，编程的原则与前面课题介绍的选择序列编程的原则基本一样，也是先进行状态转换处理，然后处理动作。在状态转换处理中，先集中处理分支，然后处理分支内部状态转换，最后集中处理合并。

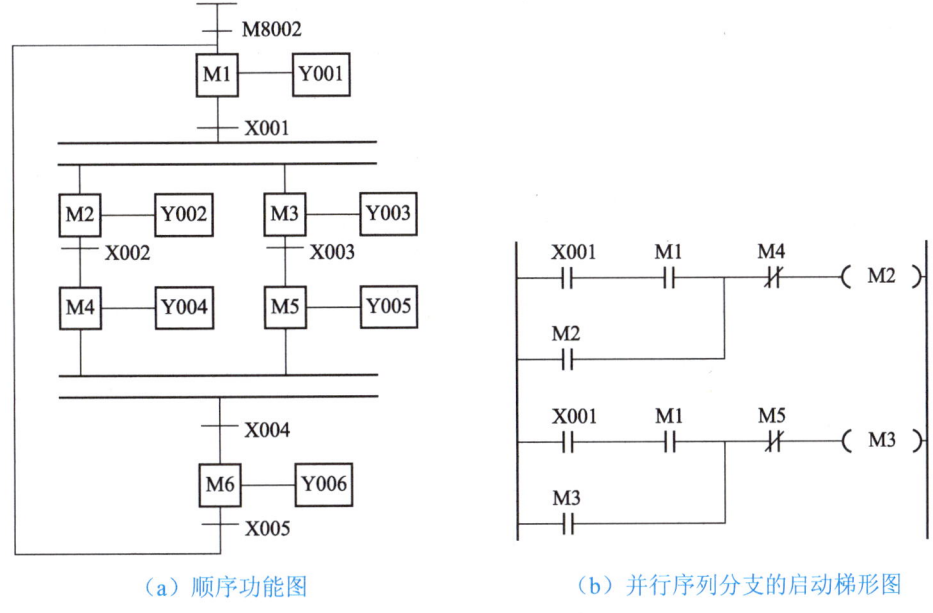

（a）顺序功能图　　　　　　　　　（b）并行序列分支的启动梯形图

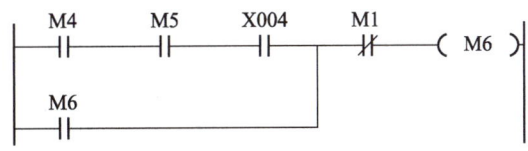

（c）并行序列合并的启动梯形图

图 8-4　并行序列的编程方法实例

项目实施

一、程序设计与仿真

1. 通过分析控制要求，分配输入点和输出点，写出 I/O 通道地址分配表

根据十字路口交通灯的控制要求，可确定 PLC 不需要输入点，需 6 个输出点，其 I/O 通道地址分配表见表 8-1。

表 8-1　I/O 通道地址分配表

输　入			输　出		
元件代号	作用	输入继电器	元件代号	作用	输出继电器
			HL1	东西绿灯	Y0
			HL2	东西黄灯	Y1
			HL3	东西红灯	Y2
			HL4	南北绿灯	Y3
			HL5	南北黄灯	Y4
			HL6	南北红灯	Y5

2. 画出 PLC 接线图（I/O 接线图）

PLC 接线图如图 8-5 所示。

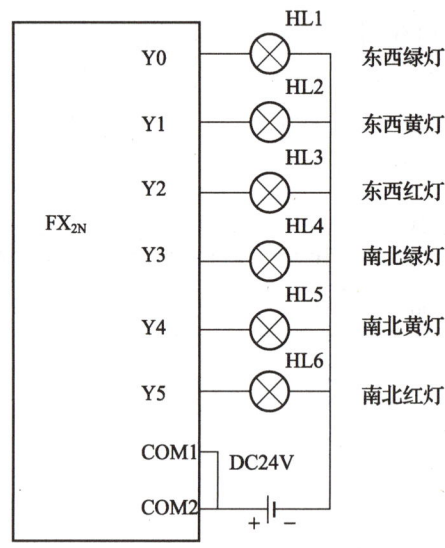

图 8-5　十字路口交通灯控制 I/O 线图

3. 程序设计

根据 I/O 通道地址分配表及项目控制要求，画出本项目控制的顺序功能图，并写出指令语句表，再转换成对应的梯形图。

1) 顺序功能图

这里根据项目控制要求分析，采用单序列结构和并行序列选择分支的编程方法，画出本项目的顺序功能图。

根据项目的控制要求和图 8-2 所示的时序图，可以列出表 8-2 和表 8-3 所示的交通灯控制状态表。

表 8-2　十字路口交通灯东西方向控制状态表

东西方向	状态 1	状态 2	状态 3	状态 4
灯状态	绿灯亮	绿灯闪	黄灯亮	红灯亮
编程元件	M1	M2	M3	M4
编程元件	S21	S22	S23	S24

表 8-3　十字路口交通灯南北方向控制状态表

南北方向	状态 1	状态 2	状态 3	状态 4
灯状态	红灯亮	绿灯亮	绿灯闪	黄灯亮
编程元件	M5	M6	M7	M8
编程元件	S25	S26	S27	S28

从表 8-2 和表 8-3 可以看到，东西和南北两个方向的交通灯是在满足配合关系的前提下独立并行工作的。其中东西方向交通灯的状态转换规律为：绿灯亮→绿灯闪→黄灯亮→红灯亮，然后循环。与此同时，南北方向交通灯的状态转换规律为：红灯亮→绿灯亮→绿灯闪→黄灯亮，然后循环。

东西、南北两个方向的交通灯是并行工作的，可以分别作为一个分支。根据表 8-2 和表 8-3 可以绘制出系统基于 M 的顺序功能图和基于 S 的顺序功能图，如图 8-6 所示。

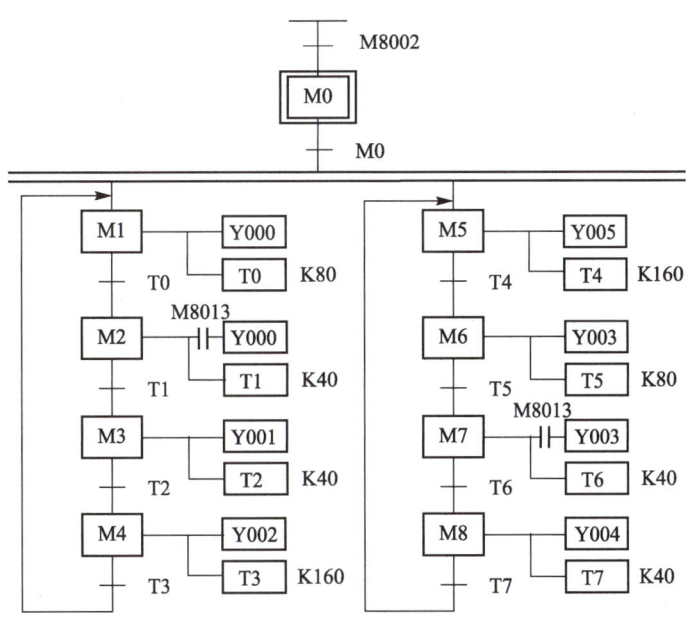

（a）基于 M 的并行顺序功能图

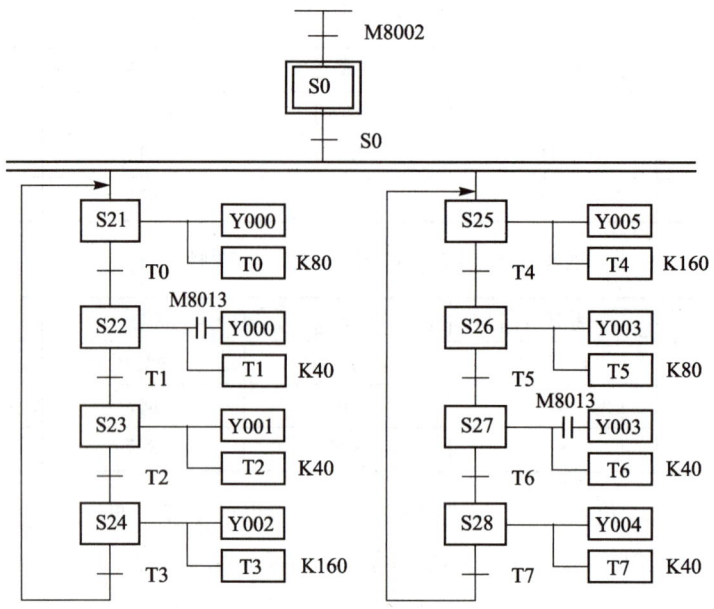

（b）基于 S 的并行顺序功能图

图 8-6　交通灯控制的顺序功能图

要注意，上述的顺序功能图中只有并行分支而没有合并，这在实践中是可以的。如果严格按照并行序列顺序功能图的结构进行设计，可以在两个序列之后添加一个空状态用来作为合并的目标状态，合并后的转换条件可以使用该状态元件的普通常开触点或者使用"=1"无条件转换。

2）指令表

根据图 8-6 所示的顺序功能图，运用并行序列的指令编写方法，读者自行编写指令语句，此处不再赘述。

3）梯形图

根据图 8-6 所示的顺序功能图，将其转换为梯形图，读者自行转换，此处不再赘述。

4. 程序输入及仿真运行

1）程序输入

（1）新工程的建立

启动 GX Developer 编程软件。首先选择 PLC 的类型为"FX2N"，在程序类型框内选择"SFC"，并在"工程名"编辑框内输入"十字路口交通灯的并行序列结构控制"，然后单击确定按钮创建新文件。

（2）程序输入

读者可自行输入程序，此处不再赘述。

2）仿真运行

读者可自行进行仿真，此处不再赘述。

3）程序下载

把 PLC 与计算机连接，将程序写入 PLC 中。

二、线路安装与调试

1. 识读接线图

根据图 8-5 所示 I/O 接线图，了解元件安装及线路连接。

2. 安装电路

1）检查元器件

根据表 8-1 配齐元器件，检查元器件的规格是否符合要求，并用万用表检测元器件是否合格。

2）固定元器件

固定好本项目所需元器件。

3）配线安装

根据配线原则和工艺要求，进行配线安装。

4）自检

对照接线图检查接线是否无误，再使用万用表检测电路的阻值是否与设计相符。

3. 通电调试

（1）经自检无误后，在指导教师的指导下方可通电调试。

（2）首先接通系统电源开关 QS，将 PLC 的"RUN/STOP"开关拨到"RUN"的位置，然后通过计算机上 GX Developer 软件中"在线"菜单下的"监视">"监视模式"来监视程序的运行情况，再按照表 8-4 进行操作，观察系统运行情况并做好记录。若出现故障，应立即切断电源，检查电路或梯形图并分析故障原因，排除故障后方可重新进行调试，直到系统功能调试成功为止。

表 8-4 程序调试步骤及运行情况记录表

操作步骤	操作内容	观察内容	观察结果	思考内容
第一步	将仿真成功的程序下载到 PLC 后，合上断路器 QS	"POWER"灯		理解 PLC 的工作过程
		所有的"IN"灯		

操作步骤	操作内容	观察内容	观察结果	思考内容
第二步	将"RUN/STOP"开关拨到"RUN"的位置	"RUN"灯		理解 PLC 的工作过程
第三步	将"RUN/STOP"开关拨到"STOP"的位置	"RUN"灯		
第四步	PLC 通电	指示灯 HL1、HL2、HL3、HL4、HL5 和 HL6		

总结与练习

1. 总结

总结本项目的实践过程，写出实践报告。

2. 作业

设计自动定时搅拌系统，如图 8-7 所示。该搅拌系统的动作过程如下：

1）初始状态时出料阀门 A 关闭，按下启动按钮 SB 后，进料阀门 B 打开，开始进料，液面开始上升。

2）当液面上升到使传感器 L1 的触点接通后，搅拌机开始搅拌。搅拌 5 min 后，停止搅拌，打开出料阀门 A。

3）当液面下降到使传感器 L2 的触点断开时，关闭出料阀门 A，再重新打开进料阀门 B，开始进料，重复上述过程。

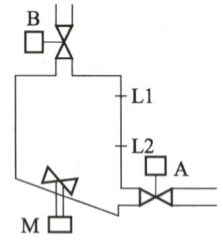

图 8-7　自动定时搅拌系统

3. 技能拓展

在道路交通管理中，按钮式人行道交通灯十分常见，如图 8-8 所示。在正常情况下，汽车通行，即人行道 Y6 绿灯灭，Y5 红灯亮。当行人想过马路时，就按按钮 SB1 或 SB2。按下按钮 SB1（或 SB2）之后，主干道交通灯的转换规律为：绿灯亮（5 s）→绿灯闪（3 s）→黄

灯亮（3 s）→红灯亮（20 s）。当主干道红灯亮时，人行道从红灯亮转为绿灯亮，行人抓紧时间通过，绿灯亮 15 s 以后，人行道绿灯开始闪烁，闪烁 5 s 后转入主干道绿灯亮、人行道红灯亮。要求利用 PLC 控制按钮式人行道交通灯，并用并行序列的顺序功能图编程。

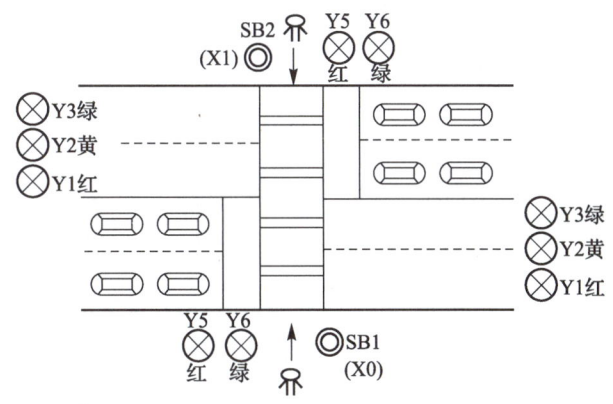

图 8-8　按钮式人行道交通灯示意图

项目拓展

一、磁性开关

1. 磁性开关的工作原理

磁性开关利用一种磁敏元件，当磁性物体接近时，利用内部电路状态的变化来控制开关的通断，这种接近开关的检测对象必须是磁性物体。图 8-9 所示为磁性开关的实物图及图形符号。

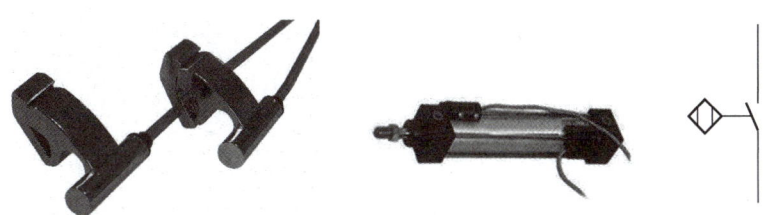

图 8-9　磁性开关实物图及图形符号

磁性开关一般是和磁性气缸配套使用的，磁性气缸的活塞上都有一个永久性的磁环，把磁性开关安装在气缸的缸筒上，当活塞往复运动时，永久性磁环也一起运动，而磁性开关检测到永久磁环时就发出一个信号，使得开关"通"或"断"。

2. 磁性开关的控制方法

图 8-10 所示为磁性开关控制的分料装置系统图，它是由磁性开关发出电信号来控制阀 1.1 的电磁线圈，从而控制气缸的往复运动。

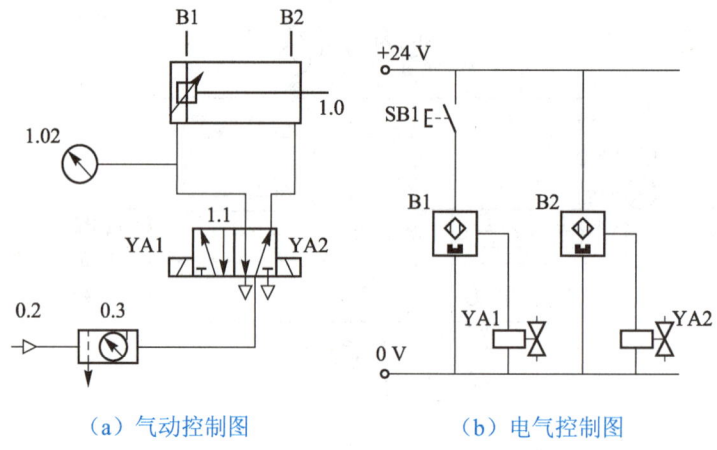

(a) 气动控制图　　　　　(b) 电气控制图

图 8-10　磁性开关控制的分料装置系统图

二、气源组件和气缸

气源组件如图 8-11 所示，其符号如图 8-12 所示。

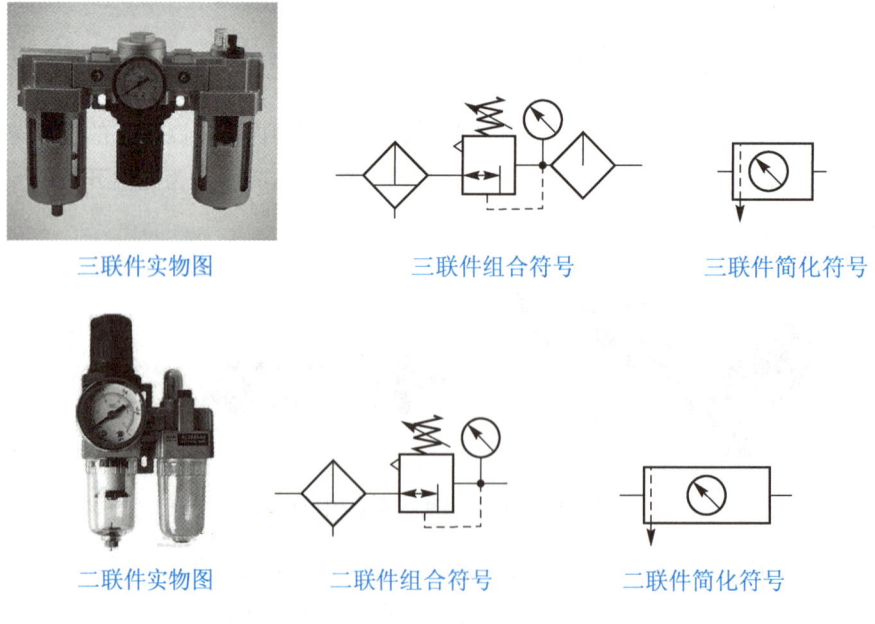

三联件实物图　　　　三联件组合符号　　　　三联件简化符号

二联件实物图　　　　二联件组合符号　　　　二联件简化符号

图 8-11　气源组件

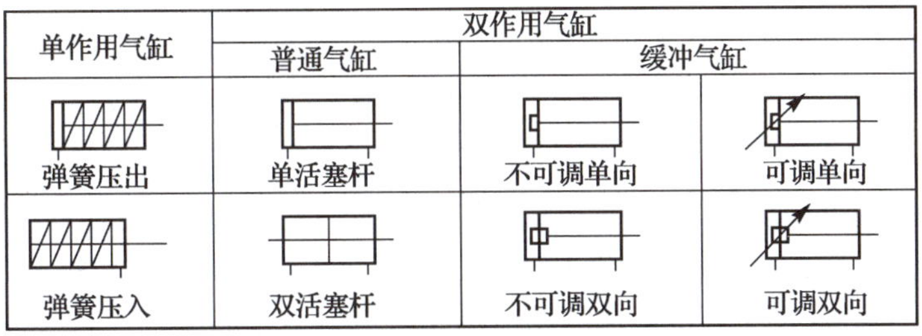

单作用气缸	双作用气缸		
	普通气缸	缓冲气缸	
弹簧压出	单活塞杆	不可调单向	可调单向
弹簧压入	双活塞杆	不可调双向	可调双向

图 8-12　普通气缸符号

三、方向控制阀

方向控制阀用以控制压缩空气所流过的路径，控制气流的通、断或流动方向，它是气动系统中应用最多的一种控制元件。

1. 方向控制阀的职能符号及表示方法

（1）基本符号的含义

气动技术和液压技术中所采用的元件符号是相同的，只是在控制介质上有所不同，它们各自有自己的特征。方向控制阀基本符号的含义见表 8-5。

表 8-5　方向控制阀基本符号的含义

符　号	表示含义
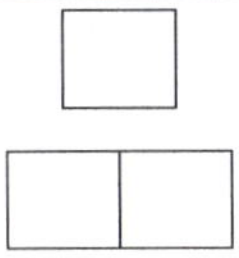	方块表示阀门的切换位置，方块的数目表示阀门可切换的位置数目
	方块内直线表示压缩空气的流动路径，箭头表示流动的方向
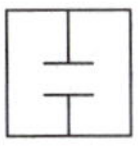	方块内横断短线表示压缩空气流动路径的切断位置
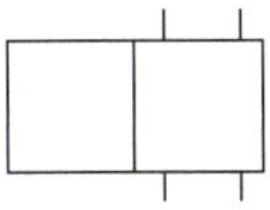	方块外面所绘的短线表示阀门的入口或出口

在方块外所绘的短线表示阀口的接口，绘有接口的方块代表阀芯的初始位置，也就是阀芯的常态位置或系统中阀的最初工作位置。

（2）方向控制阀的职能符号

方向控制阀可以用其控制的接口数目来表示，每一个位置对应一个单独的方块，如图

8-13 所示。根据表 8-5 所示含义可以看出，图 8-13（a）所示的阀有两个位置，称之为二位阀，在一个位置上有两个接口数目，称之为二通，这样该方向阀就称之为二位二通阀。它也可记作 2/2 阀，其中分母表示阀芯位置数，分子表示每个位置上的接口数，读作二位二通阀。方块外面的短线表示阀芯的初始位置，在初始位置上压缩空气气流路径是切断的，不能流通。像这样在初始位置流通路径被断开的控制阀也称之为常断型控制阀，反之像图 8-13（b）所示在初始位置流通路径被接通的控制阀称之为常通型二位二通方向控制阀。同理，图 8-13（c）称之为常断型二位三通方向控制阀，图 8-13（d）称之为常通型二位三通方向控制阀。

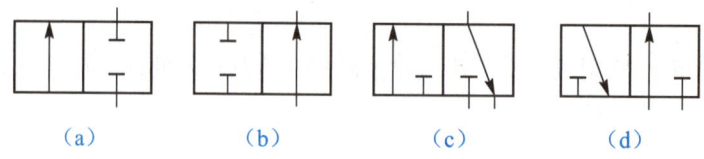

（a）   （b）   （c）   （d）

图 8-13   方向控制阀的职能符号

2. 阀门的控制方式

当使用方向控制阀时，用什么方式对阀进行控制和如何复位是选择阀的重要依据。阀门的控制方式（见表 8-6）一般表示在阀符号的两侧，有的阀还可能有附加操作方式。

表 8-6   阀门的控制方式

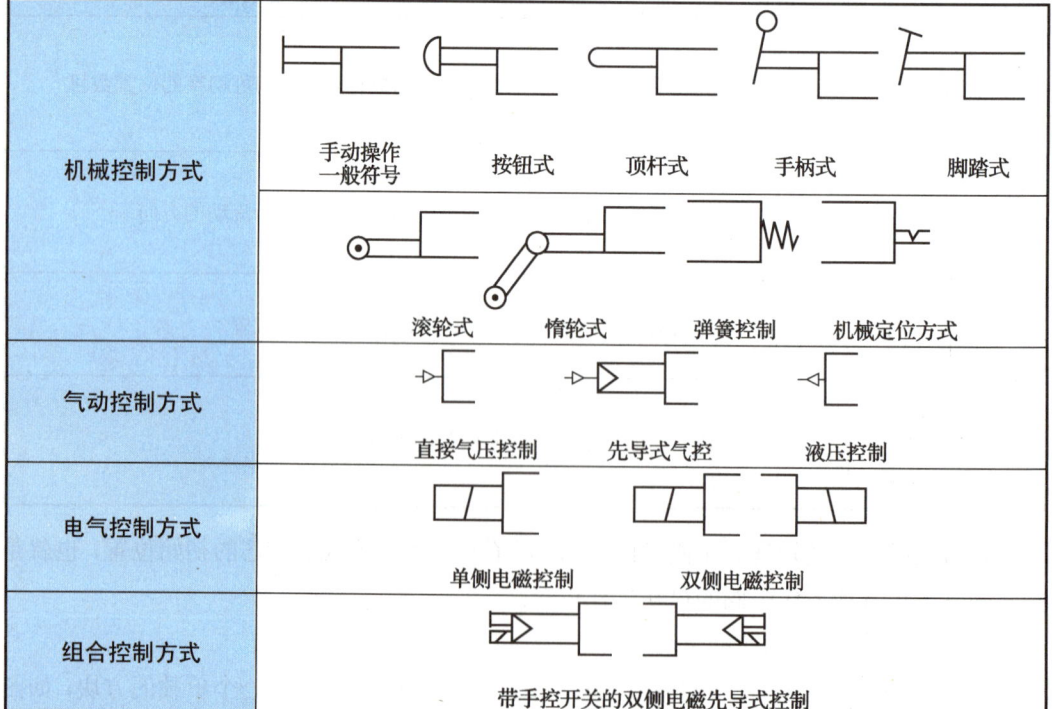

机械控制方式	手动操作一般符号 按钮式 顶杆式 手柄式 脚踏式
	滚轮式 惰轮式 弹簧控制 机械定位方式
气动控制方式	直接气压控制 先导式气控 液压控制
电气控制方式	单侧电磁控制 双侧电磁控制
组合控制方式	带手控开关的双侧电磁先导式控制

3. 方向控制阀的表示方法

为了说明在实际系统中阀门的位置，保证线路连接的正确性，明确控制回路和所用元件的关系，规定了阀的接口及控制接口的表示方法。现在常用的表示方法有数字符号和字母符号两种，见表8-7。

表8-7 方向控制阀的表示方法

接　口	字母表示方法	数字表示方法
压缩空气输入口	P	1
排气口	R、S	3、5
压缩空气输出口	A、B	2、4
使1-2、1-4导通的控制接口	Z、Y	12、14
使阀门关闭的接口	Z、Y	10
辅助控制管路	Pz	81、91

方向控制阀的表示方法如图8-14所示。在用字母符号表示时，一般用 Z 表示左边控制口，Y 表示右边控制口，而在现在的实际应用中一般都是以数字符号居多。有了这些符号，在分析、连接系统回路时就比较方便，不易出差错。

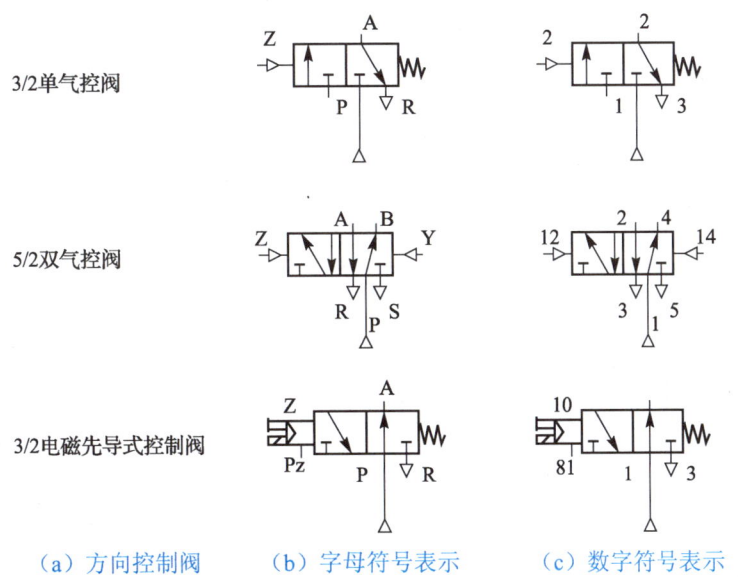

（a）方向控制阀　　　（b）字母符号表示　　　（c）数字符号表示

图8-14 方向控制阀的表示方法

*课题九 功能指令及应用

【学习目标】

1. 掌握功能指令的表示方法。
2. 掌握程序流向控制指令的相关知识。
3. 掌握传送和比较指令的相关知识。
4. 掌握循环移位与移位指令的相关知识。
5. 掌握算术运算与逻辑运算指令的相关知识。
6. 掌握数据处理指令的相关知识。

功能指令的使用要素

一、功能指令的表示方法

功能指令由指令助记符、功能号、操作元件等组成。FX_{2N} 系列 PLC 的功能指令的基本格式如图 9-1 所示。

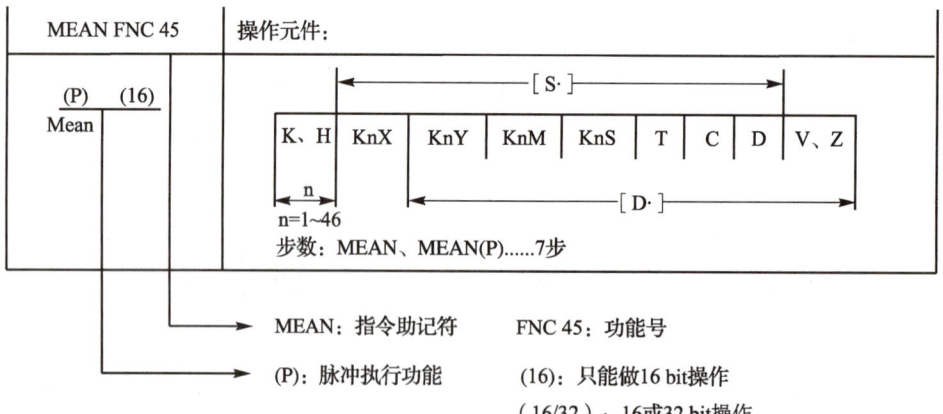

图 9-1 功能指令的基本格式

指令助记符表示指令的功能，一般用指令的英文名称或缩写标识。例如，图 9-1 中的指令助记符 MEAN 用来表示取平均值的指令。

功能号 FNC00～FNC□□用来编排功能指令。有的功能指令只需要指定功能号，而

大多数功能指令在指定功能号的同时还需要指定操作元件。

操作元件指明操作的对象，由 1～4 个操作数组成。[S]表示源（Source）操作数，[D] 表示目标（Destination）操作数；如果可以使用变址功能，操作数则表示为[S·]和[D·]，如图 9-2 所示。当源操作数或目标操作数不止一个时，可用[S1]、[S2]、[D1]、[D2]等表示。m 和 n 表示其他操作数，它们常用来表示常数或作为源操作数和目标操作数的补充说明。要注意，需注释的项目较多时，可以采用 m1，m2 等方式。

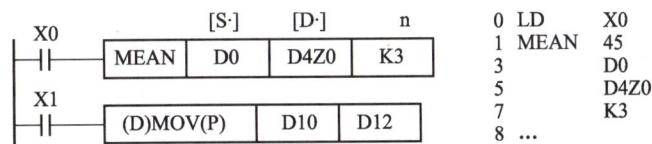

图 9-2　功能指令的使用

功能指令的功能号和指令助记符占一个程序步，16 位操作与 32 位操作的每一个操作数分别占 2 个和 4 个程序步。

写入功能指令时应先按"FNC"键，再输入功能指令的功能号，例如，MEAN 的功能号为 FNC45，写入 MEAN 指令时，只需按"FNC"键，输入"45"即可。使用简易编程器上的"HELP"键的帮助功能，可以显示出功能指令助记符和功能号的一览表。

在图 9-2 中，当 X0 的常开触点接通时，执行的操作为［（D0）＋（D1）＋（D2）］／3→（D4Z0），即求 D0、D1 和 D2 的平均值，然后将结果送到目标寄存器 D4Z0 中。

二、数据长度与指令类型

1. 数据长度

如图 9-2 所示，功能指令第二条支路中助记符 MOV 之前的"（D）"表示处理 32 位（32 bit）数据，这时相邻的两元件组成元件对，图中该指令将 D11、D10 中的数据传送到 D13、D12。处理 32 位数据时，为了避免出现错误，建议使用首地址为偶数的操作数。没有符号"（D）"时的功能指令表示处理 16 位数据。

2. 脉冲执行与连续执行

FX$_{2N}$ 系列 PLC 的功能指令有脉冲执行和连续执行两种方式。在图 9-2 中，MOV 之后的"（P）"表示脉冲执行，即指令仅在 X1 由 OFF（"0"状态）→ON（"1"状态）时执行一次。如果没有符号"（P）"，在 X1 为 ON 的每一扫描周期指令都要被执行，称为连续执行。INC（加 1）、DEC（减 1）和 XCH（数据交换）等指令一般使用脉冲执行方式。如果不需要每个周期都执行指令，则脉冲执行方式为首选，这样可缩短处理时间。脉冲执行符号"（P）"和处理 32 位数据符号"（D）"可同时使用。

MOV 的功能指令编号为 12，输入功能指令"（D）MOV（P）"时按照以下顺序按键：

$$FNC \rightarrow D \rightarrow 1 \rightarrow 2 \rightarrow P$$

三、指令的操作数

1. 位元件和字元件

只有 ON / OFF 状态的元件称为位（bit）元件，如 X、Y、M 和 S。处理数据的元件称为字元件，如定时器和计数器的当前值 T、C 以及数据寄存器 D。一个数由 16 位二进制数组成，位元件也可以组成字元件来进行数据处理。

2. 位元件的组合

每相邻的 4 bit 位元件组合成一个单元，它由 Kn 加首位元件号来表示，其中的 n 为组数，16 位操作数时 n = 1～4，32 位操作数时 n = 1～8。例如，K2M0 表示由 M0～M7 组成的两个位元件组，M0 为数据的最低位（首位）；K4S10 表示由 S10～S25 组成的 16 位数据，S10 为数据的最低位。当将 16 位数据传送到 n = 1～3 的位元件组时，只传送低位的相应数据；当 32 位数据传送到 n=1～7 的位元件组时，同样只传送低位的相应数据。被组合的位元件的首位元件号可以是任意的，但是为了避免混乱，建议采用以 0 结尾的元件号，如 X0、X10、X20 等。

作 16 位数操作时，参与操作的位元件由 K1～K4 指定。若仅由 K1～K3 指定，高位的不足部分均作 0 处理，这意味着只能处理正数（最高位为符号位，正数的符号位为 0），在作 32 位数操作时也有类似的情况。

四、变址寄存器 V、Z

在传送、比较指令中，变址寄存器 V、Z 用来修改操作对象的元件号，循环程序中常使用变址寄存器。寄存器[S·]和[D·]称为变址寄存器，其中[·]表示使用变址功能。在 32 位指令中，V 为高 16 位，Z 为低 16 位，使用变址指令时只需指定 Z 即可（此时 Z 就能代表 V 和 Z），V、Z 自动组对使用。

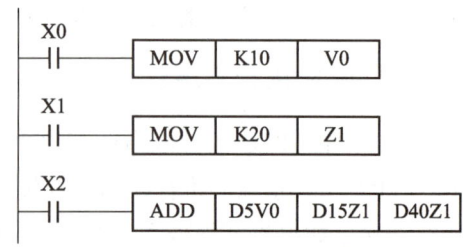

图 9-3　变址寄存器

在图 9-3 中，当各触点接通时，MOV 指令将常数 10 送到 V0，将常数 20 送到 Z1，ADD 指令完成运算（D5V0）＋（D15Z1）→（D40Z1），即（D15）＋（D35）→（D60）。

常用功能指令简介

一、程序流向控制指令

程序流向控制指令的功能指令编号为 FNC00~FNC09。它包括条件跳转（CJ）、子程序调用（CALL）、子程序返回（SRET）、中断返回（IRET）、中断允许与中断禁止（EI 与 DI）、主程序结束（FEND）、监控定时器刷新（WDT）和循环开始与循环结束（FOR、NEXT）指令。

1. 条件跳转指令

条件跳转指令 CJ（Conditional Jump）的功能指令编号为 FNC00，操作数为 P0~P127。其中，P63 是 END 所在的步序，不需要标记。该指令占 3 个程序步，标号占 1 个程序步。

CJ 和 CJ（P）指令用于跳过顺序程序中的某一部分，以减少扫描时间。在图 9-4 中，当 X10 为 ON 时，CJ 指令使程序跳到 P9 处；当 X10 为 OFF 时，不执行跳转，程序按原顺序执行。

跳转时不执行被跳过的那部分指令。输入程序时，标号应放在指令之前，例如，图 9-4 中的标号 P9 应放在指令"LD X12"之前。

两条跳转指令可以使用相同的标号，如图 9-4 所示。在图中，当 X10 为 ON 时，程序将从这一步跳到标号 P9 处；当 X10 为 OFF 而 X11 为 ON 时，第二条跳转指令起作用，程序从这里跳到标号 P9 处。

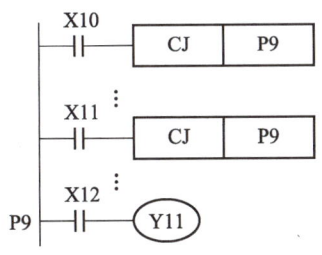

图 9-4 双重跳转指令

一个标号只能出现一次，若出现两次或两次以上，则程序执行会出错。标号可以出现在相应跳转指令之前，但是如果反复跳转的时间超过监控定时器的设定时间，会引起监控定时器出错。如果用 M8000 的常开触点驱动 CJ 指令，相当于无条件跳转指令，因为运行时特殊辅助继电器 M8000 总是为 ON。

设 Y、M、S 被 OUT、SET、RST 指令驱动，在跳转期间，即使驱动 Y、M、S 的电路状态改变，它们仍保持跳转前的状态。例如，在图 9-5 中，当 X0 为 ON 时，Y11 的状态不会随 X10 发生变化，因为跳转期间根本没有执行这一段程序。若在跳转之前定时器

T0 和计数器 C1 的线圈开路，跳转期间即使 X12 和 X13 变为 ON，T0 和 C1 也不会工作。若在跳转开始时 T0 和 C1 正在工作，在跳转期间它们将停止定时和计数，在 CJ 指令被复位（即 X10 变为 OFF，跳转条件变为不满足）后继续工作。要注意，正在工作的 T63 和高速计数器不管有无跳转仍连续工作。

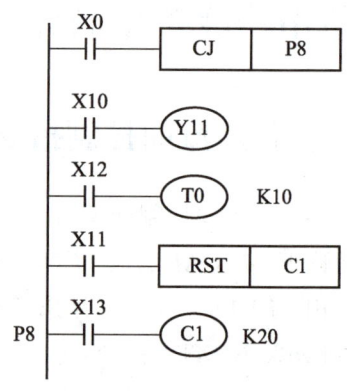

图 9-5　CJ 指令的使用

如果程序从主令控制区的外部跳入其内部如图 9-6 所示，不管它的主控触点是否接通，都把它当成接通来执行主令控制区内的程序。如果跳转指令在主令控制区内，主控触点没有接通时不执行跳转。

跳转指令可以在很多场合使用，以图 9-7 所示的自动 / 手动程序的切换为例，当自动 / 手动开关 X1 为 ON 时，跳转指令 CJ P0 的条件满足，将跳过自动程序，执行手动程序；反之，当 X1 为 OFF 时，将跳过手动程序，执行自动程序。

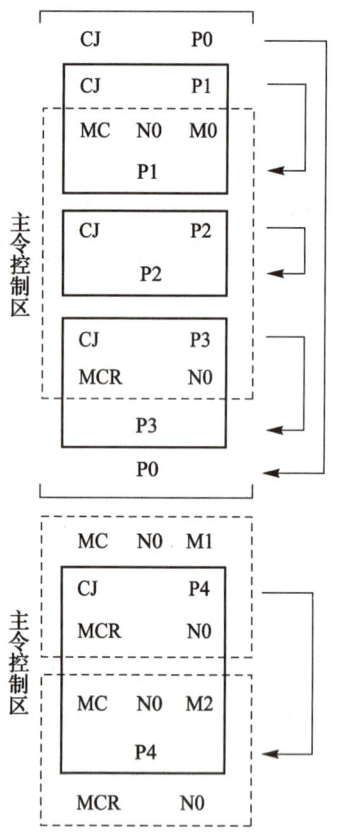

图 9-6　跳步指令与主控指令

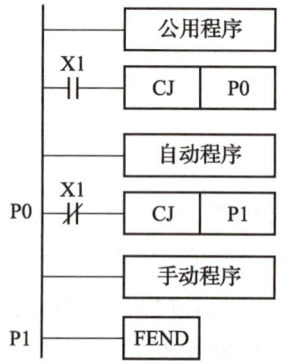

图 9-7　自动 / 手动程序程序的切换

同一编程元件的线圈可以在跳转条件相反的两个跳转程序（如图 9-7 所示的自动程序

和手动程序）中分别出现一次，在这种情况下允许双线圈输出。

如果积算定时器和计数器的 RST 指令在跳转区外，那么即使定时器和计数器的线圈被跳转，对它们的复位仍然有效。

2. 子程序调用与子程序返回指令

子程序调用指令 CALL（Sub Routine Call）的功能指令编号为 FNC01，操作数为 P0～P127（不包括 P63），占用 3 个程序步，允许用变址寄存器进行修改。子程序可以嵌套调用，最多嵌套 5 级。

子程序返回指令 SRET（Sub Routine Return）的功能指令编号为 FNC02，无操作数。

在图 9-8 中，当 X10 为 ON 时，CALL 指令使程序跳到标号 P8 处，子程序被执行。执行完 SRET 指令后返回到第 104 步。

标号应写在 FEND（主程序结束指令）之后，同一标号只能出现一次，CJ 指令中用过的标号不能再用，但不同位置的 CALL 指令可以调用同一标号的子程序。

在图 9-9 中，CALL（P）P11 指令仅在 X0 由 OFF 变为 ON 时执行一次。当执行子程序 1 时，如果 X1 为 ON，CALL P12 被执行，程序跳转到 P12 处，嵌套执行子程序 2。执行第二条 SRET 指令后，返回子程序 1 中 CALL P12 指令的下一条指令，执行第一条 SRET指令后返回主程序中 CALL（P） P11 指令的下一条指令。

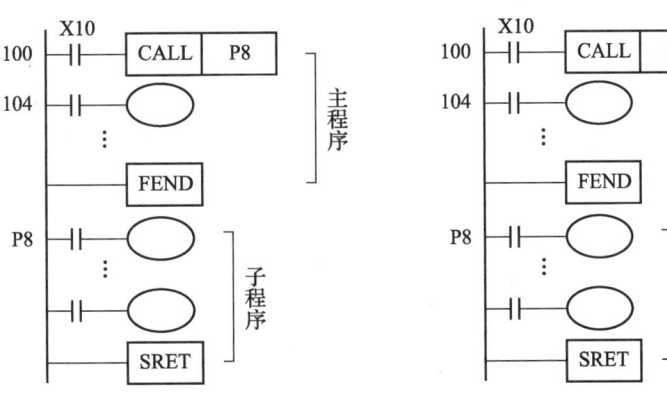

图 9-8　子程序调用　　　　　　图 9-9　子程序的嵌套调用

3. 与中断有关的指令

中断返回指令 IRET（Interruption Return）的功能指令编号为 FNC03；允许中断指令 EI（Interruption Enable）的功能指令编号为 FNC04；禁止中断指令 DI（Interruption Disable）的功能指令编号为 FNC05。这 3 条指令均无操作数，均占用一个程序步。

FX$_{2N}$ 系列有 6 个与 X0～X5 对应的中断输入点，中断指针为 I□0□，当中断指针的最低位为 0 时表示下降沿中断，最低位为 1 时表示上升沿中断。最高位与 X0～X5 元件号相对应。

FX$_{2N}$ 系列有 3 点定时器中断，对应的中断指针为 I6□□～I8□□，低两位是以 ms 为单位的定时时间，定时器中断用于高速处理或每隔一定的时间执行的程序。

FX$_{2N}$ 系列的 6 点计数器的中断指针为 I0□0（□=1～6），它们利用高速计数器的当前值产生中断，与 HSCS（高速计数器比较置位）指令配合使用。

可编程控制器通常处于禁止中断的状态，指令 EI 和 DI 之间的程序段为允许中断的区间，当程序执行到该区间时，如果中断源产生中断，CPU 将停止执行当前程序，转去执行相应的中断子程序，执行到中断子程序中的 IRET 指令时，返回原断点继续执行原来的程序。中断指令的使用如图 9-10 所示。

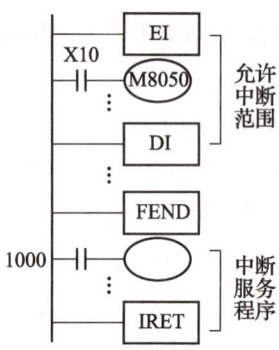

图 9-10　中断指令的使用

特殊辅助继电器 M805△为 ON 时，禁止执行相应的中断 I△□□。M8059 为 ON 时，关闭所有的计数器中断。

若有多个中断信号依次发出，则优先级按发生的先后为序，即发生越早的优先级越高；若同时发生多个中断信号，则中断指针号小的优先。

执行一个中断子程序时，其他中断会被禁止。在中断子程序中编入 EI 和 DI，可实现双重中断。如果中断信号在禁止中断区间出现，该中断信号会被储存，并在 EI 指令之后响应该中断。不需要关中断时，可以只使用 EI 指令，不使用 DI 指令。

4. 程序结束指令

主程序结束指令 FEND（First End）的功能指令编号为 FNC06，无操作数，占用一个程序步。FEND 表示主程序结束执行到 FEND 指令时，可编程控制器进行输入输出处理、监控定时器刷新，完成后返回第 0 步。

子程序（包括中断子程序）应放在 FEND 指令之后。CALL 指令调用的子程序必须用 SRET 指令结束，中断子程序必须以 IRET 指令结束。

若 FEND 指令在 CALL 指令执行之后和 RSET 指令执行之前出现，则程序执行会出错。同样，若 FEND 指令出现在 FOR～NEXT 循环之中，程序执行也会出错。使用多条

FEND 指令时，中断程序应放在最后的 FEND 指令和 END 指令之间。

5. 监控定时器指令

监控定时器指令 WDT（Watch Dog Timer）的功能指令编号为 FNC07，无操作数，占用一个程序步。

监控定时器又称看门狗，在执行 FEND 和 END 指令时，监控定时器被刷新（复位），可编程控制器正常工作时扫描周期（从第 0 步到 FEND 或 END 指令的执行时间）小于它的定时时间。如果强烈的外部干扰使可编程控制器偏离正常的程序执行路线，监控定时器不再被复位，当定时时间到时，可编程控制器将停止运行，它上面的 CPU-E 发光二极管会发亮。监控定时器定时时间的缺省值为 200 ms，可通过修改 D8000 来设定它的定时时间。

如果可编程控制器地扫描周期大于它的定时时间，可将 WDT 指令插入到合适的程序步中刷新监控定时器。如果 FOR～NEXT 循环程序的执行时间超过监控定时器的定时时间，可将 WDT 指令插入到循环程序中。如果条件跳转指令 CJ 在它对应的标号之后（即程序往回跳），可能因连续反复跳转使它们之间的程序被反复执行，导致总的执行时间可能超过监控定时器的定时时间，为了避免出现这样的情况，可在 CJ 指令和对应的标号之间插入 WDT 指令。

6. 循环指令

循环指令 FOR 用来表示循环区的起点，其功能指令编号为 FNC08，16 位指令占用 3 个程序步。FOR 指令的源操作数用来表示循环次数 N，可以取任意的数据格式。循环次数 N = 1～327 67，若 N 在 −32 767～0 之间，则当作 N = 1 处理，循环可嵌套 5 层。

循环结束指令 NEXT 用来表示循环区的终点，其功能指令编号为 FNC09，占用 1 个程序步，无操作数。

FOR 与 NEXT 之间的程序被反复执行，执行次数由 FOR 指令的源操作数设定。循环程序执行完后，执行 NEXT 后面的指令。

在图 9-11 中，当外层循环程序执行 4 次，如果 D0Z0 中的数据为 7，每执行一次程序 A，就要执行 7 次程序 B，即程序 B 一共要执行 28 次。利用循环中的 CJ 指令可跳出 FOR～NEXT 之间的循环体。

要注意，FOR 与 NEXT 指令总是成对使用的，FOR 指令应放在 NEXT 的前面，如果没有满足上述条件，或 NEXT 指令放在 FEND 和 END 指令的后面，程序执行都会出错。

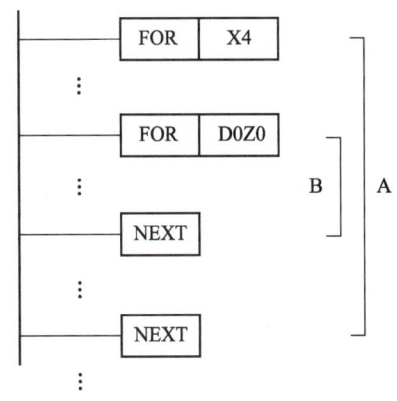

图 9-11　循环程序

二、比较与传送指令

比较与传送指令的功能指令编号为 FNC10～FNC19。比较指令包括比较（CMP）和区间比较（ZCP）两条指令；传送指令包括传送（MOV）、BCD 码移位传送（SMOV）、取反传送（CLM）、数据块传送（BMOV）、多点传送（FMOV）、数据交换（XCH）、二进制数转换成 BCD 码并传送（BCD）和 BCD 码转换为二进制数并传送（BIN）指令。

1. 比较指令

比较指令包括比较（CMP）和区间比较（ZCP）指令，比较结果用目标元件的状态来表示。待比较的源操作数[S1·]和[S2·]可取任意的数据格式，目标操作数[D·]可取 Y、M 和 S，占用 3 点。

1）比较指令

比较指令 CMP（Compare）的功能指令编号为 FNC10，16 位运算占 7 个程序步，32 位运算占 13 个程序步。

比较指令的比较源操作数为[S1·]和[S2·]，比较的结果送到目标操作数[D·]中去。在图 9-12 中，比较指令 CMP 可以将十进制常数 100 与计数器 C10 的当前值比较，并将比较结果送到 M0～M2。当 X1 为 OFF 时不进行比较，M0～M2 的状态保持不变；当 X1 为 ON 时进行比较，如果比较结果为[S1·]>[S2·]，M0 为 ON；如果[S1·]<[S2·]，M2 为 ON。

要注意，当指定的元件种类或元件号超出允许范围时程序执行将会出错。

2）区间比较指令

区间比较指令 ZCP（Zone Compare）的功能指令编号为 FNC11，16 位运算占 9 个程序步，32 位运算占 17 个程序步。

在图 9-13 中，当 X2 为 ON 时，执行 ZCP 指令，将 T3 的当前值与常数 100 和 150 进行比较，并将比较结果送到 M3～M5。要注意源数据[S1·]不能大于[S2·]。

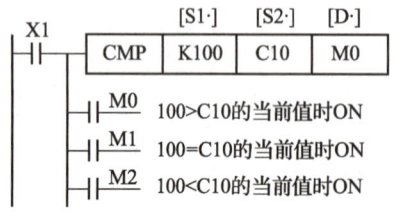

图 9-12　比较指令的使用

图 9-13　区间比较指令的使用

2. 传送指令

传送指令包括传送（MOV）、BCD 码移位传送（SMOV）、取反传送（CML）、数

据块传送（BMOV）、多点传送（FMOV）和数据交换（XCH）指令。

MOV 和 CML 指令的源操作数可取所有的数据类型，SMOV 指令的源操作数可取除 K、H 以外的其他类型。它们的目标操作数可取 KnY、KnM、KnS、T、C、D、V 和 Z。

1）传送指令

传送指令 MOV（Move）的功能指令编号为 FNC12，16 位运算占 5 个程序步，32 位运算占 9 个程序步。

传送指令将源数据传送到指定目标，在图 9-14 中，当 X1 为 ON 时，MOV 指令将常数 100 传送到 D10，并自动转换为二进制数。

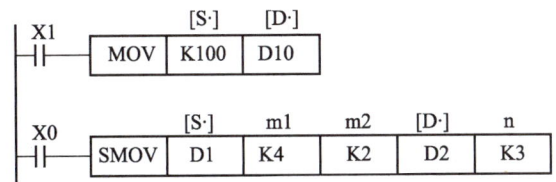

图 9-14　传送指令与移位传送指令的使用

2）移位传送指令

移位传送指令 SMOV（Shift Move）的功能指令编号为 FNC13，只有 16 位运算，占 11 个程序步。

移位传送指令将源数据（二进制数）转换成 4 位 BCD 码后将它移位传送。在图 9-14 中，当 X0 为 ON 时，SMOV 指令将 D1 中右起第 4 位（m1=4）开始的两位（m2=2）BCD 码移到目标操作数（D2）的右起第 3 位（n=3）和第 2 位（见图 9-15），然后 D2 中的 BCD 码自动转换为二进制码，D2 中的第 1 位和第 4 位不受 SMOV 指令的影响。

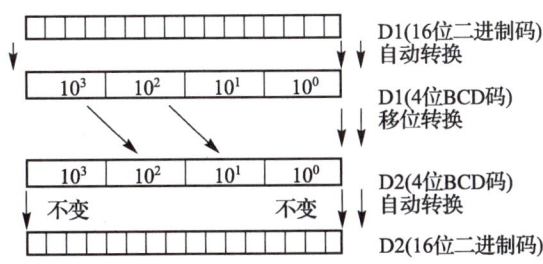

图 9-15　移位传送指令

3）取反传送指令

取反传送指令 CML（Complement）的功能指令编号为 FNC14，16 位运算占 5 个程序步，32 位运算占 9 个程序步。

取反传送指令将源元件的数据逐位取反（1→0，0→1）并传送到指定目标。若源数据为常数 K，该数据会自动转换为二进制数，CML 用于可编程控制器反逻辑输出时非常方便。在图 9-16 中，CML 指令将 D0 的低 4 位取反后传送到 Y0～Y3 中。

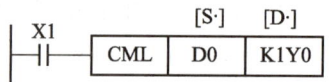

图 9-16　取反传送指令

4）块传送指令

块传送指令 BMOV（Block Move）的功能指令编号为 FNC15，16 位操作占 7 个程序步。块传送指令的源操作数可取 KnX、KnY、KnM、KnS、T、C、D 和文件寄存器，目标操作数可取 KnY、KnM、KnS、T、C 和 D。

块传送指令将源操作数指定的元件开始的 n 个数据组成的数据块传送到指定的目标。如果元件号超出允许的范围，数据仅仅传送到允许的范围。

要注意，传送顺序是自动决定的，以防止源数据块与目标数据块重叠时源数据在传送过程中被改写。如果源元件与目标元件的类型相同，传送顺序如图 9-17 所示。

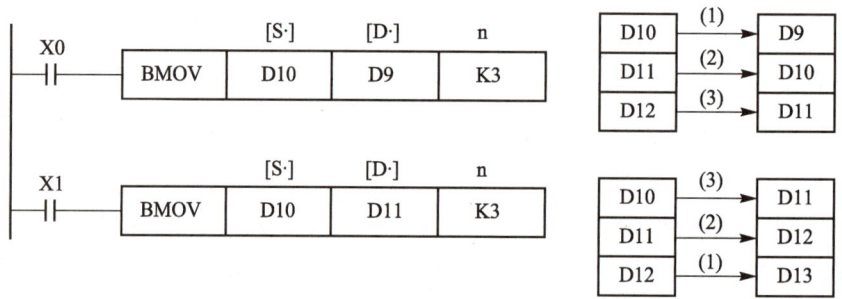

图 9-17　块传送指令

5）多点传送指令

多点传送指令 FMOV（Fill Move）的功能指令编号为 FNC16，16 位操作占 7 个程序步，32 位操作占 13 个程序步。它的源操作数可取所有的数据类型，目标操作数可取 KnY、KnM、KnS、T、C 和 D，n=512。

多点传送指令将源元件中的数据传送到指定目标开始的 n 个元件中，传送后 n 个元件中的数据完全相同。如果元件号超出允许的范围，数据仅仅送到允许的范围中。在图 9-18 中，当 X2 为 ON 时，FMOV 指令将常数 0 送到 D5～D14 这 10 个（n=10）数据寄存器中。

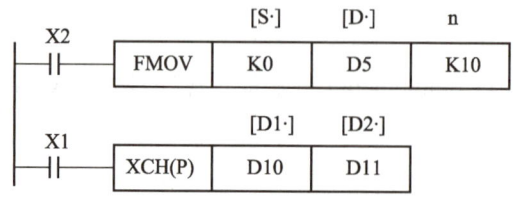

图 9-18　多点传送与数据交换指令

6）数据交换指令

数据交换指令 XCH（Exchange）的功能指令编号为 FNC17，16 位运算占 5 个程序步，32 位运算占 9 个程序步。它的两个目标操作数可取 KnY、KnM、KnS、T、C、D、V 和 Z。

要注意，执行数据交换指令时，数据在指定的目标元件之间交换。数据交换指令一般采用脉冲执行方式，否则在每一个扫描周期都要交换一次。

3. 数据变换指令

数据变换指令包括 BCD（二进制数转换成 BCD 码并传送）和 BIN（BCD 码转换为二进制数并传送）变换指令。它们的源操作数可取 KnX、KnY、KnM、KnS、T、C、D、V 和 Z，目标操作数可取 KnY、KnM、KnS、T、C、D、V 和 Z，16 位运算占 5 个程序步，32 位运算占 9 个程序步。

1）BCD 变换指令

BCD 变换指令（Binary Code to Decimal）的功能指令编号为 FNC18，该指令将源元件中的二进制数转换为 BCD 码并送到目标元件中。如果 BCD 指令执行的结果超过 0～9 999 的范围，程序执行将会出错。如果（D）BCD 指令执行的结果超过 0～99 999 999 的范围，程序执行也会出错。

可编程控制器内部的算术运算用二进制数进行，可以用 BCD 指令将可编程控制器中的二进制数变换为 BCD 数后输出到 7 段显示器。

2）BIN 变换指令

BIN 变换指令（Binary）的功能指令编号为 FNC19，该指令将源元件中的 BCD 码转换为二进制数并送到目标元件中。

可以用 BIN 指令将 BCD 数字开关提供的设定值输入可编程控制器。要注意，如果源元件中的数据不是 BCD 数，程序执行将会出错。常数 K 不能作为本指令的操作元件，因为在任何处理之前它们都会被转换成二进制数。BCD 码的范围与 BCD 指令中的相同。

BCD 与 BIN 变换指令的应用如图 9-19 所示。

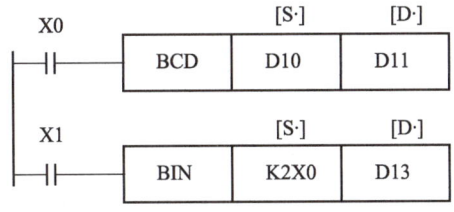

图 9-19　BCD 变换与 BIN 变换

三、循环移位与移位指令

循环移位与移位指令的功能指令编号为 FNC30～FNC39。循环移位指令包括右、左

循环移位（ROR、ROL）指令，带进位的右、左循环移位（RCR、RCL）指令；移位指令包括移位寄存器右、左移位（SFTR、SFTL）指令，字右移、字左移（WSFR，WSFL）指令，先入先出（FIFO）写入、移位读出（SFWR、SFRD）指令。

1. 右、左循环移位指令

右循环移位指令 ROR（Rotaion Right）和左循环移位指令 ROL（Rotation Left）的功能指令编号分别为 FNC30 和 FNC31。它们只有目标操作数，可取 KnY、KnM、KnS、T、C、D、V 和 Z。它们的 16 位指令占 5 个程序步，32 位指令占 9 个程序步。16 位指令和 32 位指令中的 n 应分别小于 16 和 32。

执行这两条指令时，各位的数据向右（或向左）循环移动 n 位，最后一次移出来的那一位同时存入进位标志 M8022 中，如图 9-20 和图 9-21 所示。若在目标元件中指定位元件组的组数，则只有 K4（16 位指令）和 K8（32 位指令）有效，如 K4Y10 和 K8M0。

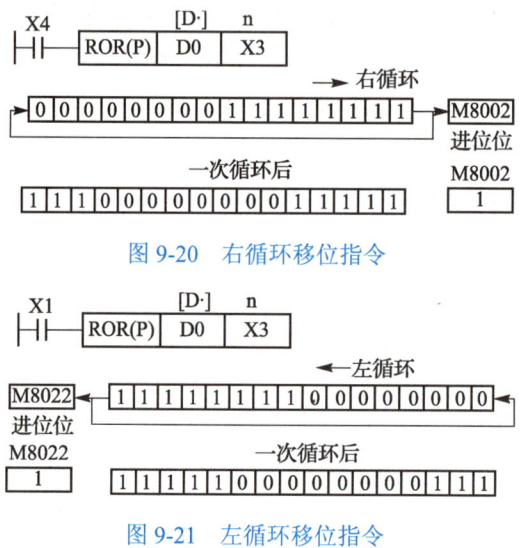

图 9-20　右循环移位指令

图 9-21　左循环移位指令

2. 带进位的右、左循环移位指令

带进位的右循环移位指令 RCR（Rotation Right with Carry）和带进位的左循环移位指令 RCL（Rotation left with Carry）的功能指令编号分别为 FNC32 和 FNC33。它们的目标操作数、程序步数和 n 的取值范围与循环移位指令相同。

执行这两条指令时，各位的数据与进位位 M8022 一起向右（或向左）循环移动 n 位如图 9-22 和图 9-23 所示。在循环中进位标志被送到目标操作数中。若在目标元件中指定位元件组的组数，也只有 K4（16 位指令）和 K8（32 位指令）有效。

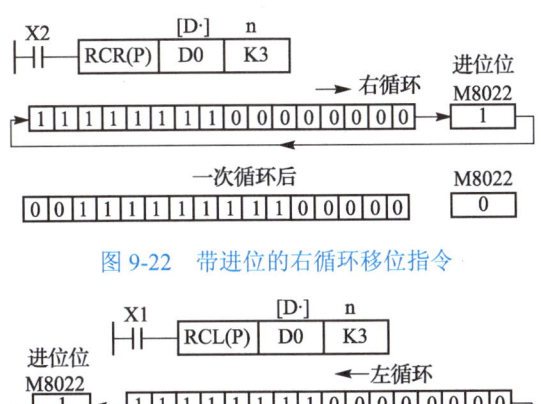

图 9-22 带进位的右循环移位指令

图 9-23 带进位的左循环移位指令

3. 位右移和位左移指令

位右移 SFTR（Shift Right）与位左移 SFTL（Shift left）指令的功能指令编号分别为 FNC34 和 FNC35。它们的源操作数可取 X、Y、M、S，目标操作数可取 Y、M、S。它们只有 16 位运算，占 9 个程序步。

位右移和位左移指令使位元件中的状态成组地向右或向左移动，由 n1 指定位元件组的长度，n2 指定移动的位数，在 FX_{2N} 系列中，$n2 \leqslant n1 \leqslant 1\,024$。

在图 9-24 中，当 X10 由 OFF 变为 ON 时，位右移指令按以下顺序移位：M2～M0 中的数溢出，M5～M3→M2～M0，M8～M6→M5～M3，X2～X0→M8～M6。

在图 9-25 中，当 X10 由 OFF 变为 ON 时，位左移指令按以下顺序移位：M8～M6 中的数溢出，M5～M3→M8～M6，M2～M0→M5～M3，X2～X0→M2～M0。

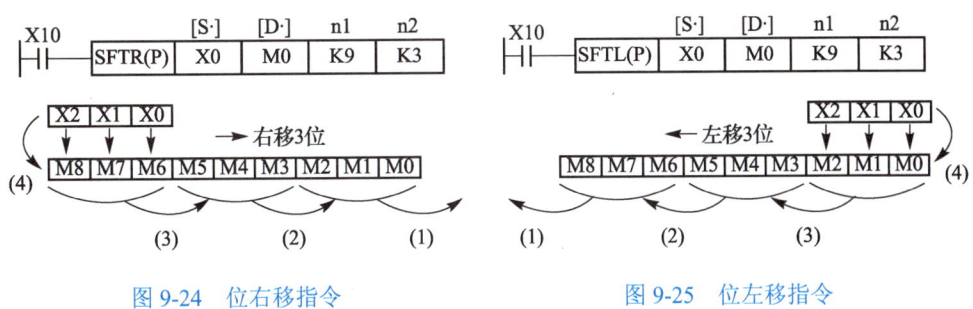

图 9-24 位右移指令   图 9-25 位左移指令

4. 字右移和字左移指令

字右移 WSFR（Word Shift Right）和字左移 WSFL（Word Shift left）指令的功能指令编号分别为 FNC36 和 FNC37。它们的源操作数可取 KnX、KnY、KnM、KnS、T、C 和 D，

目标操作数可取 KnY、KnM、KnS、T、C 和 D。它们只有 16 位运算，占 9 个程序步。

字右移和字左移指令以字为单位，将 n1 个字右移或将 n2 个字左移（n2≤n1≤512）。

在图 9-26 中，当 X10 由 OFF 变为 ON 时，字右移指令按以下顺序移位：D2～D0 中的数溢出，D5～D3→D2～D0，D8～D6→D5～D3，T2～T0→D8～D6。

在图 9-27 中，当 X10 由 OFF 变为 ON 时，字左移指令按以下顺序移位：D8～D6 中的数溢出，D5～D3→D8～D6，D2～D0→D5～D3，T2～T0→D2～D0。

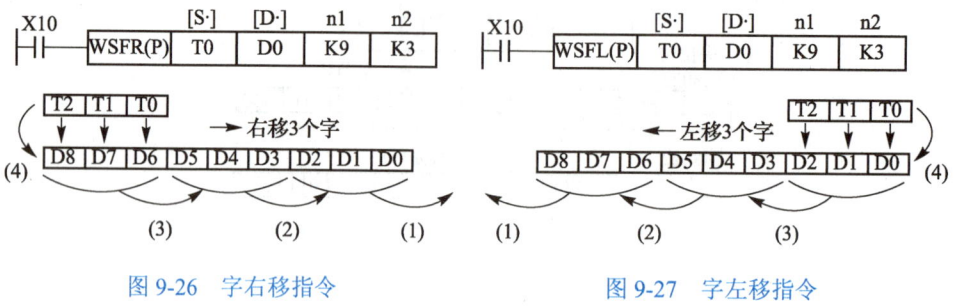

图 9-26　字右移指令　　　　　　　　图 9-27　字左移指令

5.　FIFO（先入先出）写入与读出指令

1）FIFO（First In First Out）写入指令

FIFO 写入指令 SFWR（Shift Register Write）的功能指令编号为 FNC38，源操作数可取所有的数据类型，目标操作数可取 KnY、KnM、KnS、T、C 和 D。该指令只有 16 位运算，占 7 个程序步。

在图 9-28 中，当 X0 由 OFF 变为 ON 时，源操作数 D0 中的数据写入 D2，而 D1 变成了指针，其初值被置为 1（D1 必须先清 0）。以后若 X0 再次由 OFF 变为 ON，D0 中新的数据写入 D3，D1 中的数变为 2，依次类推，源操作数 D0 中的数据依次写入数据寄存器。

数据由最右边的寄存器 D2 开始顺序存入，源数据写入的次数存入 D1。当 D1 中的数达到 n−1 后不再执行上述操作，进位标志 M8022 置 1。

2）FIFO（First In First Out）读出指令

FIFO 读出指令 SFRD（Shift Register Read）的功能指令编号为 FNC39，源操作数可取 KnY、KnM、KnS、T、C 和 D，目标操作数可取 KnY、KnM、KnS、T、C、D、V 和 Z。该指令只有 16 位运算，占 7 个程序步。

在图 9-29 中，当 X0 由 OFF 变为 ON 时，D2 中的数据写入 D20，同时指针 D1 的值减 1，D9～D3 的数据向右移一个字。若用连续指令，则每一扫描周期数据都要右移一个字。

数据总是从 D2 读出。当指针 D1 为 0 时，不再执行上述操作，零标志 M8020 置 1。要注意，执行本指令的过程中，D9 的数据保持不变。

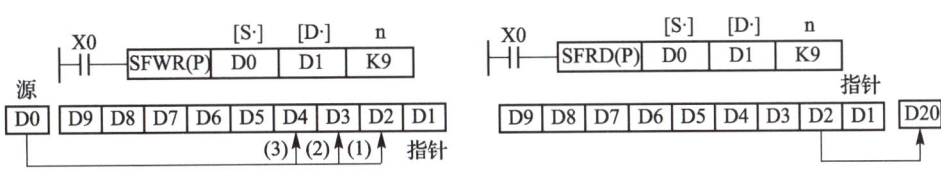

图 9-28　先入先出写入指令　　　　　　　图 9-29　先入先出读出指令

四、算术运算与逻辑运算指令

算术运算与逻辑运算指令的功能指令编号为 FNC20～FNC29。算术运算指令包括二进制加、减、乘、除（ADD、SUB、MUL、DIV）指令，加 1、减 1（INC、DEC）指令；逻辑运算指令包括字编程元件的逻辑与、或、异或和求补指令（WAND、WOR、WXOR、NEG）。

1. 算术运算

算术运算包括二进制加、减、乘、除（ADD、SUB、MUL、DIV）指令，源操作数可取所有的数据类型，目标操作数可取 KnY、KnM、KnS、T、C、D、V 和 Z（32 位乘除指令中 V 和 Z 不能用作[D·]）。算数运算指令的 16 位运算占 7 个程序步，32 位运算占 13 个程序步。

1）加法指令

加法指令 ADD（Addition）的功能指令编号为 FNC20。加法指令将源元件中的二进制数相加，并将结果送到指定的目标元件。每个数据的最高位为符号位（0 为正，1 为负）。加减运算为代数运算。在图 9-30 中，当 X0 为 ON 时，执行（D10）＋（D12）→（D14）。

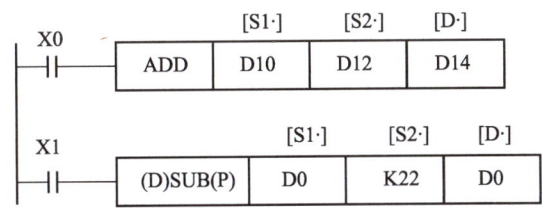

图 9-30　二进制加减法运算

在 32 位运算中用到字编程元件时，被指定的字编程元件为低位字，下一个编程元件为高位字。为了避免错误出现，建议指定操作元件时采用偶数元件号。

如果运算结果为 0，零标志 M8020 置 1；如果运算结果超过 32 767（16 bit 运算）或 2 147 483 647（32 bit 运算），进位标志 M8022 置 1；如果运算结果小于－32 767（16 bit 运算）或－2 147 483 647（32 bit 运算），借位标志 M8023 置 1；标志的 ON 与 OFF 状态与数值的正负关系如图 9-31 所示。

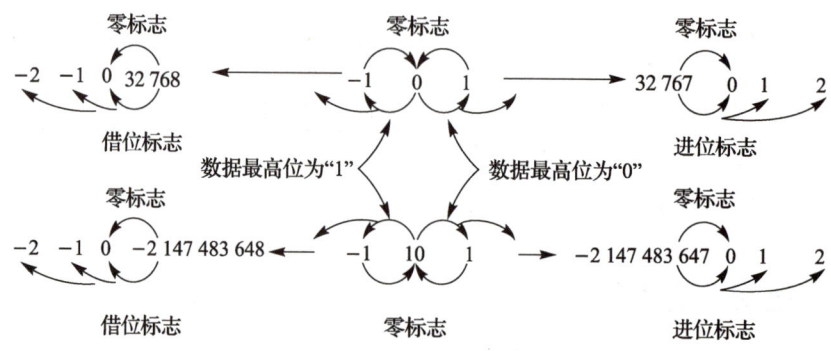

图 9-31　标志的状态与数值的正负关系

要注意，若源元件号和目标元件号相同且采用连续执行的 ADD 指令，每一个扫描周期加法的结果都会改变。

2）减法指令

减法指令 SUB（Subtraction）的功能指令编号为 FNC21，减法指令用[S1·]指定元件中的数减去[S2·]指定元件中的数，并将结果送到[D·]指定的目标元件。每个标志的功能、32 位运算元件的指定方法、连续执行和脉冲执行的区别等均与加法指令中的相同。在图 9-30 中，当 X1 为 ON 时，执行（D1、D0）－22→（D1、D0）。

用脉冲执行的加 / 减指令（ADD / SUB）来加 1 / 减 1 与脉冲执行的 INC（加 1）、DEC（减 1）指令的执行结果相似，其唯一区别在于 INC 指令和 DEC 指令不影响零标志、借位标志和进位标志。

3）乘法指令

乘法指令 MUL（Multiplication）的功能指令编号为 FNC22，每个数据的最高位为符号位（0 为正，1 为负）。

16 位乘法指令将源元件中的二进制数相乘，将结果（32 bit）送到指定的目标元件中。在图 9-32 中，当 X0 为 ON 时，执行（D0）×（D2）→（D4），即将 D0 和 D2 中的数相乘，乘积的低位字送到 D4，高位字送到 D5。

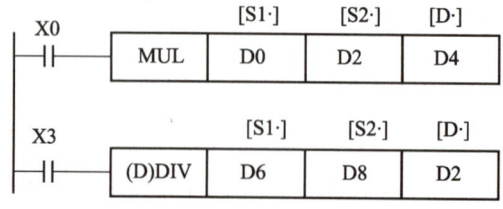

图 9-32　二进制乘除运算

目标位元件（如 KnM）可用 K1～K8 来指定位数。如果用 K4 来指定位数，只能得到乘积的低 16 位。

32 位乘法运算指令（D）MUL 若用位元件作目标，则只能得到乘积的低 32 位，高

32 位会丢失。在这种情况下，应先将数据移入字元件再进行运算；用字元件作目标，不能监控 64 位数据的内容，在这种情况下，建议采用浮点运算。

4）除法指令

除法指令 DIV（Division）的功能指令编号为 FNC23，用［S1·］指定被除数，［S2·］指定除数，商送到［D·］指定的目标元件，余数送到［D·］的下一个元件。在图 9-32 中，当 X3 为 ON 时执行（D7、D6）÷（D9、D8），商送到（D3、D2），余数送到（D5、D4）。

若除数为 0，则程序执行会出错，即不执行该指令。若位元件被指定为目标元件，不能获得余数，商和余数的最高位为符号位。

2. 加 1 和减 1 指令

加 1 INC（Increment）和减 1 DEC（Decrement）指令的功能指令编号分别为 FNC24 和 FNC25。它们的操作数均可取 KnY、KnM、KnS、T、C、D、V 和 Z。16 位运算占 3 个程序步，32 位运算占 5 个程序步。

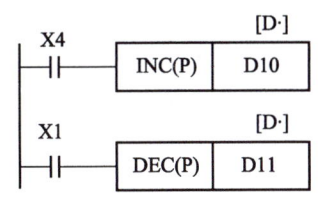

在图 9-33，当 X4 每次由 OFF 变为 ON 时，由［D·］指定的元件中的数增加 1。如果不用脉冲指令，每一个扫描周期都要加 1。在 16 位运算中，32 767 再加 1 就变成−32 768，

图 9-33　二进制加 1、减 1 运算

但标志位不会动作。在 32 位运算中，＋2 147 483 647 再加 1 就会变为−2 147 483 648，但标志位不会动作。

在图 9-34 中，当程序将计数器 C0～C9 的当前值转换为 BCD 码后输出到 K4Y0，Z0 被复位，输入 X0 清 0。每次 X11 为 ON 时，C0～C9 的当前值依次输出到 K4Y0。当（Z0）＝10 时，M1 变为 ON，将 Z0 清零。

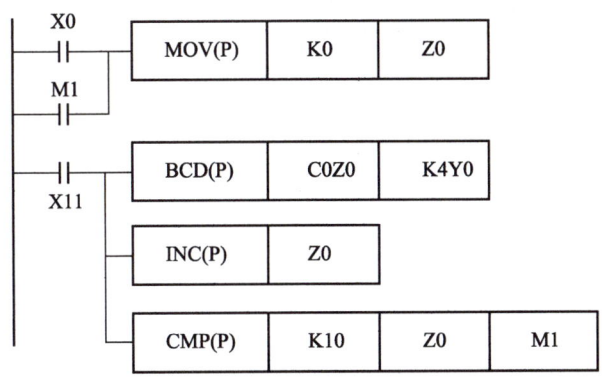

图 9-34　综合运算举例

3. 字逻辑运算指令

字逻辑运算指令包括字逻辑与（WAND）、字逻辑或（WOR）、字逻辑异或（WXOR）和求补（NEG）指令，它们的功能指令编号分别为 FNC26～FNC29。

字逻辑与、字逻辑或、字逻辑异或（Exclusive）指令的[S1·]和[S2·]均可以取所有的数据类型，目标操作数可取 KnY、KnM、KnS、T、C、D、V 和 Z。它们的 16 位运算占 7 个程序步，32 位运算占 13 个程序步。

字逻辑与、字逻辑或、字逻辑异或（Exclusive）指令以位（bit）为单位作相应的运算（见表 9-1）。字异或指令 WXOR 与求反指令（CML）组合使用可以实现"异或非"运算，如图 9-35 所示。

表 9-1 逻辑运算关系表

与			或			异或		
M＝A·B			M＝A＋B			M＝A⊕B		
A	B	M	A	B	M	A	B	M
0	0	0	0	0	0	0	0	0
0	1	0	0	1	1	0	1	1
1	0	0	1	0	1	1	0	1
1	1	1	1	1	1	1	1	0

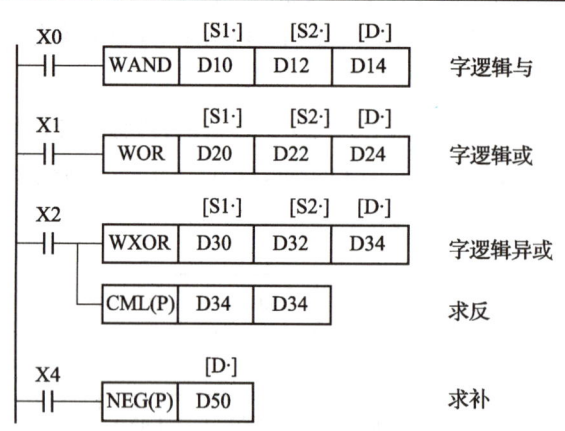

图 9-35 字逻辑运算

求补指令 NEG（Negation）只有目标操作数，可取 KnX、KnY、KnS、T、C、D、V 和 Z。该指令的 16 位运算占 3 个程序步，32 位运算占 5 个程序步。求补指令将[D·]指定数的每一位取反后再将该数加 1，最后将结果存于同一元件。求补指令实际上是绝对值不变的变号操作。

FX_{2N} 系列可编程控制器的负数用 2 的补码形式来表示，最高位为符号位，正数时该位为 0，负数时该位为 1。将负数求补后可得到它的绝对值。

五、数据处理指令

数据处理指令的功能指令编号为 FNC40~FNC49。它包括区间复位（ZRST）、解码（DECO）、编码（ENCO）、求置 ON 位总数（SUM）、ON 位判别（BON）、平均值（MEAN）、报警器置位（ANS）、报警器复位（ANR）、平方根（SQR）、二进制整数与二进制浮点数转换（FLT）、高低字节交换（SWAP）指令。

1. 区间复位指令

区间复位指令 ZRST（Zone Reset）将[D1·]、[D2·]指定的元件号范围内的同类元件成批复位，它的功能指令编号为 FNC40，目标操作数可取 T、C 和 D（字元件）或 Y、M 和 S（位元件）。该指令只有 16 位运算，占 5 个程序步。

[D1·]和[D2·]指定的应为同一类元件，[D1·]的元件号应小干[D2·]的元件号。若[D1·]的元件号大于[D2·]的元件号，则只有[D1·]指定的元件被复位。

虽然 ZRST 指令是 16 位处理指令，[D1·]、[D2·]也可以指定 32 位计致器，如图 9-36 示。

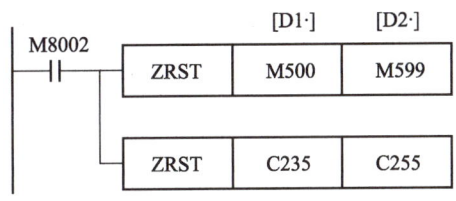

图 9-36　区间复位指令

除 ZRST 指令外，还可以用 RST 指令复位单个元件。另外，用多点写入指令 FMOV 将 K0 写入 KnY、KnM、KnS、T、C 和 D，也可以将它们复位。

2. 解码与编码指令

1）解码指令

解码指令 DECO（Decode）的功能指令编号为 FNC41。位源操作数可取 X、T、M 和 S，位目标操作数可取 Y、M 和 S。字源操作数可取 K、H、T、C、D、V 和 Z，字目标操作数可取 T、C 和 D，n＝1~8。该指令只有 16 位运算，占 7 个程序步。

在图 9-37 中，当 X2~X0 组成的 3 位（n = 3）二进制数为 011，相当于十进制数 3（$2^1+2^0=3$），由目标操作数 M7~M0 组成的 8 位二进制数的第 3 位（M0 为第 0 位）M3 被置 1，其余各位为 0。如果源数据全为 0，那么 M0 置 1。

若指定的目标元件是字元件 T、C、D，则应使 n≤4，目标元件的每一位都受控；若[D·]指定的目标元件是位元件 Y、M、S，应使 n≤8。当 n＝0 时，不作处理。

利用解码指令，可以用数据寄存器中的数值来控制位元件的 ON / OFF。

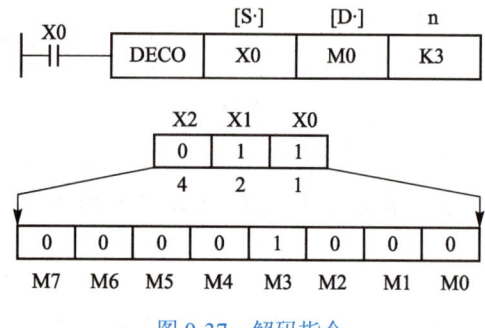

图 9-37　解码指令

2）编码指令

编码指令 ENCO（Encode）的功能指令编号为 FNC42，只有 16 位运算，占 7 个程序步。

当［S·］指定的源操作数是字元件 T、C、D、V 和 Z 时，应使 n≤4；当［S·］指定的源操作数是位元件 X、Y、M 和 S 时，应使 n=1～8，目标元件可取 T、C、D、V 和 Z。

若指定源中为 1 的位不只一个，则只有最高位的 1 有效。若指定源中的所有位均为 0，则程序执行会出错。

在图 9-38 中，n=3，当 X5 为 ON 时，ENCO 指令将源元件 M7～M0 中为"1"的 M3 的位数 3 编码为二进制数 011，并送到目标元件 D10 的低 3 位。

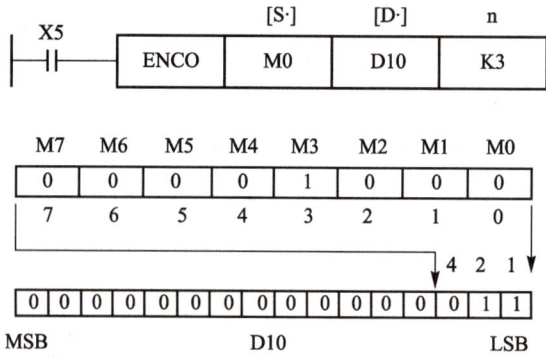

图 9-38　编码指令

解码 / 编码指令在 n=0 时不作处理。当在 DECO 指令中［D·］指定的元件和 ENCO 指令中［S·］指定的元件是位元件，并且 n=8 时，点数为 2^8=256。当执行条件 OFF 时，指令不执行，编码输出保持不变。

3. 求置 ON 位总数与 ON 位判别指令

1）求置 ON 位总数指令

位元件的值为"1"时称为 ON，求置 ON 位总数指令 SUM 的功能指令编号为 FNC43。它的源操作数可取所有的数据类型，目标操作数可取 KnY、KnM、KnS、T、C、D、V 和 Z。该指令 16 位运算占 5 个程序步，32 位运算占 9 个程序步。

在图 9-39 中，当 X0 为 ON 时，SUM 指令将统计源操作数 D0 中为 ON 位的个数，并将它送入目标操作数 D2。若 D0 的各位均为"0"，则零标志 M8020 置 1。如果使用 32 位指令，目标操作数的高位字为 0。

2）ON 位判别指令

ON 位判别指令 BON（Bit ON Check）的功能指令编号为 FNC44。它的源操作数可取所有的数据类型，目标操作数可取 Y、M 和 S。16 位运算占 7 个程序步，n = 0～15，32 位运算占 13 个程序步，n = 0～31。

BON 指令用来检测指定元件中的指定位是否为"1"。在图 9-39 中，源操作数 D10 的第 15 位为 ON（n=15），则 BON 指令将目标操作数 M0 变为 ON。在这一过程中，即使 X0 变为 OFF，M0 仍保持不变。

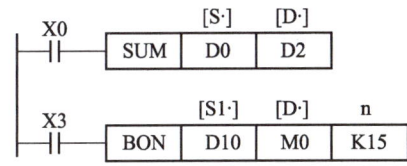

图 9-39 求置 ON 位总数与 ON 位判别指令

4. 平均值指令

平均值指令 MEAN 的功能指令编号为 FNC45。它的源操作数可取 KnX、KnY、KnM、KnS、T、C 和 D，目标操作数可取 KnY、KnM、KnS、T、C、D、V 和 Z。该指令的 16 位运算占 7 个程序步，32 位运算占 13 个程序步，n = 1～64。

平均值指令用来求 n 个源操作数的代数和被 n 除的商，余数舍去。若元件超出指定的范围，n 的值会自动缩小，只求允许范围内元件的平均值。若 n 的值超出范围 1～64，则程序执行将会出错。

5. 报警器置位与复位指令

1）报警器置位指令

报警器置位指令 ANS（Annunciator Set）的功能指令编号为 FNC46。它的源操作数为 T0～T199，目标操作数为 S900～S999，m=1～32 767（以 100 ms 为单位），只有 16 位运算，占 7 个程序步。

在图 9-40 中,当 X0 为 ON 的时间超过 1 s(m = 10)时,S900 置 1;当 X0 变为 OFF 时,定时器复位而 S900 保持为 ON。当 X0 在 1 s 内变为 OFF,定时器复位。

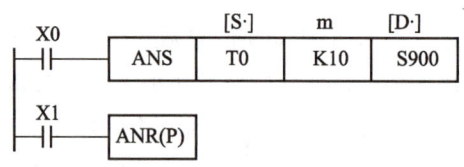

图 9-40　报警器置位与复位指令

2)报警器复位指令

报警器复位指令 ANR(Annunciator Reset)的功能指令编号为 FNC47,无操作数,只有 16 位运算,占 1 个程序步。

在图 9-40 中,当 X1 变为 ON 时,S900~S999 之间被置 1 的报警器复位,若超过 1 个报警器被置 1,则元件号最低的那一个报警器被复位。当 X1 再次变为 ON 时,下一地址的信号报警器被复位。

6. 其他指令

1)二进制平方根指令

平方根指令 SQR(Square Root)的功能指令编号为 FNC48。它的源操作数[S·]应大于零,可取 K、H、D,目标操作数为 D。该指令的 16 位运算占 5 个程序步,32 位运算占 9 个程序步。

在图 9-41 中,当 X0 变为 ON 时,SQR 指令将存放在 D45 中的数开平方,并将结果存放在 D123 内。计算结果舍去小数,只取整数。

2)二进制整数→二进制浮点数转换指令

二进制整数→二进制浮点数转换指令 FLT(Float)的功能指令编号为 FNC49。它的源操作数和目标操作数均为 D。该指令的 16 位运算占 5 个程序步,32 位运算占 9 个程序步。

在图 9-41 中,当 X1 由 OFF 变为 ON 时,FLT 指令将存放在源操作数 D10 中的数据转换为浮点数,并将它存放在目标寄存器 D13 和 D12 中。

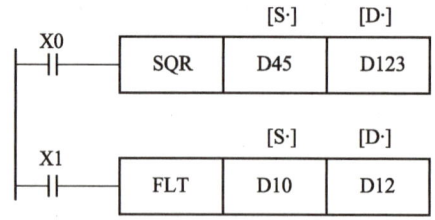

图 9-41　平方根与浮点数转换指令

3）高低字节交换指令

高低字节交换指令 SWAP 的功能指令编号为 FNC147。它的源操作数可取 KnY、KnM、KnS、T、C、D、V 和 Z。该指令的 16 位运算占 5 个程序步，32 位运算占 9 个程序步。

一个字节由 8 位二进制数组成。16 位运算时，SWAP 指令交换源操作数的高字节和低字节。32 位运算时，若指定的源操作数为 D20，则先交换 D20 的高字节和低字节，再交换 D21 的高字节和低字节。SWAP 指令的应用如图 9-42 所示。

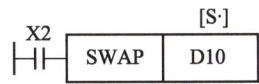

图 9-42　高低字节交换指令